职业教育“十二五”规划教材

焊接质量检测

第二版

乌日根　主　编
郝美丽　邢　勇　副主编
董俊慧　主　审

化学工业出版社
·北京·

本书以单元、模块、学习任务为层次安排编写，并且每单元还安排“学习目标”、“单元综合练习”、“相关链接”和“案例分析”部分。其中“单元综合练习”和焊缝外观检测等相关学习任务是按照当前国家焊工理论考试和技能考试大纲要求编写，以满足高职院校的“双证制”教学要求。全书共七个单元，第一单元根据焊接结构的质量管理及控制要求，重点讲述焊前、焊接过程中及焊后质量控制中的主要项目及方法；第二单元讲授常见焊接缺陷及耐压试验方法；第三、四、五、六单元讲述目前在焊接结构生产领域中最常用的无损检测技术射线检测、超声波检测、磁粉检测和渗透检测；第七单元主要讲述常用破坏性检验方法。

为方便教学，本书有配套习题参考答案和电子课件。

本书可作为高职高专院校焊接技术及自动化专业的教材和相关人员的培训教材，并可供工程技术人员参考。

图书在版编目（CIP）数据

焊接质量检测/乌日根主编．—2版．—北京：化学工业出版社，2014（2022.9重印）
职业教育“十二五”规划教材
ISBN 978-7-122-19955-3

Ⅰ.①焊…　Ⅱ.①乌…　Ⅲ.①焊接-质量检验-高等职业教育-教材　Ⅳ.①TG441.7

中国版本图书馆CIP数据核字（2014）第041531号

责任编辑：韩庆利　　文字编辑：张燕文
责任校对：宋　玮　王　静　　装帧设计：孙远博

出版发行：化学工业出版社（北京市东城区青年湖南街13号　邮政编码100011）
印　　装：涿州市般润文化传播有限公司
787mm×1092mm　1/16　印张13　字数320千字　2022年9月北京第2版第4次印刷

购书咨询：010-64518888　　售后服务：010-64518899
网　　址：http://www.cip.com.cn
凡购买本书，如有缺损质量问题，本社销售中心负责调换。

定　　价：39.00元

前　言

本教材的第一版于2009年1月出版，以“任务驱动”为主线，重点介绍无损检测技术——射线检测、超声波检测、磁粉检测和渗透检测及破坏性检验方法，力求体现“理论够用，突出实践”，受到广大焊接专业教师及企业同人的青睐。但随着无损检测相关国家标准、行业标准的不断更新和高职院校对人才培养模式、优质核心课程、实践教学基地建设工作的不断深入，教材结构和内容方面已不能满足教学要求，需要进一步优化和完善。为此，编者认真总结了近几年的教学经验和反馈意见，在参考大量相关文献和标准的基础上，对教材进行了如下修改：

（1）按照GB/T 3323—2005《金属熔化焊焊接接头射线照相》标准修改第三单元射线检测内容，删除GB/T 3323—1987《钢熔化焊对接接头射线照相和质量分级》相关内容；

（2）将第五单元磁粉检测的与JB/T 4730—1994《压力容器无损检测》有关内容，按照现行标准JB/T 4730.4—2005《承压设备无损检测第4部分：磁粉检测》修改；

（3）在第三、四、五、六单元中，增加实训项目模块，删除其【单元综合练习】的“四、实践题”；

（4）在绪论等单元也进行了相应的修改和完善。

修订版教材充分体现了最新国家和行业标准，更加适合实施“理实一体、工学交替”教学，能够更好地培养学生焊接质量检测操作技能，体现了焊接生产检测岗位能力要求，进一步凸显了教材工学结合特色，可供广大高职院校焊接专业学生及焊接质量检测人员学习和使用。

本教材由包头职业技术学院乌日根任主编，负责统稿和整理；由包头职业技术学院郝美丽、郑州职业技术学院邢勇任副主编。包头职业技术学院生利英、曹润平及吉林工业职业技术学院程艳艳参与编写。

内蒙古工业大学董俊慧教授任主审。

本书有配套习题参考答案和电子课件，可赠送给用本书作为授课教材的院校和老师，如有需要可发邮件至hqlbook@126.com索取。

由于编者水平所限，教材中疏漏之处在所难免，恳请广大读者批评指正。

编　者

第一版前言

本教材是根据教育部高职高专教育的指导思想和高等职业教育教学改革和培养目标编写，适合高职院校焊接技术及自动化专业学生使用，也可供从事焊接质量控制与检测人员使用。

教材共七个单元，第一单元根据焊接结构的质量管理及控制要求，重点讲述焊前、焊接过程中及焊后质量控制中的主要项目及方法；第二单元讲授常见焊接缺陷及耐压试验方法；第三、四、五、六单元讲述目前在焊接结构生产领域中最常用的无损检测技术——射线检测、超声波检测、磁粉检测和渗透检测；第七单元主要讲述常用破坏性检验方法。

本教材以单元、模块、学习任务为层次安排编写，并且每单元还安排“学习目标”、“单元综合练习”、“相关链接”和“案例分析”部分。其中“单元综合练习”和焊缝外观检验等相关学习任务是按照当前国家焊工理论考试和技能考试大纲要求编写，以满足高职院校的“双证制”教学要求。

在编写过程中，以“任务驱动”为主线，力求体现“理论够用，突出实践”，注重培养学生的焊接质量控制与检验岗位群所需的知识、能力和素质，使学生熟悉检测设备和常用器材的基本操作，熟悉检测方法的基本过程和工艺规程，了解常见焊接接头的评定方法和要求，并能够按照相关标准对焊缝质量做出评价。

本教材由以下人员编审：

主编乌日根（包头职业技术学院）负责全书统稿，并编写绪论、第五、七单元及全书各单元的“相关链接”；副主编生利英（包头职业技术学院）编写第三、四单元。

参编程艳艳（吉林工业技术学院）编写第二、六单元；李仕慧（包头轻工业职业技术学院）编写第一单元。

内蒙古工业大学董俊慧教授任主审。

在编写过程中，编者参阅国内外出版的有关教材、资料及一些网络文献，在此对相关作者一并表示衷心感谢！

由于编者水平有限，教材中漏误之处在所难免，恳请广大读者批评指正。

编　者

2008 年 11 月

目　录

绪 论

学习目标

通过绪论的学习，第一，了解焊接质量检验的作用和意义，明确焊接质量检验的目的；第二，了解产品质量检测中的各种质量检验方式及方法；第三，了解本教材的主要内容和要求。

随着焊接技术的发展和进步，焊接结构的应用越来越广泛，几乎渗透到国民经济的各个领域，如石油与化工设备、起重运输设备、宇航运载工具、车辆与船舶制造、冶金、矿山、建筑结构等。很多重要的焊接结构，如压力容器、核反应堆器件、桥梁、船舶等，都具有一次性生产的特征，都具有严格的质量要求。焊接检验作为焊接生产过程中质量保证和控制的重要手段之一，贯穿整个焊接生产过程的始终。其先进的检测方法及仪器设备、严密的组织管理制度和较高素质的焊接检验人员，是实现现代化焊接工业产品质量控制、安全运行的重要保证。

一、焊接质量检验的作用和意义

焊接生产的质量检验简称焊接检验，它是根据产品的有关标准和技术要求，对焊接生产过程中的原材料、半成品、成品的质量以及工艺过程进行检查和验证，以保证产品符合质量要求，防止废品的产生。

焊接检验既关系到企业的经济效益，也关系到社会效益。

(1) 生产过程中若每一道工序都进行检测，就能及时发现问题及时进行处理，避免了最后发现大量缺陷，难以返修而报废，造成时间、材料和劳动力浪费，使制造成本增加。

(2) 新产品试制过程中通过焊接检测就可以发现新产品设计和工艺中存在的问题，从而可以改进产品设计和焊接工艺，使新产品的质量得以保证和提高，为社会提供适用而安全可靠的新产品。

(3) 产品在使用过程中，定期进行焊接检测，可以发现由于使用产生的尚未导致破坏的缺陷，及时消除以防止事故发生，从而延长产品的使用寿命。

焊接检验对生产者，是保证产品质量的手段；对主管部门，是对企业进行质量评定和监督的手段；对用户，则是对产品进行验收的重要手段。检测结果是产品质量、安全和可靠性评定的依据。

二、产品质量检验方式

产品在生产过程中可以采用各种检验方式来达到质量保证与控制。有些产品在标准或技术要求中就明确规定了检验方式，有些产品则必须在检验设计时根据需要和可能选定。表0-1列出了常用的检验方式。

重型或大型复杂的焊接结构，多是单件或小批生产，为了及时发现制造过程中的质量问题，避免产生废品，一般对每一道关键工序采取预先检验（即焊前质量控制）、中间检验（即焊接过程中的质量控制）和最后检验（即焊后成品的质量检验）的方式。在批量生产过程中，在下列情况下宜采用全检，即100％的产品检验。

表 0-1 质量检验方式的分类及其基本特征

分类	检验方式	基本特征
按工艺流程	预先检验	在加工之前对原材料、外协件或外购件的检验
	中间检验	加工过程中完成每道工序后或完成数道工序后进行的检验
	最后检验	完成全部加工或装配后对成品进行的检验
按检验地点	定点检验	在固定检验点(或站)进行的检验
	在线现场检验	在产品生产线上现场对产品进行检验
按检验频次	全数检验	对检查对象逐件检验，即百分百进行检验
	抽样检验	在批量生产中按原先规定的百分比抽检
按预防性	首件检验	对改变加工对象或改变生产条件后生产出的前几件产品进行的检验
	统计检验	运用数理统计和概率原理进行的检验
按检验制度	自行检验	由生产操作人员在工序完成后自行的检验
	专人检验	由质量检验部门派出专职检验人员进行的检验，通常是检验手段或技术比较复杂的检验
	监督检验	由制造、订货以外的第三方监督部门进行的检验

(1) 产品价格很高，出现一个废品会带来很大经济损失时。

(2) 产品质量好坏会给人们生命安全带来很大危害时。

(3) 条件允许的检验，如焊接的表面缺陷等。

(4) 抽检后发现不合格品较多或整批不合格时。

为了缩短生产周期，减少检验费用，在下列情况下可考虑采用抽检，即部分产品检验。

(1) 在产品上有相同类型的焊缝，且在同一工艺条件下焊接的，可抽检部分焊缝。

(2) 产品数量很多，而加工设备优良，质量比较稳定可靠时，可抽检其中部分产品。

(3) 被检对象是生产线上连续性产品，如高频焊管、压制涂料时的电焊条等。

(4) 对产品的力学性能和物理性能进行破坏性试验时，或对特殊产品进行爆破试验时，如液化石油气钢瓶、乙炔钢瓶等产品。

对于焊接结构产品，现代焊接工程管理思想认为："焊前准备得好，等于已经焊接了一半。"这表明了焊前质量控制的重要性。同样，在施焊中焊缝及其接头的质量检验，焊后的成品质量检验也是产品是否合格的关键环节。所以，焊接质量的检验工作应从产品开始投产时便着手根据工序的特点进行。其中，焊后检验是焊接生产中最重要最关键的检验，是对焊缝及其接头各种质量要求是否达到标准的最后把关环节，是整个检验工作的重点。

三、焊接质量检验方法及其分类

焊接质量检验的方法，按其特点和内容可归纳为表 0-2 中三大类。

表 0-2 焊接检验方法分类

类别	特点	内容	
破坏性检验	检验过程中必须破坏被检对象的结构	力学性能试验	包括拉伸、弯曲、冲击、硬度、疲劳、韧度等试验
		化学分析与试验	化学成分分析；晶间腐蚀试验；铁素体含量测定
		金相与断口的分析试验	宏观组织分析；微观组织分析；断口检验与分析

续表

类　别	特　　点	内　　容	
非破坏性检验	检验过程中不破坏被检对象的结构和材料	外观检验	包括母材、焊材、坡口、焊缝等表面质量检验，成品或半成品的外观几何形状和尺寸的检验
		强度试验	水压强度试验、气压强度试验
		致密性试验	气密性试验、吹气试验、载水试验、水冲试验、沉水试验、煤油试验、渗透试验、氨检漏试验
		无损检测	射线检测；超声波检测；磁粉检测；渗透检测；涡流检测
工艺性检验	在产品制造过程中为了保证工艺的正确性而进行的检验	材料焊接性试验、焊接工艺评定试验、焊接电源检查、工艺装备检查、辅机及工具检查、结构的装备质量检查、焊接工艺参数检查、预热、后热及焊后热处理检查	

非破坏性试验的优点：

(1) 可直接对新生产的产品进行试验，而与零件的成本或可得到的数量无关，除去坏零件之外也没有多大损失。

(2) 既能对产品进行普验，也可对典型的抽样进行试验。

(3) 对同一产品既可同时又可依次采用不同的试验方法。

(4) 对同一产品可以重复进行同一种试验。

(5) 可对使用着的零件进行试验。

(6) 可直接测量运转使用期内的累计影响。

(7) 可查明失效的机理。

(8) 试样很少或不需要制备。

(9) 为了应用于现场，设备往往是携带式的。

(10) 劳动成本往往很低，尤其是对同类零件进行重复性试验时更是如此。

非破坏性试验的局限性：

(1) 通常都必须借助熟练的试验技术才能对结果作出说明。

(2) 不同的观测人员可能对试验结果所表明的情况看法不一致。

(3) 试验的结果只是定性的或相对的。

(4) 有些非破坏试验所需的一次性投资很大。

四、产品质量检验的依据

在检验工作中，确定产品制造过程的检验内容、方式和方法时必须有依据；当检测结果出来后，评定该制造环节是否符合质量要求时，或者制定验收标准时，也需要有依据。这些检验依据如下。

(1) 产品的施工图样　图样规定了产品加工制造后必须达到的材质特性、几何特性（如形状、尺寸等）以及加工精度（如公差等）的要求。

(2) 技术标准　包括国家的、行业的或企业的有关标准和技术法规，在这些标准或法规中规定了产品的质量要求和质量评定的方法。

（3）产品制造的工艺文件　如工艺规程等，在这些文件中根据特点提出必须满足的工艺要求。

（4）订货合同　在订货合同中有时对产品提出附加要求，作为图样和技术文件的补充规定，同样是制造和验收的依据。

目前，在我国焊接生产中已经颁布的可作为检验依据的国家通用标准有：

（1）GB/T 985—2008《气焊、手工电弧焊及气体保护焊焊缝坡口的基本形式和尺寸》；

（2）GB/T 986—1988《埋弧焊焊缝坡口的基本形式和尺寸》；

（3）JB/T 7949—1999《钢结构焊缝外形尺寸》；

（4）GB/T 12469—2005《焊接质量保证钢熔化焊接头的要求和缺陷分级》；

（5）GB/T 3323—2005《金属熔化焊焊接接头射线照相》；

（6）GB/T 11345—2007《钢焊缝手工超声波检测方法和检测结果分级》；

（7）GB/T 12605—1990《钢管环缝熔化焊对接接头射线透照工艺和质量分级》；

（8）JB/T 4730—2005《承压设备无损检测》；

（9）GB/T 15830—2008《无损检测　钢制管道环向焊缝对接接头超声波检测方法》；

（10）JB/T 6061—2007《无损检测　焊缝磁粉检验》；

（11）JB/T 6062—2007《无损检测　焊缝渗透检验》；

（12）JB/T 6966—1993《钎缝外观质量评定方法》。

五、本教材的主要内容和要求

1. 本教材的主要内容

“焊接质量检测”是高职焊接技术及自动化专业的主干课程之一。本教材主要介绍焊前、焊接过程中及焊后的质量控制项目和要求，常见焊接缺陷的分类、特征及分布，致密性试验和耐压试验方法，无损检测方法中的射线检测、超声波检测、磁粉检测和渗透检测，常用破坏性检验方法。

2. 课程要求

通过完成本教材的学习任务，学习者应达到以下能力要求。

（1）了解焊前质量控制、焊接过程中的质量控制及焊后成品的质量控制项目；掌握焊缝外观质量检验项目及相关标准或评定要求。

（2）了解常见焊接缺陷的分类方法、特征及分布。

（3）掌握水压试验的操作过程，熟悉水压试验的试验压力、试验介质的规定和要求；了解气压试验和致密性试验。

（4）了解常用四大检测方法的基本原理、相关基础知识；熟悉检测设备、各种常用器材及其基本操作。熟悉检测过程和工艺规程，掌握常见焊接接头的评定方法和要求，并能够按照相关标准对焊缝质量作出评定。

（5）了解焊接结构常用的破坏性检验项目，熟悉拉伸试验、硬度试验和冲击试验等常规力学性能试验方法。

【单元综合练习】

一、选择题

1. 致密性试验属于________。

A. 破坏性检验　　B. 非破坏性检验　　C. 工艺性检验　　D. 焊前检验

2. 按________，将产品质量检验方式分为预先检验、中间检验和最后检验三部分。

A. 检验数量　B. 检测内容和特点　C. 工艺流程　D. 产品在服役期间的检测

3. ________是破坏性检验。

A. 目视检验　B. 拉伸试验　C. 射线检测　D. 煤油试验

4. 为避免焊接缺陷，得到理想焊道而进行的一系列必要检查，称为________。

A. 焊前检验　B. 焊中检验　C. 焊接检验　D. 焊道检验

二、判断题（正确的打“√”，错误的打“×”）

（　）1. 压力容器的焊缝常常被规定为全检。

（　）2. 无损检测属于一种工艺性检测。

三、简答题

1. 简述焊接质量检验的意义和作用。

2. 产品质量检验的依据有哪些？

四、实践题

观察焊接结构生产中的各种检测方法。

第一单元　焊接质量控制

学习目标

通过本单元的学习，第一，了解焊前和焊接过程中的常规质量控制项目及其要求；第二，熟悉并掌握各种焊接方法中的焊缝外观质量检验项目及相关标准或评定要求；第三，了解致密性试验方法的种类和适用条件。

第一模块　焊前的质量控制

学习任务1　原材料的质量控制

1. 金属原材料的质量检验

焊接结构使用的金属原材料种类很多，即使同种类的金属原材料也有不同的型号。使用时应根据金属材料的型号及出厂质量证明书（合格证）加以鉴定。同时，还需进行外部检查和抽样复核，以发现在运输过程中产生的外部缺陷和防止型号错乱。对于有严重外部缺陷的应挑出不用，对于没有出厂合格证或新使用的材料必须进行化学成分分析、力学性能试验及焊接性试验后才能投产使用。

2. 焊丝质量的检验

焊接碳钢和合金钢所用的焊丝化学成分、力学性能、焊接性能等应符合国家标准。在使用前，每捆焊丝必要时应进行化学成分复核、外部检查及直径测量。焊丝表面不应有氧化皮、锈蚀和油污等。若采用化学酸洗法清除焊丝上的氧化皮、锈蚀时，应注意控制酸洗的时间，若酸洗时间过长，而又立即使用时，会影响焊接质量，甚至会出现裂纹。

3. 焊条质量的检验

焊条质量检验应首先检查其外表质量，然后核实其化学成分、力学性能、焊接性能等是否符合国家标准或出厂的要求。对焊条的化学成分及力学性能进行检验时，首先用这种焊条焊成焊缝，然后对其焊缝化学成分和力学性能进行测定，合格的焊条其焊缝金属的化学成分及力学性能应符合其说明书所规定的要求。

焊接性能良好的焊条，是指在说明书中所推荐的焊接参数下焊接时，焊条容易起弧、起弧稳定、飞溅少、药皮熔化均匀、熔渣不影响连续焊接、熔渣流动性好、覆盖均匀、脱渣容易；并且在一般情况下，焊缝中不应有裂纹、气孔、夹渣等工艺缺陷。

焊条药皮应是紧密的，没有气孔、裂纹、肿胀和未调匀的药团，同时要牢固地紧贴在焊芯上，并且有一定的强度，直径小于4mm的焊条，从0.5m处平放自由落在钢台上，药皮不损坏。药皮与焊芯应保持同心。药皮偏心的焊条，除发生偏弧外，还会破坏其焊接性能。

使用焊条时，还需注意运输过程中和保管时是否受到损伤和受潮变质。损伤和变质的焊条不能使用。焊条施焊前必须烘干，以去除水分。

4. 焊剂的检验

检验焊剂时应根据国家标准的规定进行。焊剂检验主要是检查其颗粒度、成分、焊接性能及湿度。焊剂与焊丝配合使用方能保证焊缝金属的化学成分及力学性能满足要求，焊接不同种类的钢材，要求不同类型的焊剂配合。具有良好性能的焊剂，其电弧燃烧稳定，焊缝金属成形良好，脱渣容易，焊缝中没有气孔和裂纹等缺陷。

焊剂颗粒度的大小随焊剂的类型不同而不同，低硅中氟型和中硅中氟型，其颗粒的大小为0.4～3mm，高硅中氟型和低硅高氟型的为0.25～2mm。干燥焊剂其质量与体积之比，玻璃状焊剂应在1.4～1.6g/cm^3，浮石状焊剂为0.7～0.9g/cm^3。焊剂的湿度要求取100g焊剂在经300～400℃烘焙2h后，水分的质量分数不得超过1%。焊剂在使用前，必须按规定的要求烘干，没有注明要求的均需经250℃烘焙1～2h。

学习任务2 焊前各工序的质量控制

一、生产图纸和工艺

焊前必须首先熟悉生产图纸和工艺，这是保证焊接产品顺利生产的重要环节。主要内容包括如下几方面。

（1）产品的结构形式、采用的材料种类及技术要求。

（2）产品焊接部位的尺寸、焊接接头及坡口的结构形式。

（3）采用的焊接方法、焊接电流、焊接电压、焊接速度、焊接顺序等，焊接过程中预热及层间温度的控制。

（4）焊后热处理工艺、焊件检验方法及焊接产品的质量要求。

二、母材预处理和下料

1. 母材预处理

金属结构材料的预处理主要是指钢材在使用前进行矫正和表面处理。钢材在吊装、运输和存放过程中如不严格遵守有关的操作规程，往往会产生各种变形，如整体弯曲、局部弯曲、波浪形挠曲等，不能直接用于生产而必须加以矫正。

薄钢板的矫正通常采用多辊轴矫平机，卷筒钢板的开卷也采用矫平机矫平。厚钢板的矫平则应采用大型水压机在平台上矫正，型钢的弯曲变形可采用专用的型钢矫正机进行矫正。

钢板和型钢的局部弯曲通常采用火焰矫正法矫正。加热温度一般不应超过钢材的回火温度，加热后可在空气中冷却或喷水冷却。

钢材表面的氧化物、铁锈及油污对焊缝的质量会产生不利的影响，焊前必须将其清除。清理方法有机械法和化学法两种。机械清理法包括喷砂、喷丸、砂轮修磨和钢丝轮打磨等。其中喷丸的效果较好，在钢板预处理连续生产线中大多采用喷丸清理工艺。化学清理法通常采用酸溶液清理，即将钢材浸入2%～4%的硫酸溶液槽内，保持一定时间取出后放入1%～2%的石灰液槽内中和，取出烘干。钢材表面残留的石灰膜可防止金属表面再次氧化，切割或焊接前将其从切口或坡口面上清除即可。

2. 下料

焊件毛坯的切割下料是保证结构尺寸精度的重要工序，应严格控制。采用机械剪切、手工热切割和机械热切割法下料，应在待下料的金属毛坯上按图样和1∶1的比例进行划线。对于批量生产的工件，可采用按图样的图形和实际尺寸制作的样板划线。每块样板都应注明产品、图号、规格、图形符号和孔径等，并经检查合格后才能使用。手工划线和样板的尺寸公差应符合标准规定，并考虑焊接的收缩量和加工余量。

钢材可以采用剪床剪切下料或采用热切割方法下料。常用的热切割方法有火焰切割、等离子弧切割和激光切割。激光切割多用于薄板的精密切割。等离子弧切割主要用于不锈钢及有色金属的切割，空气等离子弧切割由于成本低也可用于碳钢的切割。水下等离子弧切割用于薄板的下料，具有切割精度高且无切割变形的优点。

不锈钢板切割下料时应注意切口附近的硬化现象。产生的硬化带宽度一般为 1.5～2.5mm。由于硬化对不锈钢的性能有不利影响，因此硬化带应采用机械加工方法去除掉。合金元素含量超过 3%的高强度钢和耐热钢厚板热切割时，切割表面会产生淬硬现象，严重时会导致形成切割裂纹。因此，低合金高强度钢和耐热钢厚板切割前，应将切口的起始端预热 100～150℃，当板厚超过 70mm 时，应在切割前将钢板进行退火处理。

三、坡口加工

为使焊缝的厚度达到规定的尺寸，不出现焊接缺陷和获得全焊透的焊接接头，焊缝的边缘应按板厚和焊接工艺要求加工成各种形式的坡口。最常用的坡口形式为 V 形、双 V 形、U 形及双 U 形坡口。设计和选择时，应考虑坡口角度、根部间隙、钝边和根部半径。焊条电弧焊时，为保证焊条能够接近接头根部以及多层焊时侧边熔合良好，坡口角度与根部间隙之间应保持一定的比例关系。当坡口角度减小时，根部间隙必须适当增大。根部间隙过小，根部难以熔透，必须采用较小规格的焊条，降低焊接速度；根部间隙过大，则需要较多的填充金属，提高了焊接成本和增大了焊接变形。

熔化极气体保护焊由于采用的焊丝较细，且使用特殊导电嘴，可以实现厚板（大于 200mm）I 形坡口的窄间隙对接焊。

开有坡口的焊接接头，如果不留钝边和背面无衬垫时，焊接第一层焊道容易焊穿，且需要较多的填充金属，因此坡口一般都留有钝边。钝边的高度以既保证熔透又不致烧穿为佳。焊条电弧焊 V 形或 U 形坡口取 0～3mm，双面 V 形或双面 U 形坡口取 0～2mm。埋弧焊的熔深比焊条电弧焊大，因此钝边可适当增加，以减少填充金属。

带有钝边的接头，根部间隙主要取决于焊接位置和焊接工艺参数，在保证焊透的前提下，间隙尽可能减小。平焊时，可允许采用较大的焊接电流，根部间隙可为零；立焊时，根部间隙可适当增加，焊接厚板时可在 3mm 以上。单面焊背面成形工艺中，根部间隙一般留得较大，与所用焊条的直径相当。

为保证在深坡口内焊条或焊丝能够接近焊缝根部，J 形或 U 形坡口上常做出根部半径，以降低第一层焊道的冷却速度，保证根部良好的熔合和成形。焊条电弧焊时，根部半径一般取 6～8mm。随着板厚的增加和坡口角度的减小，根部半径可适当增加。

角接头最常用的是等腰直角平面的角焊缝，也称为标准角焊缝。在相同的静载强度下，这种接头形式采用的填充金属最少。外凸角焊缝的凸度虽然能提高焊缝的静载强度，但焊趾处应力集中严重，因此在动载情况下不应设计这种接头形式，而应采用有凹度的角焊缝，这种焊缝在焊趾处向母材是圆滑过渡的，应力集中很小，但这种角焊缝成本较高，要获得同样的计算厚度，耗材较大。

T 形接头的焊缝可以是角焊缝、坡口焊缝或两者的组合。选择何种焊缝取决于强度要求和制造成本。在静载等强条件下，成本成为考虑的主要因素。采用不开坡口的角焊缝焊件不需特殊加工，同时可用直径较大的焊条，以大电流施焊，熔敷效率高，适用于小厚板的 T 形接头。开双面 V 形坡口焊缝所需填充金属最少，但这种接头需要额外的坡口加工，而且焊接时要求较小焊条直径和焊接电流打底，以防根部烧穿，这种接头只适用于较厚板的焊接。单面V形坡口焊缝的优点是当一面施焊有困难，可以采用这种接头。

当T形接头只承受压载荷时，如端面接触良好，大部分载荷会由端面直接传递，焊缝所承受载荷减小，所以焊缝可以不焊透，角焊缝尺寸也可适当减小。

坡口加工可以采用机械加工或热切割法。V形坡口和双V形坡口可以在机械气割下料时，采用双割炬或三割炬同时完成坡口的加工，如图1-1所示。

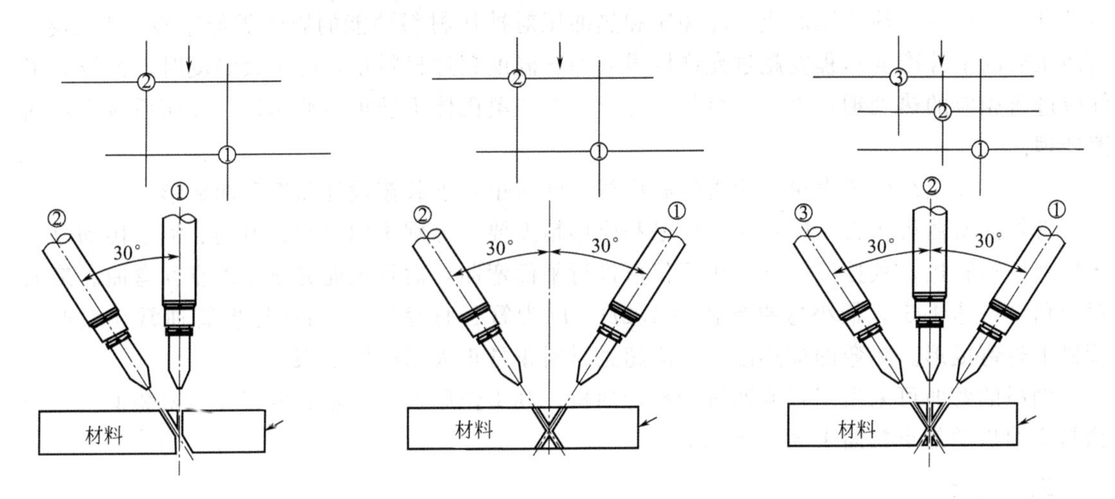

图1-1 坡口的切割方法

钢板边缘坡口的机械加工可采用专用的刨边机、铣边机，也可采用普通的龙门刨床加工。管子端部的坡口加工则可采用气动和电动的管端坡口机。大直径筒体（600mm以上）环缝的坡口加工可采用大型边缘机床。

坡口加工的尺寸偏差对于焊件的组装和焊接质量有很大的影响，应严格检查和控制。坡口的尺寸公差一般不应超过±0.5mm。

不锈钢、有色金属和淬硬倾向高的合金焊件边缘应采用机械加工法加工坡口。具有较高淬硬倾向的合金钢焊件，如采用热切割法加工坡口，坡口表面在热切割后应进行表面磁粉检测。

四、成形加工

大多数焊接结构，如锅炉压力容器、船舶、桥梁和重型机械等，许多部件为达到产品设计图纸的要求，焊接之前都需要经过成形加工。成形工艺包括卷制、冲压、弯曲和旋压等。

圆筒形和圆锥形焊件，如压力容器的筒体和过渡段、锅炉锅筒、大直径管道等都是采用不同厚度的钢板卷制而成的。卷制通常在三辊或四辊卷板机上进行，厚壁筒体也可采用特制的模具在水压机或油压机上冲压成形。筒体的卷制实质上是一种弯曲工艺。在常温下弯曲，即冷弯时，工件的弯曲半径不应小于该种材料所特定的最小允许值，对于普通碳素结构钢（简称碳素钢），弯曲半径不应小于25δ（δ为板厚），否则材料的力学性能会大大下降。冷卷的筒体，当其外层纤维的伸长率超过15%时，应在冷卷后进行回火处理，以消除冷作硬化引起的不良后果，通常板厚小于50mm的钢板可采用冷卷，大于50mm的钢板应采用热卷或热压成形。

正常的热卷或热冲压温度应选择在材料的正火温度，以保证热成形后材料仍保持标准规定的力学性能。但是在许多情况下，往往由于设备功率不足等原因，将工件加热到超过材料正火温度的高温，而导致晶粒长大，力学性能降低。对于这种超温卷制或冲压的筒体，应在卷制或冲压完成后，再进行一次常规的正火处理，以恢复其力学性能。当卷制某些对高温作用较敏感的合金钢板时，应制备母材金属试板，且随炉加热并随工件同时出炉，以检验母材金属经热成形后的力学性能是否符合标准的规定。

压力容器、锅筒、储罐等球形封头、顶盖、球罐的球瓣通常采用水压机或油压机在特制的模具上冷冲压或热冲压而成。冷冲压和热冲压对冲压材料性能的影响类似于冷卷和热卷。当冲压后的工件冷变形程度超过允许极限或冲压温度超过材料正常的正火温度时，冲压后工件应进行相应的热处理，以恢复材料的力学性能。奥氏体不锈钢冷冲压件，冲压后应进行固溶处理。

在许多焊接结构中大量采用管件和型材，同时也要求其按设计图纸弯曲成形。

管材的弯曲可按管子的直径、壁厚和成形精度要求分别采用手动、电动、液压传动以及数控液压弯管机。数控液压弯管机不仅可进行平面弯曲，而且也能完成三维空间弯曲。最大弯曲角度可达 195°，最小弯曲半径为 1.2D（D 为管子直径）。大直径厚壁管通常在大型弯管机上热弯成形。热弯的加热温度不应超过材料正常正火温度的上限。

型材的弯曲可采用三辊或四辊型材弯曲机，其工作原理与三辊、四辊卷板机相似。三辊型材弯曲机的最小弯曲半径为 400mm。

五、装配

焊接结构在生产中为保证产品质量，常需要装配和焊接机械装备。焊接机械装备种类繁多，有简单的夹具，也有复杂的焊接变位机械。装配与焊接机械装备的特点与适用场合见表 1-1。

表 1-1 装配与焊接机械装备的特点与适用场合

机械装备	特点与适用场合
夹具	功能单一，主要起定位和夹紧作用；结构较简单，多由定位元件、夹紧元件和夹具体组成，一般没有连续动作的传动机构；手动的夹具可携带和挪动，适于现场安装或大型金属结构的装配和焊接场合下使用
焊件变位机	焊件被夹持在可变位的台或架上，该变位台或架由机械传动机构使之在空间变换位置，以适应装配和焊接需要，适于结构比较紧凑、焊缝短而分布不规则的焊件装配和焊接时使用
焊机变位机	焊机或焊接机头通过该机械实现平移、升降等运动，使之达到施焊位置并完成焊接。多用于焊件变位有困难的大型金属结构的焊接，可以和焊件变位机配合使用
焊工变位机	由机械传动机构实现升降，将焊工送至施焊部位，适用于高大焊接产品的装配、焊接和检验等

1. 夹具

焊接装配用夹具包括定位器、夹紧器、拉紧器和推撑夹具等。

2. 焊件变位机

焊件变位机使焊件变换位置，以适应装配和焊接的需要，主要有翻转机、滚轮架和回转台等。

焊接翻转机主要有悬臂式翻转机、卡盘式翻转机、框架式翻转机、链式翻转机和推举式翻转机等。

滚轮架是用两排滚轮支撑回转体工件并使其绕自身轴线旋转的机械装置。回转体的旋转由主动滚轮带动，靠它们之间的摩擦力而实现。主动滚轮通常由电力驱动并能调节转速，根据支撑滚轮之间的排列组合和动力传入方式，滚轮架有整体式和组合式两类。

整体式滚轮架的一排或两排滚轮由长轴串联成整体，动力从一侧或两侧同步传入。整体式滚轮架适用于产品较为单一、批量较大的场合。由于中间很少调节，能保证传动精度，但设备位置固定，占地面积较大。

组合式滚轮架两排滚轮中左右两个滚轮结对安装在同一个支架上，而一套完整的滚轮架则由两个以上相互独立的支架组成。两个支架上两个滚轮的中心线距离可以根据工件不同直径进行调节。组合式滚轮架机动性好，使用范围广，但传动不够平稳，调整工作量大，适于多规格的长度不大的圆柱或圆锥工件的装配和焊接。

回转台能使工件绕垂直轴或倾斜轴旋转，主要用于回转体工件上环形缝的焊接、堆焊或切割。其转速一般要求连续可调，因此较多采用直流电机驱动。回转台的转轴倾斜角度有的可以进行调节，有的属于垂直不能调节。

3. 焊机变位机

焊机变位机的主要功能是实现焊机或焊接机头的水平移动和垂直升降，使其到达施焊部位，多在大型焊件或无法使焊件移动的自动化焊接场合下使用。变位机的适应性决定于它在空间的活动范围。按结构特点焊机变位机有平台式、悬臂式和龙门式三种。

平台式焊机变位机由平台、立架（柱）和台车组成。焊接机头在平台上可作水平移动，平台沿立架能垂直升降，立架安放在台车上，台车沿轨道行走。为防止倾覆，单轨式必须在车间的墙上设置另一轨道；双轨式必须在台车或立架上放置配重。

悬臂式焊机变位机的机臂通过滑座既能在水平方向伸缩其长短，又能绕立柱轴线旋转和沿垂直方向升降，这样固定于悬臂上的焊接机头活动范围大，适应性强，在锅炉压力容器制造行业中广为应用。

龙门式焊机变位机分为桥式和门式两种。桥式变位机是由梁和两个起支撑和行走作用的台车组成，焊接机头可沿梁作横向移动，台车可沿轨道作纵向移动。桥式变位机适用于大面积平板拼接或船体板架结构的焊接。门式变位机比桥式多一个门架。焊接机头可在门梁上作横向移动，主要用于不同高度结构件的焊接。

4. 焊工变位机

焊工变位机按其动作分为平移和升降两类，以升降者居多，故常称升降台。两者都是将工人（焊工、检验工等）和施焊（或探伤）用的器材送到施工部位的机械装置。它们主要在高大的焊接结构施工时用，可免去搭临时脚手架和跳板等，生产既安全又迅速。按升降机构不同焊工升降台分为悬吊式、肘臂式和铰链式等种类。

悬吊式焊工升降台利用卷扬提升机构使工作台升降。肘臂式和铰链式均靠液压缸推杆的伸缩实现工作台升降。整个升降机构都安装在有走轮的底架上，底架上一般都设有可伸缩的支腿，工作时伸出承载并扩大支撑范围，使整机工作更稳定。肘臂式升降台升高范围有限，一般在1.5～4m之间，若立柱设计成伸缩式则升高可达8m。铰链式升降台垂直升降较平稳，其承载量一般在200～500kg，升高在4～8m之间，工作台有效面积为1～3m^2。一般设置两套液压操作系统，一套在底架上，一套在工作平台上。

六、焊前预热

焊前预热是防止厚板焊接结构、低合金和中合金钢接头焊接裂纹的有效措施之一。焊前预热有利于改善焊接过程的热循环，降低焊接接头区域的冷却速度，防止焊缝与热影响区产生裂纹，减少焊接变形，提高焊缝金属与热影响区的塑性与冲击韧性。

焊件的预热温度应根据母材的含碳量和合金含量、焊件的结构形式和接头的拘束度、所选用焊接材料的扩散氢含量、施焊条件等因素来确定。母材含碳量和合金含量越高，厚度越大，焊前要求的预热温度也越高。钢制压力容器焊前预热100℃以上的钢种厚度见表1-2。

表1-2　钢制压力容器焊前预热100℃以上的钢种厚度

钢　种	碳　钢	16MnR	15MnVR
厚度/mm	＞38	＞34	＞32

对于焊接工程结构，可以采用碳当量（CE）和冷裂纹指数法确定预热温度。碳钢和低合金钢焊接根据碳当量范围确定的预热温度见表1-3。

表1-3　碳钢和低合金钢焊接根据碳当量范围确定的预热温度

碳当量CE/%	预热温度/℃	碳当量CE/%	预热温度/℃
CE＜0.45	可不预热	CE＞0.6	200～370
0.45≤CE＜0.6	100～200		

焊前预热温度不宜过高，因为预热温度的提高犹如焊接热输入的增加，在降低焊接区冷却速度的同时，会延长过热区在高温停留的时间，使晶粒长大，导致焊接接头的强度和冲击韧性下降。尤其是低合金调质高强钢焊接时，预热温度的提高对接头性能的影响更为明显。

学习任务3　焊接工艺评定

一、焊接工艺评定的目的

焊接工艺评定是通过对焊接接头的力学性能或其他性能的试验证实焊接工艺规程的正确性和合理性的一种程序。生产厂家应按国家有关标准、监督规程或国际通用的法规，自行组织并完成焊接工艺评定工作。

焊接工艺评定试验不同于以科学研究和技术开发为目的而进行的试验，焊接工艺评定的目的主要有两个：一是为了验证焊接产品制造之前所拟定的焊接工艺是否正确；二是评定即使所拟定的焊接工艺是合格的，但焊接结构生产单位是否能够制造出符合技术条件要求的焊接接头。

也就是说，焊接工艺评定的目的除了验证焊接工艺规程的正确性外，更重要的是评定制造单位的能力。焊接工艺评定就是按照拟定的焊接工艺（包括接头形式、焊接材料、焊接方法、焊接参数等），根据有关规程和标准，试验测定和评定拟定的焊接接头是否具有所要求的性能。焊接工艺评定的目的在于检验、评定拟定焊接工艺的正确性、是否合理、是否能满足产品设计和标准规定，评定制造单位是否有能力焊接出符合要求的焊接接头，为制定焊接工艺提供可靠依据。

二、焊接工艺评定的一般程序

各生产单位产品质量管理机构不尽相同，工艺评定程序会有一定差别。以下是焊接工艺评定的一般程序。

（1）焊接工艺评定立项。

（2）下达焊接工艺评定任务书。

（3）编制焊接工艺指导书。

（4）编制焊接工艺评定试验执行计划。

（5）试件的准备和焊接。

（6）焊接试件的检验。

（7）编写焊接工艺评定报告。

三、焊接工艺评定内容

一份完整的焊接工艺评定报告应记录评定试验时所使用的全部重要参数。焊接工艺评定报告和焊接工艺规程的格式，可由有关部门或制造厂自行确定，但必须标明影响焊接件质量的重要因素、补加因素（指接头性能有冲击韧性要求时）和次要因素。焊接工艺评定的内容包括下列各部分。

（1）焊接工艺评定报告编号及相对应的设计书编号。

（2）评定项目名称。

（3）评定试验采用的焊接方法、焊接位置。

（4）所依据的产品技术标准编号。

（5）试板的坡口形式、实际的坡口尺寸。

（6）试板焊接接头、焊接顺序和焊接的层次。

（7）试板母材金属的牌号、规格、类别号，如采用非法规和非标准材料，应列出实际的化学成分化验结果和力学性能的实测数据。

（8）焊接试板所用的焊接材料，列出型号（或牌号）、规格以及该批焊材入厂复验结果，包括化学成分和力学性能。

（9）工艺评定试板焊前实际的预热温度、层间温度和后热温度等。

（10）试板焊后热处理的实际加热温度和保温时间，对于合金钢应记录实际的升温和冷却速度。

（11）记录试板焊接过程中实际使用的焊接电流、电弧电压、焊接速度；对于熔化极气体保护焊、埋弧焊和电渣焊应记录实测的送丝速度。电流种类和极性应清楚标明，如采用脉冲电流，应记录脉冲电流的各参数。

（12）凡是能在试板焊接中加以监控或检验的参数都应记录，其他参数可不作记录。

（13）力学性能检验结果，应注明检验报告的编号、试样编号、试样形式，实测的接头强度性能、塑性、抗弯性能和冲击韧性数据。

（14）其他性能的检验结果，如角焊缝宏观检查结果，或耐腐蚀性检验结果、硬度测定结果等。

（15）工艺评定结论。

（16）编制、校对、审核人员签名。

（17）企业管理者代表批准，以示对评定报告的正确性和合法性负责。

对于评定中不合格的项目，应找出原因并纠正后重新进行评定。最后应将所有的软件，如焊接工艺评定任务书、焊接工艺评定报告、施焊记录、各项检验试验报告等存档保存，以备调用。

焊接工艺评定的试件、试样等必须保留，以备在锅炉和压力容器取得制造许可证、监管和换证工作中调用，以免被认为制造单位弄虚作假。试件、试样等的保留时间由当地劳动部门规定。

相关链接

焊接接头的质量很大程度上取决于焊工的技艺。因此，焊工在担任重要的或者有特殊要求产品的焊接工作时，焊前应当进行必要的考核，考核分为理论考核和技能考核两部分。理论考核主要是考核焊工技术应用范围以内的知识，并且加入有关焊接材料、工艺过程、焊接设备、安全技术等知识。技能考核主要是规定他们焊接各种焊接位置（仰、平、横、立）的试件，来考核确定焊缝的熔深、接头的内部质量及力学性能等是否合乎焊缝的设计要求。

总之，焊前的质量控制是要检查被焊产品焊接接头坡口的形状、尺寸、装配间隙、错边量是否符合图纸要求，坡口及其附近的油漆、氧化皮是否按工艺要求清除干净，选用的焊材是否按规定的时间、温度烘干，焊丝表面的油锈是否除尽，焊接设备是否完好，电流、电压显示装置是否灵敏，需预热的材料是否按规定预热，焊工是否具有相应的资格证书或技术水平等。只有以上各个环节全部符合工艺要求，方可进行焊接。

第二模块　焊接过程中的质量控制

学习任务1　焊接对环境的要求

焊接时，焊工与有关检查人员一定要对焊接时的实际环境（包括环境温度、湿度、风力、风向及焊接场地上的易燃易爆物等）进行检查，并采取相应的防护措施，以保证焊接过程不受外界环境的影响。

雨天或湿度很高时，即使在室内，也要查明母材表面和背面是否存在水分，并经处理后再施焊。露天焊接时，应在防风、防雨设施内进行焊接。相对湿度高于80%～90%的条件下，不宜施焊。

环境温度和湿度的主要影响是引起冷裂纹。对准予焊接的环境温度，不同规范的规定不统一。为防止冷裂，有的规范规定：焊接碳钢的环境温度不低于0℃；焊接低合金钢的环境温度不低于5℃。当不符合上述规定时，应在采取必要的工艺措施后进行焊接。有的规范规定：气温降到－5℃时不得进行焊接；如气温在－5～5℃之间，对接头100mm范围内的母材部分进行适当加热后可以进行焊接。DL/T 678—1999对环境温度作如下规定：低碳钢低于－20℃、低合金钢低于－10℃、中高合金钢低于0℃，必须采取有效措施方可施焊。

气体保护焊时，风速在2m/s以上，其他焊接方法时，风速在10m/s以上，不得进行焊接；如已采取防护措施后不受此限制。

学习任务2　焊接工艺执行情况的监控

焊接生产过程中的质量控制是焊接中最重要的环节，一般是先按照设计要求选定焊接参数，然后边生产、边监控。每一工序都需要按照焊接工艺规范或国家标准监控，主要包括焊接参数的监控、焊缝尺寸的监控、夹具工作状态的监控、结构装配质量的监控等。

一、焊接参数的监控

焊接参数是指焊接时，为保证焊接质量而选定的诸物理参数，如焊接电流、电弧电压、焊接速度、热输入、焊条（焊丝）直径、焊接道数、焊接层数、焊接顺序、电源的种类和极性等的总称。焊接参数执行得正确与否对焊缝和接头质量起着决定性作用。正确的焊接参数是在焊前进行试验、总结而取得的。有了正确的焊接参数，还要在焊接过程中严格执行，才能保证接头质量的优良和稳定。对焊接参数的检查，不同的焊接方法有不同的内容和要求。

1. 焊条电弧焊焊接参数的监控

焊条电弧焊必须一方面监控焊条的直径和焊接电流是否符合要求，另一方面要求焊工严格执行焊接工艺规定的焊接顺序、焊接道数、电弧长度等。

2. 埋弧焊焊接参数的监控

埋弧焊除了检查焊接电流、电弧电压、焊丝直径、送丝速度、焊接速度（对机械化焊接而言）外，还要认真检查焊剂的牌号、颗粒度、焊丝伸出长度等。

3. 电阻焊焊接参数的监控

对于电阻焊，主要检查夹头的输出功率、通电时间、顶锻量、工件伸出长度、工件焊接表面的接触情况、夹头的夹紧力和焊件与夹头的导电情况等。实施电阻焊时还要注意焊接电流、加热时间和顶锻力之间的相互配合。压力正常但加热不足，或加热正确而压力不足都会形成未焊透。焊接电流过大或通电时间过长，会使接头过热，降低其力学性能。对于点焊，要检查焊接电流、通电时间、初始压力以及加热后的压力、电极表面及焊件被焊处表面的情况等是否符合工艺规范要求。对焊接电流、通电时间、压力三者之间是否配合恰当要认真检查，否则会产生缺陷。如加热后的压力过大，会使工件表面显著凹陷和部分金属被挤出，压力不足，会造成未焊透，焊接电流过大或通电时间过长，会引起金属飞溅和焊点缩孔。

4. 气焊参数的监控

气焊主要检查焊丝的牌号、直径、焊嘴的号码，并检查可燃气体的纯度和火焰的性质。如果选用过大的焊嘴，会使焊件烧坏，过小则会形成未焊透。使用过分还原性火焰会使金属渗碳，而氧化性火焰会使金属激烈氧化，这些都会使焊缝金属的力学性能降低。

二、焊缝尺寸的监控

焊缝尺寸的监控应根据工艺卡片或国家标准所规定的精度要求进行。一般采用特制的量规和样板来测量。最普通的测量焊缝的量具是样板，样板是分别按不同板厚的标准焊缝尺寸制造出来的，样板的序号与钢板的厚度相对应。此外，还可用万能量规测量，它可用来测量T形接头焊缝焊脚的凸度和凹度、对接接头焊缝的余高、对接接头坡口间隙等。

三、夹具工作状态的监控

夹具是结构装配过程中用来固定、夹紧焊件的工艺装备。它通常要承受较大的载荷，同时还会受到由于热的作用而引起的附加应力作用。故夹具应有足够的刚度、强度和精确度。在使用中应对其进行定期的检修和校核。检查它是否妨碍对焊件进行焊接，焊接后焊件由于加热的作用而发生的变形，是否会妨碍夹具卸下取出。当夹具不可避免地要放在施焊处附近时，是否有防护措施，防止因焊接时的飞溅而破坏了夹具的活动部分，造成卸下取出夹具困难。还应检查夹具所放的位置是否正确，会不会因位置放置不当而引起焊件尺寸的偏差和因夹具自身重量而造成焊件的歪斜变形。此外，还要检查夹紧是否可靠，不应因零件热胀冷缩或外来的振动而使夹具松动失去夹紧能力。

四、结构装配质量的监控

在焊接之前进行装配质量监控是保证结构焊接后符合图样要求的重要措施。对焊接装配结构主要应作如下几项检查。

（1）按图样检查各部分尺寸、基准线及相对位置是否正确，是否留有焊接收缩余量、机械加工余量等。

（2）检查焊接接头的坡口形式及尺寸是否正确。

（3）检查定位焊的焊缝布置是否恰当，能否起到固定作用，是否会给焊后带来过大的内应力；同时检查定位焊焊缝的缺陷，如有缺陷要及时处理。

（4）检查焊接处是否清洁，有无缺陷（如裂纹、凹陷、夹层等）。

第三模块　焊后成品的质量控制

学习任务1　焊接接头的外观检验

焊接接头的外观检验是一种手续简便而又应用广泛的检验方法，是成品检验的一个重要内容。这种方法有时也使用在焊接过程中，如厚壁焊件进行多层焊时，每焊完一层焊道时便采用这种方法进行检查，防止前道焊层的缺陷被带到下一层焊道中。

外观检查主要是发现焊缝表面的缺陷和尺寸上的偏差。这种检查一般是通过肉眼观察，并借助标准样板、量规和放大镜等工具来进行检验的。

一、目视检验

目视检验的工作容易进行，并且直观、方便、效率高。因此，应对焊接结构的所有可见焊缝进行目视检验。对于结构庞大，焊缝种类或形式较多的焊接结构，为避免目视检验时遗漏，可按焊缝的种类或形式分为区、块、段逐次检查。当焊接结构存在隐蔽焊缝时，应在组装之前或焊缝尚处在敞开的时候进行目视检验，以保证产品焊缝的缺陷在封闭之前被发现，及时消除。

1. 目视检验的种类

目视检验方法可分为直接目视检验和远距离目视检验两种。

（1）直接目视检验　也称近距离目视检验，这种检验用于眼睛能充分接近被检物体，直接观察和分辨缺陷形态的场合。一般情况下，目视距离约为600mm，眼睛与被检工件表面所成的视角不小于30°。在检验过程中，采用适当照明，利用防光镜调节照射角度和观察角度，或借助于低倍放大镜观察，以提高眼睛发现缺陷和分辨缺陷的能力。

（2）远距离目视检验　用于眼睛不能接近被检物体，必须借助望远镜、内孔管道镜、照相机等进行观察的场合。其分辨能力，至少应具备相当于直接目视观察所获得的效果。

2. 目视检验的项目

（1）焊后清理质量　所有焊缝及其边缘，应无焊渣、飞溅及阻碍外观检查的附着物。

（2）焊接缺陷检查　在整条焊缝和热影响区附近，应无裂纹、夹渣、焊瘤、烧穿等缺陷，气孔、咬边应符合有关标准规定。焊接接头部位容易产生焊瘤、咬边等缺陷，收弧部位容易产生弧坑、裂纹、夹渣、气孔等缺陷，检查时要引起注意。

（3）几何形状检查　重点检查焊缝与母材连接处以及焊缝形状和尺寸急剧变化的部位。这些部位的焊缝应完整，不得有漏焊，连接处应圆滑过渡。焊缝高低、宽窄及结晶鱼鳞纹应均匀变化。可借助测量工具来进行测量。

（4）焊接的伤痕补焊　重点检查拆除装配拉筋板的部位、焊接钩钉吊卡的部位、母材引弧部位、母材机械划伤部位等。要求焊缝在这些部位处应无缺肉及遗留焊疤，无表面气孔、裂纹、夹渣、疏松等缺陷，划伤部位不应有明显棱角和沟槽，伤痕深处不超过有关标准规定。目视检验若发现裂纹、夹渣、焊瘤等不允许存在的缺陷，应清除、补焊或修磨，使焊缝表面的质量符合要求。

二、焊缝的外观检验

（一）焊缝外形尺寸要求

JB/T 7949—1999《钢结构焊缝外形尺寸》对钢结构熔化焊对接和角接接头的外形尺寸作了如下规定。

焊缝外形应均匀，焊道与焊道、焊道与基本金属之间应平滑过渡。I形坡口对接焊缝（包括I形带垫板对接焊缝）见图1-2。它的焊缝宽度 $c=b+2a$，余高 h 值应符合表1-4的规定。非I形坡口对接焊缝（GB/T 985—1988，GB/T 986—1988中除I形坡口外的各种坡口形式的对接焊缝）见图1-3。其焊缝宽度 $c=g+2a$，余高 h 也应符合表1-4的规定。g 值（见图1-4）按下式计算：

V形 $$g=2\tan\beta(\delta-p)+b$$

U形 $$g=2\tan\beta(\delta-R-p)+2R+b$$

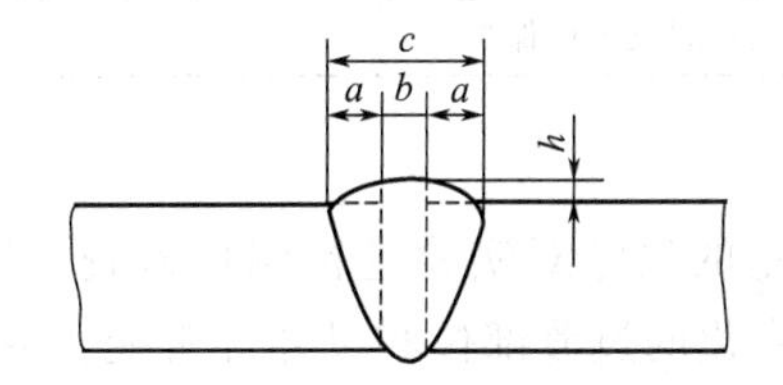

图1-2 I形坡口对接焊缝

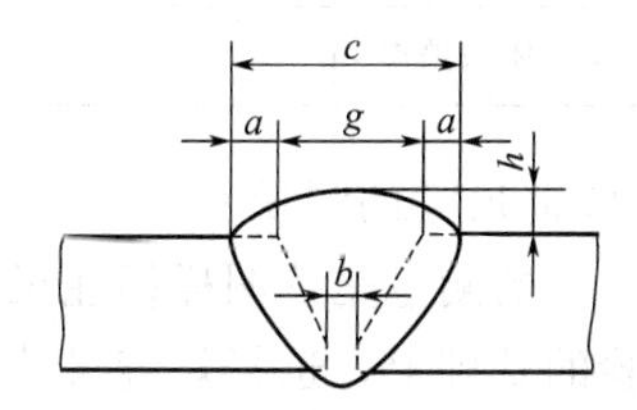

图1-3 非I形坡口对接焊缝

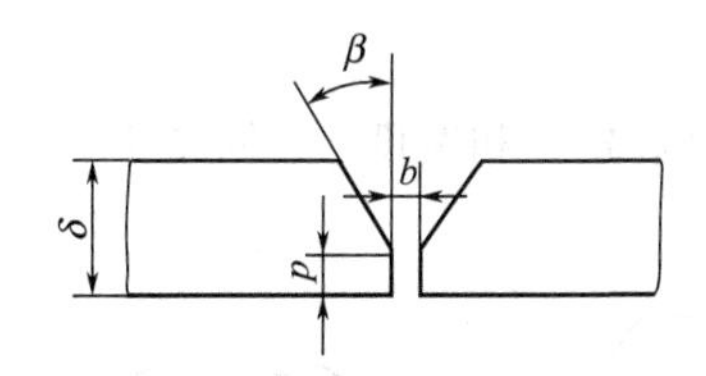

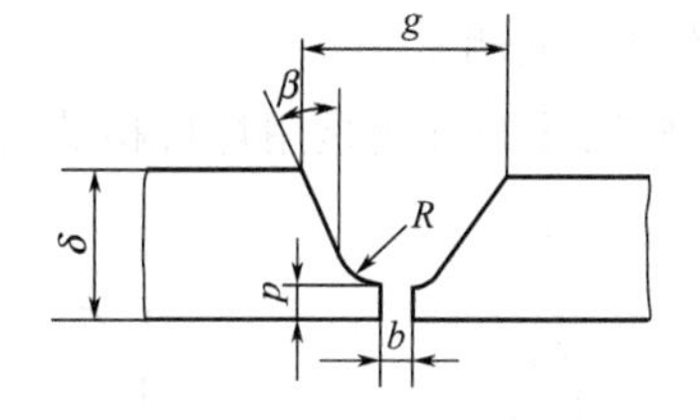

图1-4 V形、U形坡口 g 值计算

表1-4 焊缝宽度 c 与余高 h 值

焊接方法	焊缝形式	焊缝宽度 c/mm		焊缝余高 h/mm
		c_{min}	c_{max}	
埋弧焊	I形焊缝	$b+8$	$b+28$	0～3
	非I形焊缝	$g+4$	$g+14$	
焊条电弧焊及气体保护焊	I形焊缝	$b+4$	$b+8$	平焊：0～3 其余：0～4
	非I形焊缝	$g+4$	$g+8$	

注：1. 表中 b 值应符合GB/T 985、GB/T 986标准要求的实际装配值。

2. g 值计算结果若带小数时，可利用数字修约法计算到整数位。

焊缝最大宽度和最小宽度的差值，在任意50mm焊缝长度范围内不得大于4mm，整个焊缝长度范围内不得大于5mm。

在任意 300mm 连续焊缝长度内，焊缝边缘沿焊缝轴向的直线度 f 如图 1-5 所示，其值应符合表 1-5 的规定。

焊缝表面凹凸，在焊缝任意 25mm 长度范围内焊缝余高 $h_{max}-h_{min}$ 的差值不得大于 2mm（见图 1-6）。

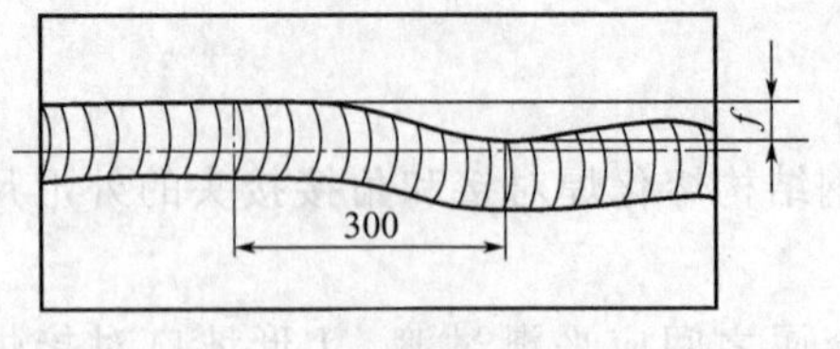

图 1-5　焊缝边缘直线度

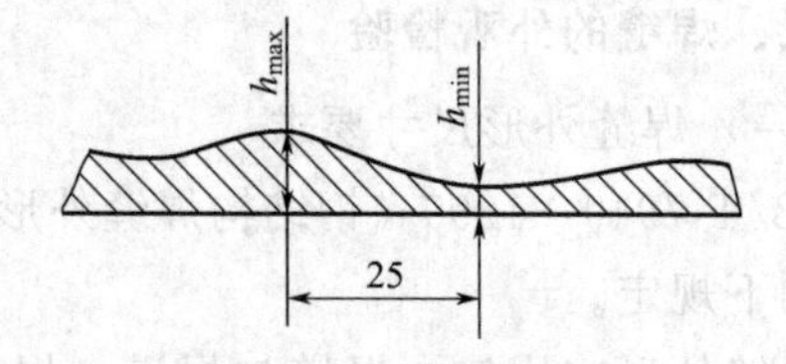

图 1-6　焊缝余高差

角焊缝的焊脚尺寸 K 值由设计或有关技术文件注明，其焊脚尺寸偏差应符合表 1-6 的规定。

表 1-5　焊缝边缘直线度 f 值

焊接方法	焊缝边缘直线度 f/mm
埋弧焊	≤4
焊条电弧焊及气体保护焊	≤3

表 1-6　焊脚尺寸 K 值允许偏差

焊接方法	尺寸偏差/mm	
	$K<12$	$K\geqslant12$
埋弧焊	+4	+5
焊条电弧焊及气体保护焊	+3	+4

（二）焊缝尺寸的测量

焊缝尺寸的测量是按图样标注尺寸或技术标准规定的尺寸对实物进行测量检查。通常，在目视检验的基础上，选择焊缝尺寸正常部位、尺寸变化的过渡部位和尺寸异常变化的部位进行测量检查，然后互相比较，找出焊缝尺寸变化的规律，与标准规定的尺寸对比，从而判断焊缝的几何尺寸是否符合要求。

1. 对接焊缝尺寸的测量

检查对接焊缝尺寸的方法是用焊接检验尺测余高 h 和宽度 c（见图 1-7）。其中测余高的方法有两种。

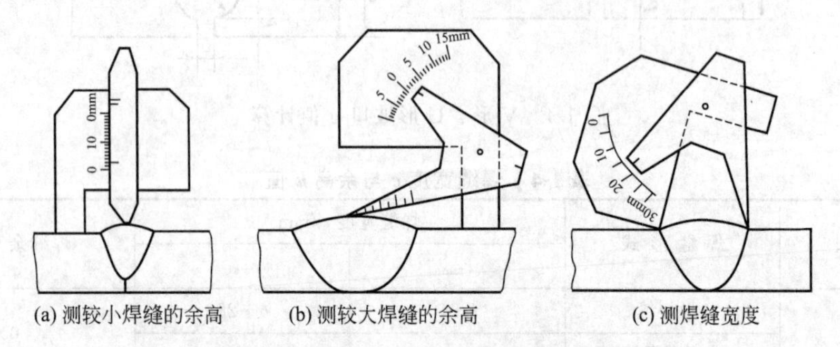

(a) 测较小焊缝的余高　(b) 测较大焊缝的余高　(c) 测焊缝宽度

图 1-7　用焊接检验尺测量焊缝余高和宽度

当组装工件存在错边时，测量焊缝的余高应以表面较高一侧为基准进行计算（见图 1-8）。当组装工件厚度不同时，测量焊缝余高也应以表面较高一侧母材为基准计算，或保证两母材之间焊缝呈圆滑过渡等（见图 1-9）。

2. 角焊缝尺寸的测量

角焊缝尺寸包括焊缝的计算厚度、焊脚尺寸、凸度和凹度等（见图 1-10）。

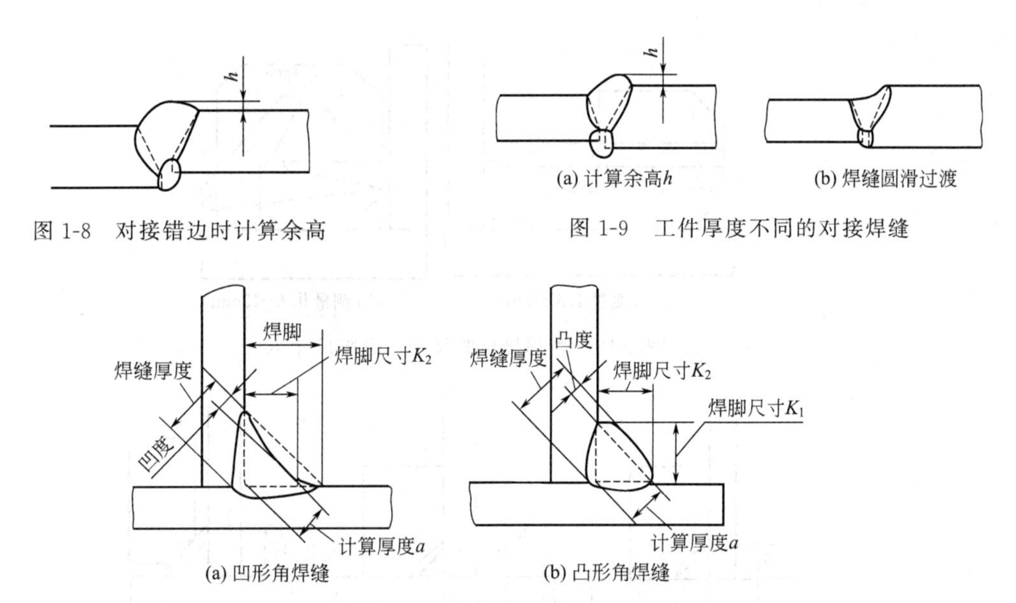

图 1-8 对接错边时计算余高

图 1-9 工件厚度不同的对接焊缝

图 1-10 角焊缝尺寸

(1) 角焊缝测量尺寸的确定 测量角焊缝的尺寸，主要是测量焊脚尺寸 K_1、K_2 和角焊缝厚度 a。

多数情况下，图样只标注焊脚尺寸，当图样标注角焊缝厚度时，不但要求实物角焊缝厚度符合尺寸 a，而且还要求焊脚尺寸 $K_1=K_2$。因为，只有 $K_1=K_2$ 时，才能准确地测量 a 值。

由于角焊缝外表的光滑程度和几何形状的规则性差别较大，影响测量准确性。因此，应按图 1-11 标注的尺寸计算焊脚尺寸 K_1、K_2。

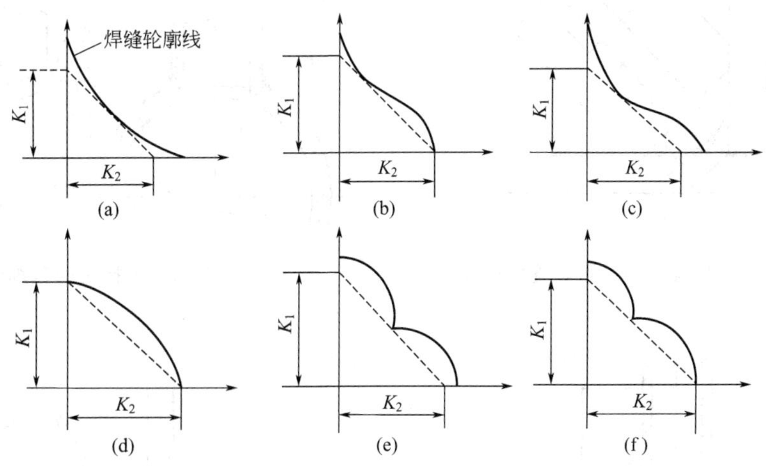

图 1-11 焊脚尺寸 K_1、K_2 的确定

(2) 角焊缝尺寸的测量方法

① 测量焊脚尺寸 K_1、K_2 见图 1-12 和图 1-13。

② 测量角焊缝厚度 a 只有在 $K_1=K_2$ 时，才能用焊接检验尺测量出角焊缝厚度 a，如图1-14所示。

③ 测量管接头的角焊缝尺寸 管接头角焊缝的尺寸和形状沿焊缝圆周方向是变化的，如图 1-15 所示，故主要测量最小尺寸部位 A 和最大尺寸部位 B。对 A 处的测量和上述方法是相同的，见图 1-12～图 1-14，对 B 处的测量则采用自制专用的随形样板，如图 1-16 所示，

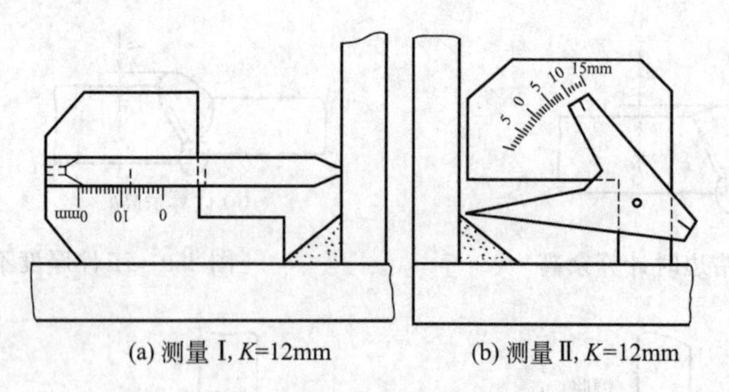

图 1-12　用焊接检验尺测量焊脚尺寸 K

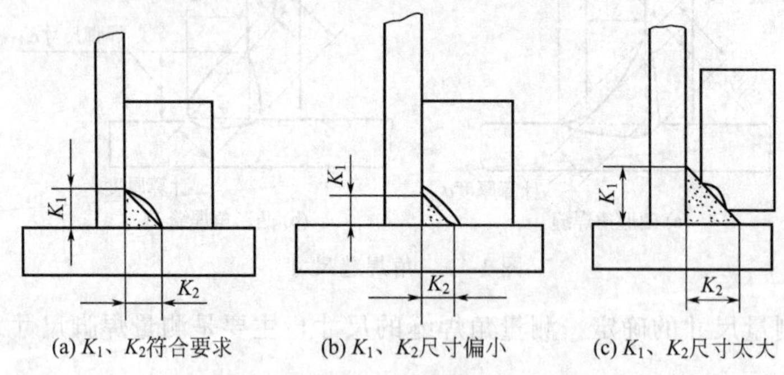

图 1-13　用样板测量焊脚尺寸 K_1、K_2

R 为筒形工件半径。

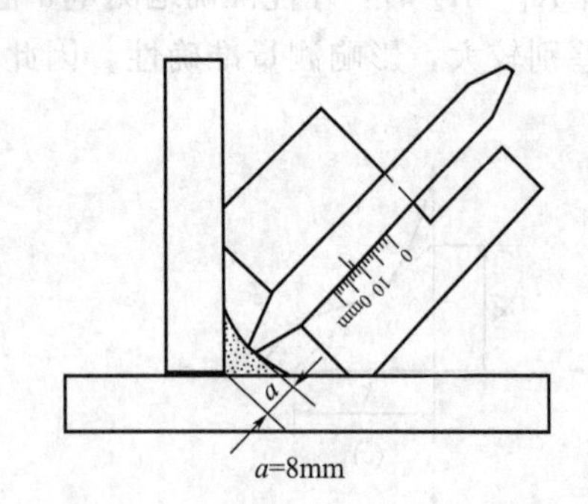

图 1-14　用焊接检验尺测量角焊缝厚度 a

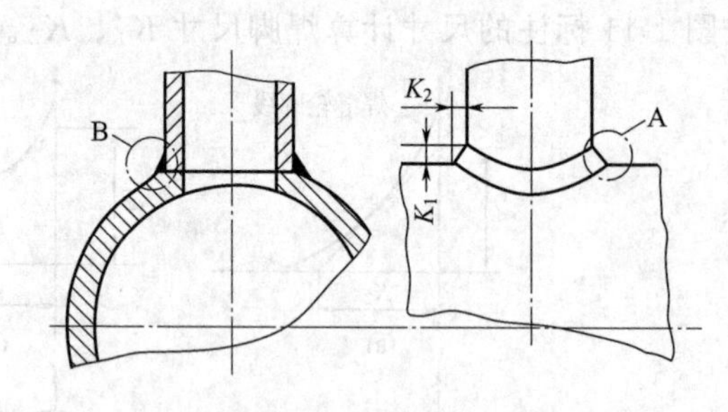

图 1-15　管接头的角焊缝

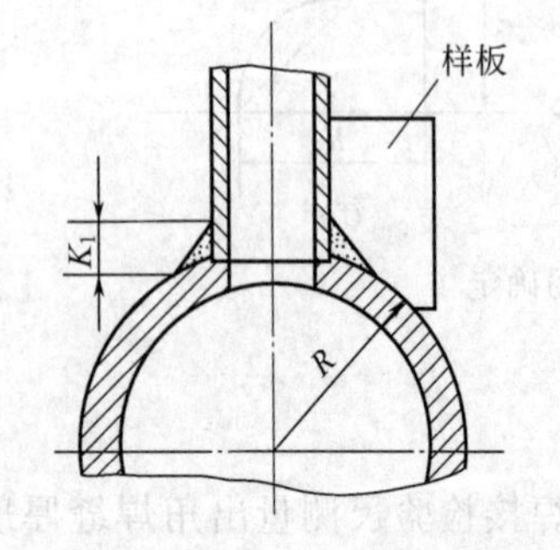

图 1-16　专用随形样板测量焊脚尺寸 K_1

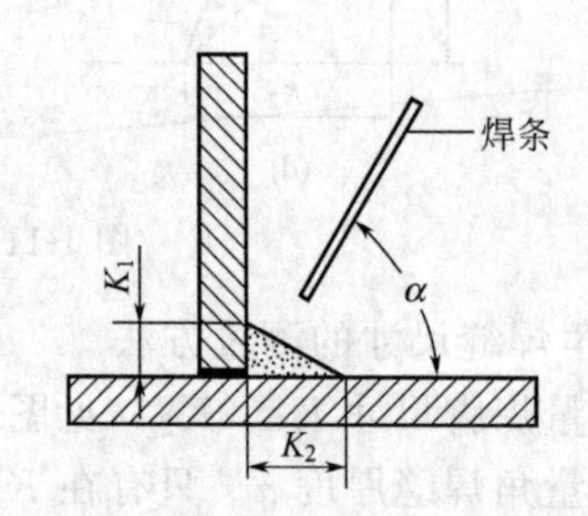

图 1-17　焊条倾斜角度 α 偏大对焊脚尺寸的影响

(3) 检查角焊缝尺寸的注意事项

① 平焊位置的角焊缝，由于人体下蹲高度所限，操作者掌握的焊条倾斜角度 α 容易偏

大，造成焊脚尺寸 $K_2>K_1$（见图 1-17）。因此，当图样要求尺寸 $K_1=K_2$ 时，检查角焊缝尺寸时要注意 K_1、K_2 是否相等及尺寸 K_1 是否达到图样要求。

② 角焊缝焊接时，更换焊条的接头部位搭接过大，起弧点焊接速度过慢，则产生过大的凸度；搭接不上，起弧点焊接速度快，则产生凹度。因此，检查时应注意更换焊条的接头部位，有严重的凸度和凹度时，应及时修磨或补焊。

③ T 形接头和角接接头的对接焊缝（见图 1-18）不能按角焊缝要求检查，应按焊缝的要求检查。

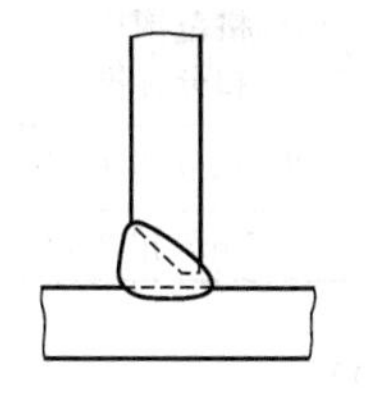

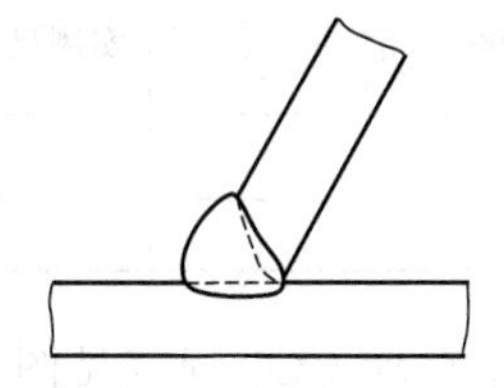

(a) T形接头的对接焊缝

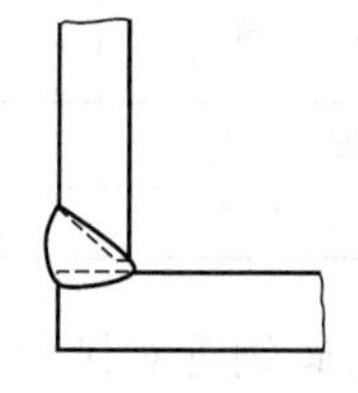

(b) 角接接头的对接焊缝

图 1-18 按对接焊缝要求进行检验的焊接接头

三、焊工技能考试中的外观检验示例

1. 中级电焊工技能考试示例

【示例 1】 低合金钢板 T 形接头立角焊半自动 CO_2 焊（见图 1-19）

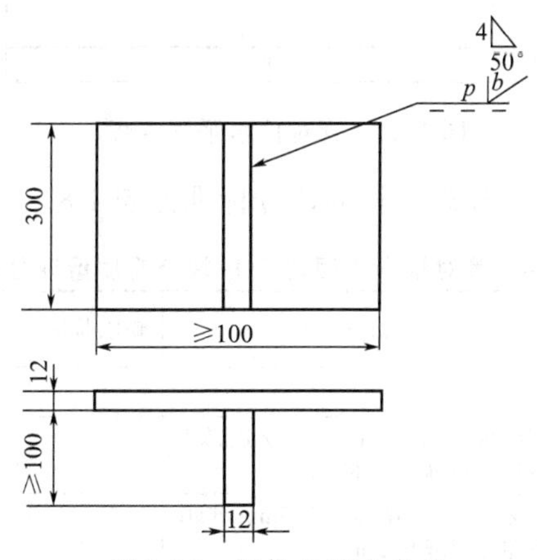

图 1-19 板件 T 形立角焊

主要技术要求为单面焊双面成形；焊丝直径、钝边间隙和试件离地面高度等自定；允许采用反变形等，其外观质量的评分标准见表 1-7。

表 1-7 板件 T 形立角 CO_2 焊外观质量评分表

	序号	缺陷名称	合格标准	缺陷状况	合格范围内的扣分标准	扣分
外观缺陷	1	裂纹、焊瘤、未熔合	不允许			
	2	咬边	深度≤0.5mm，两侧咬边总长不超过焊缝长度的 15%		按缺陷长度比例扣 1～4 分	
	3	未焊透	深度≤15%δ 且≤1.5mm，长度不超过焊缝长度的 10%		按缺陷长度比例扣 1～4 分	
	4	背面凹坑	深度≤25%δ 且≤1mm，长度不超过焊缝长度的 10%		按缺陷长度比例扣 1～4 分	

续表

	序号	缺陷名称	合格标准	缺陷状况	合格范围内的扣分标准	扣分
外观缺陷	5	表面气孔及夹渣	点状缺陷不超过6个		每2个扣1分	
			正面焊缝条状缺陷不允许			
			深度≤1mm、长度≤4mm的背面焊缝条状缺陷不超过2个		每1个扣2分	
外观尺寸	序号	名　称	合格标准	实测尺寸	合格范围内的扣分标准	扣分
	1	焊脚高度差	≤3mm		>2.5mm扣10分	
	2	焊脚凸凹度	≤2mm		>1.5mm扣2分	

【示例2】 低碳钢管对接水平固定半自动CO_2焊（见图1-20）

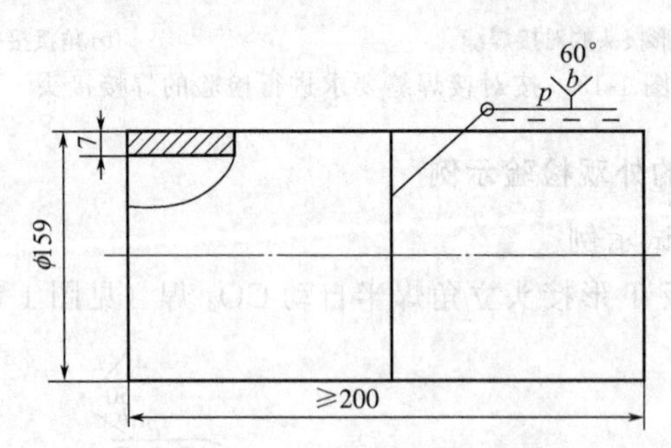

图1-20　管对接水平固定焊

技术要求与示例1相同，其外观质量的评分标准见表1-8。

表1-8　管对接水平固定CO_2焊外观质量评分表

	序号	缺陷名称	合格标准	缺陷状况	合格范围内的扣分标准	扣分
外观缺陷	1	裂纹、焊瘤、未熔合	不允许			
	2	咬边	深度≤0.5mm，两侧咬边总长不超过焊缝长度的20%		按缺陷长度比例扣1～4分	
	3	未焊透	深度≤15%δ且≤1.5mm，长度不超过焊缝长度的10%		按缺陷长度比例扣1～2分	
	4	背面凹坑	深度≤20%δ且≤2mm，长度不超过焊缝长度的10%		按缺陷长度比例扣1～2分	
	5	表面气孔	允许≤2mm的气孔4个		每个扣1分	
	6	夹渣	深度≤0.1δ，长度≤0.3δ，不超过3个		每个扣1分	
	7	错边量	≤10%δ		>5%δ扣2分	
外观尺寸	序号	名　称	合格标准	实测尺寸	合格范围内的扣分标准	扣分
	1	焊缝正面余高	平焊位置0～3mm		>2.5mm扣1分	
			其他位置0～4mm		>3mm扣1分	
	2	焊缝余高差	平焊位置≤2mm		>1mm扣1分	
			其他位置≤3mm		>2mm扣1分	
	3	焊缝宽度差	≥3mm		>2mm扣2分	
	4	焊缝背面余高	≤3mm		>2mm扣2分	

2. 高级电焊工技能考试示例

【示例 1】 低合金钢管对接 45°固定手工 TIG 焊（见图 1-21）

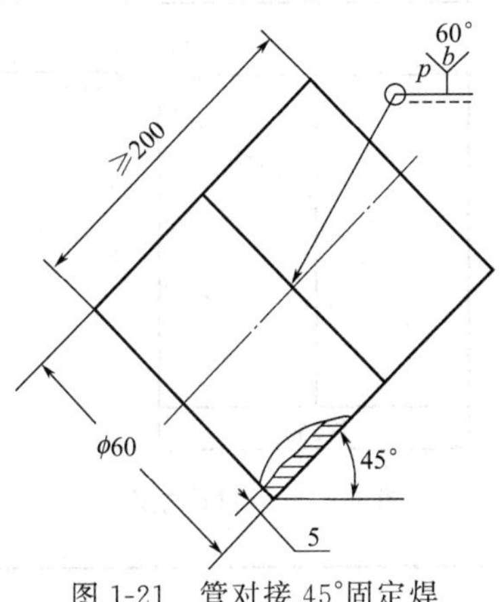

图 1-21 管对接 45°固定焊

外观质量的评分标准见表 1-9。

表 1-9 管对接 45°固定手工 TIG 焊外观质量评分表

	序号	缺陷名称	合格标准	缺陷状况	合格范围内的扣分标准	扣分
正面外观缺陷	1	裂纹、焊瘤、未熔合	不允许			
	2	咬边	深度≤0.5mm，两侧咬边总长不超过焊缝长度的 20%		按缺陷长度比例扣 1～4 分	
	3	表面气孔	允许≤15mm 的气孔 4 个		每个扣 1 分	
	4	夹渣	深度≤0.1δ，长度≤0.3δ，总数不超过 3 个		每个扣 1 分	
	5	错边量	≤10%δ		>5%δ 扣 2 分	
正面外观尺寸	序号	名 称	合格标准	实测尺寸	合格范围内的扣分标准	扣分
	1	焊缝余高	平焊位置 0～3mm		>2.5mm 扣 2 分	
			其他位置 0～4mm		>3mm 扣 2 分	
	2	焊缝余高差	平焊位置≤2mm		>1.5mm 扣 2 分	
			其他位置≤3mm		>2mm 扣 2 分	
	3	焊缝宽度差	≤3mm		>2mm 扣 2 分	

【示例 2】 铝板对接立位半自动 MIG 焊（见图 1-22）

外观质量的评分标准见表 1-10。

表 1-10 铝板对接立位 MIG 焊外观质量评分表

序号	缺陷名称	合格标准	缺陷状况	合格范围内的扣分标准	扣分
1	裂纹、焊瘤、未熔合、气孔、氧化物夹渣及过烧	不允许			
2	表面凹坑	焊缝表面应不低于基本金属			
3	咬边	深度≤0.5mm，两侧咬边总长不超过焊缝长度的 10%		按缺陷长度比例扣 1～15 分	
4	错边量	≤10% δ 且≤2mm		>5% δ 扣 1～7 分	
5	焊缝余高	≤3mm		>2.5mm 扣 1～8 分	

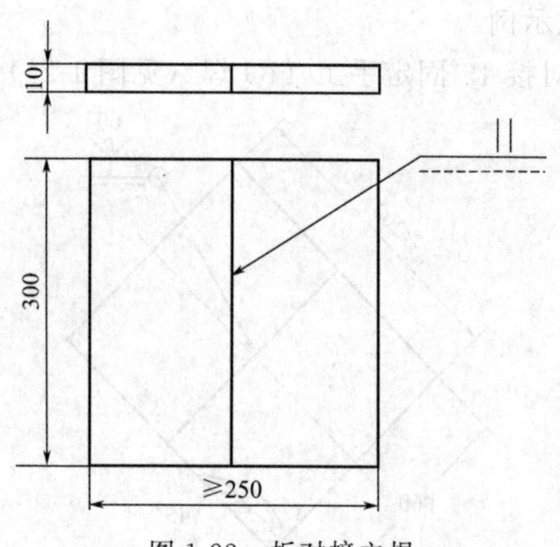

图 1-22　板对接立焊

学习任务 2　致密性试验

储存液体或气体的焊接容器都有致密性要求。常用致密性试验来发现贯穿性裂纹、气孔、夹渣、未焊透等缺陷。常见的致密性试验方法及适用范围见表 1-11。

表 1-11　致密性试验方法及适用范围

名称	试验方法	适用范围
气密性试验	将焊接容器密封，按图纸规定的压力通入压缩空气，在焊缝外面涂肥皂水检查，不产生肥皂泡为合格	密封容器
吹气试验	用压缩空气对着焊缝的一面猛吹，焊缝的另一面涂肥皂水，不产生气泡为合格。试验时，要求压缩空气的压力＞405.3kPa，喷嘴到焊缝表面距离不超过 30mm	敞口容器
载水试验	将容器充满水，观察焊缝外表面，无渗水为合格	敞口容器，如船体、水箱等
水冲试验	对着焊缝的一面用高压水流喷射，在焊缝的另一面观察，无渗水为合格。水流的喷射方向与试验焊缝的夹角不小于 70°。水管喷嘴直径为 15mm 以上，水压应使垂直面上的反射水环直径大于 400mm；检查竖直焊缝应从下往上移动喷嘴	大型敞口容器，如船体甲板的密封性
沉水试验	先将容器浸入水中，再向容器内充入压缩空气，使检验焊缝处在水面下约 20～40mm 的深处，观察无气泡浮出为合格	小型容器，汽车油箱的密封性检查
煤油试验	煤油的黏度小，表面张力小，渗透性强，具有透过极小的贯穿性缺陷的能力。试验时，将焊缝表面清理干净，涂白粉水溶液，待干燥后，在焊缝的另一面涂煤油浸润，经 0.5h 后白粉无油浸为合格	敞口容器，如储存石油、汽油的固定式储器和同类型的其他产品
氨渗透试验	氨渗透属于比色检漏，以氨为示踪剂，试纸或涂料为显色剂进行渗漏检查和贯穿性缺陷的定位。试验时，在检验焊缝上贴上比焊缝宽的石蕊试纸或涂料显色剂，然后向容器内通入规定压力的含氨气的压缩空气，保压 5～30min，检查试纸或涂料，未发现色变为合格	密封容器，如尿素设备的焊缝检验
氦检漏试验	氦气质量小，能穿过微小的空隙。利用氦气检漏仪可以发现千万分之一的氦气存在，相当于标准状态下漏氦气率为 1cm³/年，是灵敏度很高的致密性试验方法	用于致密性要求很高的压力容器

根据有关规定，气密性试验之前，必须先经水压检验，合格后才能进行气密性试验。而已经做了气压试验且合格的产品，可以免做气密性试验。

学习任务3 焊接产品服役质量的检验

一、焊接产品交付后的检验

1. 焊接产品检验程序和检验项目

（1）查验检验资料是否齐全。

（2）核对焊接产品质量证明文件。

（3）检查焊接产品实物和质量证明厂家是否一致。

（4）按照有关安装规程和技术文件规定进行焊接产品质量检验。

（5）对焊接产品重要部位、易产生质量问题的部位、运输中易破损和变形的部位应给以特别注意，重点检查。

2. 焊接成品检验方法和验收标准

焊接成品检验方法和验收标准应当与焊接产品制造过程中所采用的检验方法、检验项目和验收标准相同。

3. 焊接质量问题的现场处理

（1）发现漏检，应进行补充检查并补齐质量证明文件。

（2）因检验方法、检验项目或验收标准等不同而引起的质量问题，应尽量采用同样的检验方法和评定标准，重新评定焊接产品是否合格。

（3）可修可不修的焊接缺陷一般不退修；焊接缺陷明显超标，应进行退修。其中大型焊接结构应尽量在现场修复，较小焊接结构而修复工艺复杂者应及时返厂修复。

二、焊接产品服役运行中质量的检验

（1）焊接产品运行期间的质量监控　焊接产品运行期间一般采用声发射技术经常监控运行情况。

（2）焊接产品检修质量的复查　对苛刻条件（腐蚀介质、交变载荷、热应力）下工作的焊接产品，有计划地定期复查。

（3）服役焊接产品质量问题现场处理　对重要焊接产品的退修要重新进行工艺评定，验证焊接工艺，制定返修工艺措施，编制质量控制指导书和记录卡。

三、焊接结构破坏事故的现场调查与分析

1. 现场调查与分析

（1）保护焊接结构破坏现场，收集所有运行记录。

（2）查明运行操作过程是否正确。

（3）查明焊接结构断裂位置。

（4）检查断口部位的焊接接头表面质量和断口质量。

（5）测量已破坏结构部分的实际厚度，核对其厚度是否符合图样要求，并为重新设计校核提供依据。

2. 对母材和焊缝取样分析

（1）重新对已破坏结构部分进行金相检验。

（2）重新复查已破坏结构部分的化学成分。

（3）重新复查已破坏结构部分的力学性能。

3. 复查焊接结构的制造工艺过程

对照设计说明书重新复查焊接结构的设计参数，复查是否符合国家标准，焊接结构的制造工艺过程是否合乎工艺规定，查清责任，为确定修复工艺做必要的准备。

学习任务 4 焊接检验档案的建立

焊接检验档案是整个焊接生产质量保证体系中的重要组成部分，它不仅反映了焊接产品的实际质量，而且为焊接质量控制工作提供了信息，为各类焊接产品质量控制的统计、分析工作提供了依据，为焊接产品运行期间的维修和改造、事故分析等提供了质量考察的依据和历史凭证，因此，有关人员应予以高度重视。

一、焊接检验记录

焊接检验记录至少应包括下述内容。

（1）焊接产品的编号、名称、图号。

（2）现场使用的焊接工艺文件，如焊接工序明细卡、焊接工艺卡或焊接工艺评定等文件的编号或名称。

（3）母材和焊接材料的牌号、规格、入厂检验编号。

（4）焊接方法、焊工姓名、焊工钢印。

（5）实际焊前预热温度、后热温度、消氢温度和时间等。

（6）焊接检验方法、检验结果，包括外观检查、无损检测、水压试验和焊接试样检查等。

（7）焊接检验报告编号，检验报告是指理化实验室、无损检测室等专职检验机构对焊缝质量进行检查之后，出具的证明焊缝质量的书面报告，检验报告应对焊缝质量作出肯定或否定的判断，即作出“合格”或“不合格”的结论。

（8）焊缝返修方法、返修部位和返修次数等。

（9）焊接检验的记录日期、记录人签字。

焊接检验记录是产品检验记录的重要组成部分，应按制造工序编制检验程序，印制质量控制表格，使记录规范化，按照规定的检验程序记录，保证记录及时、完整。

二、焊接检验证书

焊接产品的检验证书，是产品完工时收集检验工作的原始记录，并进行汇总而编制的质量证明文件。发给用户的焊接检验证书的形式和内容，要根据具体产品的结构形式确定。对于焊接结构和制造工艺比较复杂、质量要求较高的产品，应将检验资料装订成册，以质量证书的形式提供给用户。证书中的技术数据应该实用、准确、齐全、符合标准。对于结构和制造工艺比较简单、运行条件要求不高的焊接产品，检验证书可用卡片的形式提供给用户。但是，无论怎样焊接检验证书至少应包括下述内容。

（1）焊接产品的名称、编号、图号。

（2）焊接产品的技术规范或使用条件。

（3）原材料规格，包括母材和焊丝、焊条等。

（4）焊接过程资料，包括焊接方法和主要的焊接工艺、焊工姓名及焊工钢印等。

（5）焊接检验资料，包括无损检测、试验检查和水压试验结果等。

（6）焊缝返修记录，包括返修部位、返修方法和返修次数等。

（7）责任印章，包括检验证书的编制人员、检验组长或科长、厂长签字或印章，工厂质量合格印章和签发日期等。

焊接产品的检验证书，一般都是事先印制的固定格式或标准格式，编制焊接检验证书应收集原始记录进行汇总，按照证书的格式要求填写。检验资料必须完整、齐全、系统，技术数据必须真实准确。

三、焊接检验档案

焊接产品运行过程中发生损坏时，需要检查和修复，查阅检验档案，考察产品的原始质量，以便采取相应的措施，保证维修质量。用户为了提高焊接产品的运行参数或改善设备的维修管理条件，对陈旧设备进行技术改造，也必须依据焊接检验档案，参考原设计来修改图样，才能完成技术改造项目。

焊接产品的检验档案应包括下述资料。

（1）完整的焊接生产图样。

（2）焊接检验的原始记录，包括材质检验记录、工艺检查记录和焊缝质量检验记录等。

（3）焊接生产中的单据，包括材料代用单、临时更改单、工作联系单、不合格焊缝处理单等。

（4）焊接检验报告，包括力学性能、无损检测及热处理等检验报告。

（5）焊接检验证书，包括焊接产品质量证书或合格证。

焊接事故案例分析

案例1

某厂一汽油罐需要焊补，焊前该油罐经过置换清洗，取样分析并领取了动火证。第二天，某焊工用电焊进行焊补时，油罐发生爆炸，该焊工当场被炸死。

事故发生的原因分析：

（1）置换清洗不彻底，取样马虎；

（2）相关阀门轻微泄漏；

（3）取样到施焊之间间隔时间过长，罐内有无危险变化无从掌握。

防止措施：

（1）对置换作业人员进行培训，增加安全意识和工作责任心；

（2）置换清洗科学合理（如蒸汽蒸煮或化学药品刷洗等）；

（3）相关阀门与罐体加盲板隔离；

（4）焊前取样，分析合格，立即施焊；

（5）严格按照焊接作业安全规范施焊；

（6）加强罐内通风。

案例2

电厂锅炉工字形大板梁由许多厚度为30mm、60mm、80mm、120mm的厚钢板拼装而成，结构尺寸为25700mm×1420mm×4400mm，质量约105t。采用焊丝为H08MnA、焊剂为烧结焊剂SJ301的埋弧焊。在腹板与腹板、翼板与翼板拼装焊接过程中，焊缝表面出现横向裂纹，严重影响了生产。

事故发生的原因分析：

(1) 焊接材料选择不正确；

(2) 层间温度较低；

(3) 焊后没有及时进行后热处理。

防止措施：

(1) 焊接材料改用 H08MnA 与 HJ330 组配；

(2) 采用两台焊机同时施焊，控制层间温度保持在 150～200℃之间；

(3) 焊后紧急除氢，后热温度 250～300℃×4h。

【单元综合练习】

一、选择题

1. 焊接时，如果风力较大，且风力大于________级时，应停止焊接，或采取适当的防风措施。

A. 四级　　B. 五级　　C. 六级　　D. 七级

2. 焊后热处理是将焊件整体或局部均匀加热到________温度，保温一定时间，再均匀冷却的一种热处理方法。

A. 相变点　　B. 相变点以上　　C. 相变点以下　　D. 再结晶

3. 对直径小于 4mm 的焊条进行检验时，使之从________处平放自由落在钢台上，药皮不损坏，则为合格的。

A. 1m　　B. 0.8m　　C. 0.5m　　D. 0.3m

4. 坡口的尺寸公差一般不应超过________。

A. +0.5mm　　B. −0.5mm　　C. ±0.5mm　　D. 0.3mm

5. 直接目视检验时，目视距离约为________。

A. 500mm　　B. 600mm　　C. 750mm　　D. 900mm

6. 目视检验常做的检验工作为________。

A. 焊前　　B. 焊中　　C. 焊后　　D. 以上皆是

7. 为确保焊接安全，操作顺利，焊接设备保养检查应________。

A. 每月检查一次　　B. 每次上工检查一次

C. 每天检查一次　　D. 每周检查一次

8. 焊道含氢是造成冷裂的原因之一，降低焊道含氢量的方法有________。

A. 选用低氢焊条　　B. 焊条烘干　　C. 工件表面清洁　　D. 以上皆是

9. 焊前作业准备不包括________。

A. 核对焊条尺寸规格　　B. 测量开槽角度、根部间隙、根面

C. 检查接头的清洁情况　　D. 焊条烘烤箱等设备的功能是否正常

10. 若要测量工件的厚度、工件的高低差、焊脚长等，选用________最佳。

A. 钢尺　　B. 游标卡尺　　C. 焊道规　　D. 高低焊道规

二、判断题（正确的打“√”，错误的打“×”）

（　）1. 焊接生产所用原材料自身的质量是保证焊接产品质量的基础和前提。

（　）2. 焊接工艺规程通常由经验比较丰富的焊接技术人员编制，如有需要也可由其他技术人员等对其进行工艺参数变更。

（　）3. 返修焊接完成后，需用砂轮打磨返修部位，使之圆滑过渡，但不需要进行其他检验。

（　）4. 焊接工艺评定与金属焊接性试验相同，都是用于证明某些材料在焊接时可能出现焊接问题

或困难的试验。

( ) 5. 对夹具工作状态监控时，一方面要监控其强度、刚度是否满足要求，另一方面要检查它的安放是否妨碍对焊件的焊接。

( ) 6. 按标准规定，外观及断口宏观检验使用放大镜的倍数应以放大5倍为限。

三、简答题

1. 焊接质量控制的技术要求一般有哪两个方面？
2. 原材料的质量控制有哪些？
3. 板对接焊条电弧焊外观质量检验项目都有哪些？
4. 常用的致密性检验方法有哪些？

四、实践题

1. 在焊接实验室观察典型焊件的加工工序及其质量。
2. 在焊接实验室，动手检验某焊缝的外观质量。

第二单元　焊接缺陷及耐压试验

学习目标

通过本单元的学习，第一，了解常见焊接缺陷的分类、特征及分布；第二，熟悉水压试验的过程，掌握试验压力、试验介质的规定和要求；第三，了解气压试验的相关知识。

第一模块　焊接缺陷

学习任务1　焊接缺陷的分类

在焊接生产中，焊件一般都存在着缺陷。缺陷的存在将影响焊接接头的质量，而接头质量又直接影响到焊件的安全使用。因此，对焊接缺陷进行分析，一方面是为了找出缺陷产生的原因，从而在材料、工艺、结构、设备等方面采取有效措施，以防止缺陷的产生；另一方面是为了在焊件的制造或使用过程中，能够正确地选择焊接检验的技术手段，及时发现缺陷，从而定性或定量地评定焊件的质量，使焊接检验达到预期的目的。

在焊接过程中要获得无缺陷的焊接接头，在技术上是相当困难的，也是不经济的。为了满足焊件的使用要求，应该把缺陷限制在一定的范围之内，使其对焊件的运行不致产生危害。广义的焊接缺陷是指焊接接头中的不连续性、不均匀性以及其他不健全等的缺陷，特指那些不符合设计或工艺要求，或不符合具体焊接产品性能要求的焊接缺陷。焊接缺陷的分类方法较多且不统一，通常可按以下几种方法划分。

1. 按缺陷在焊缝中的位置

常见的缺陷按其在焊缝中位置的不同可分为两类，即外部缺陷和内部缺陷。

外部缺陷：位于焊缝表面，用肉眼或低倍放大镜就可以观察到，如焊缝外形尺寸不符合要求、咬边、焊瘤、下陷、弧坑、表面气孔、表面裂纹及表面夹渣等。

内部缺陷：位于焊缝内部，必须通过无损检测才能检测到，如焊缝内部的夹渣、未焊透、未熔合、气孔、裂纹等。

2. 按焊接缺陷的成因

按焊接缺陷的成因，焊接缺陷可分为构造缺陷、工艺缺陷、冶金缺陷三大类，各类缺陷名称详见表2-1。

表2-1　焊接缺陷的名称（按主要成因分类）

分　类	缺陷名称
构造缺陷	构造不连续缺口效应、焊缝设计布置不良引起应力与裂纹、错边
工艺缺陷	咬边、焊瘤、未熔合、未焊透、烧穿、未焊满、凹坑、夹渣、电弧擦伤、成形不良、余高过大、焊脚尺寸不合适
冶金缺陷	裂纹、气孔、夹杂物、性能恶化

3. 按焊接缺陷的分布或影响断裂的机制等

在 GB/T 6417—1986《金属熔化焊缝缺陷分类及说明》中根据缺陷的分布或影响断裂的机制等，将焊接缺陷分为六大类：

第一类，裂纹；

第二类，孔穴；

第三类，固体夹杂；

第四类，未熔合和未焊透；

第五类，形状缺陷；

第六类，其他缺陷。

上述六类缺陷的名称详见表 2-2。

表 2-2 焊接缺陷的名称（按分布或影响断裂的机制分类）

分类	缺陷名称
裂纹	横向裂纹、纵向裂纹、弧坑裂纹、放射状裂纹、枝状裂纹、间断裂纹、微观裂纹
孔穴	球形气孔、均布气孔、局部密集气孔、链状气孔、条形气孔、虫形气孔、表面气孔
固体夹杂	夹渣、焊剂或熔剂夹渣、氧化物夹杂、皱褶、金属夹杂
未熔合和未焊透	未熔合、未焊透
形状缺陷	咬边、焊瘤、下塌、下垂、烧穿、未焊满、角焊缝凸度过大、角变形、错边、焊脚不对称、焊缝超高、焊缝宽度不齐、焊缝表面粗糙、不平滑
其他缺陷	电弧擦伤、飞溅、钨飞溅、定位焊缺陷、表面撕裂、层间错位、打磨过量、凿痕、磨痕

学习任务 2 常见焊接缺陷的特征及其分布

常见的焊接缺陷类型有气孔、裂纹和一些工艺缺陷（如咬边、烧穿、焊缝尺寸不足、未焊透等）。

一、气孔

焊接时，熔池中的气体在金属凝固以前未能来得及逸出，而在焊缝金属中残留下来所形成的孔穴，称为气孔。气孔有时以单个的形式出现，有时以成堆的形式聚集在局部区域，其形状有球形、条虫形等，如图 2-1 所示。气孔的特征与分布见表 2-3。

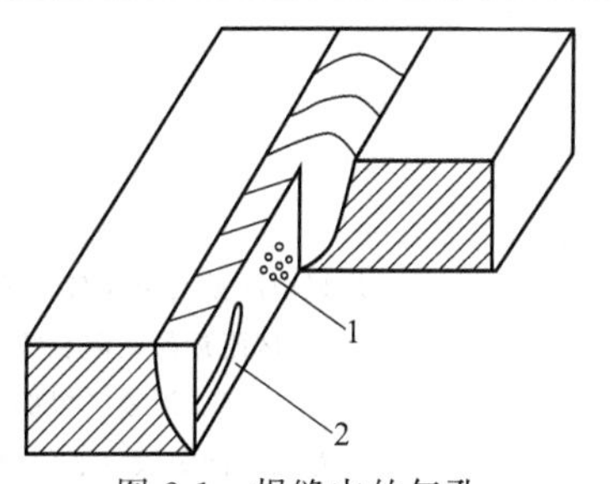

图 2-1 焊缝中的气孔

1—密集气孔；2—条虫形气孔

表 2-3 气孔的特征与分布

特征	分布
从焊缝表面上看，氢气孔呈圆喇叭形，其四周有光滑的内壁	氢气孔出现在焊缝表面上
氮气孔与蜂窝相似，常成堆出现	氮气孔多出现在焊缝的表面
CO 气孔的表面光滑，像条虫状	CO 气孔多产生于焊缝内部，沿其结晶方向分布
在含氢量较高的焊缝金属中出现的鱼眼缺陷。实际上是圆形或椭圆形氢气孔，在其周围分布有脆性解理扩展的裂纹，形成围绕气孔的白色环脆断区，形貌如鱼眼	横焊时，气孔常出现在坡口上部边缘，仰焊时常分布在焊缝底部或焊层中，有时也出现在焊道的接头部位及弧坑处

二、裂纹

裂纹是指在焊接应力及其他致脆因素共同作用下，材料的原子结合遭到破坏，形成新界面而产生的缝隙。它具有尖锐的缺口和长宽比大的特征。焊接裂纹是焊接生产中比较常见而且危险性十分严重的一种焊接缺陷。

由于母材和焊接结构不同，焊接生产中可能会出现各种各样的裂纹。有的裂纹出现在焊缝表面，肉眼就能看到，有的隐藏在焊缝内部，有的则产生在热影响区中，不通过检测就不能发现。裂纹不论是在焊缝还是在热影响区，平行于焊缝的称为纵向裂纹，垂直于焊缝的称为横向裂纹，而产生在收尾弧坑处的裂纹，称为火口裂纹或弧坑裂纹。根据裂纹产生的情况，焊接裂纹可以归纳为热裂纹、冷裂纹、再热裂纹和层状撕裂。焊接裂纹分布形态如图2-2所示。

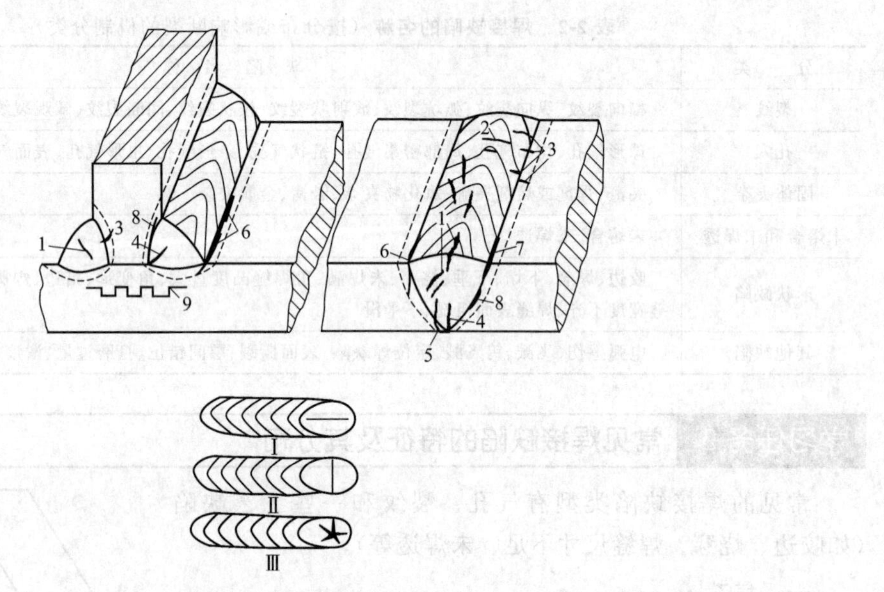

图 2-2　焊缝裂纹分布形态

—焊缝中的纵向裂纹与弧形裂纹（多为结晶裂纹）；2—焊缝中的横向裂纹（多为延迟裂纹）；
3—熔合区附近的横向裂纹（多为延迟裂纹）；4—焊缝根部裂纹（延迟裂纹、热应力裂纹）；
5—近缝区根部裂纹（延迟裂纹）；6—焊趾处纵向裂纹（延迟裂纹）；
—焊趾处纵向裂纹（液化裂纹）；8—焊道下裂纹（延迟裂纹、液化裂纹、高温低塑性裂纹）；
9—层状撕裂；Ⅰ—弧坑纵向裂纹；Ⅱ—弧坑横向裂纹；Ⅲ—弧坑星形裂纹

1. 热裂纹

焊接过程中，焊缝和热影响区金属冷却到固相线附近高温区产生的裂纹称为热裂纹。热裂纹主要发生在晶界处。由于裂纹形成的温度较高，在与空气接触的开口部位表面有强烈的氧化特征，呈蓝色或天蓝色，这是区别于冷裂纹的重要特征。根据裂纹形成的机理不同，热裂纹可分为结晶裂纹、液化裂纹和高温失塑裂纹，它们的特征及其分布见表2-4。

2. 冷裂纹

冷裂纹是焊接接头冷却到较低温度下（对钢来说在 M_s 以下）产生的裂纹。其特点是表面光亮，无氧化特征。冷裂纹主要发生在焊接热影响区，对某些合金成分多的高强度钢来说，也可能发生在焊缝金属中。常见的冷裂纹可分为氢致裂纹、淬火裂纹和层状撕裂。其特征和分布见表2-5。

表 2-4 热裂纹的特征和分布

名 称	特 征	分 布
结晶裂纹(焊接金属在结晶后期形成的裂纹,也称凝固裂纹)	(1)沿晶间开裂 (2)断口由树枝状断口区、石块状断口区和平坦状断口区构成,在高倍显微镜下能观察到晶界液膜的迹象	(1)沿焊缝的中心线呈纵向分布 (2)沿焊缝金属的结晶方向呈斜向或人字形 (3)在弧坑处呈横向、纵向、星形分布 (4)产生在熔深大的对接接头以及各种角接头(包括搭接接头、丁字接头和外角接焊缝等)中 (5)产生在含 S、P 杂质较多的碳钢、单相奥氏体钢、镍基合金和某些铝合金的焊缝中
液化裂纹(热影响区的母材金属中的低熔点杂质被熔融形成薄膜状晶界,在凝固时出现的裂纹)	(1)起源于熔合线靠母材侧的粗大奥氏体晶界,沿晶界扩展,具有曲折的轮廓 (2)在断口上能观察到各种共晶在晶界面上凝固的典型形态,有时能观察到类似结晶裂纹的石块状断口的形貌	(1)出现在多层焊的前层焊缝中 (2)产生在含 Cr、Ni 的高强钢或奥氏体钢的近缝区或多道焊缝中 (3)在热影响区呈不规则的方向分布,有时与熔合线相连通
高温失塑裂纹(低于固相线温度以下,在焊缝金属凝固后的冷却过程中形成的一种热裂纹)	(1)表面较平整,有塑性变形遗留下来的痕迹 (2)沿奥氏体晶界形成并扩展 (3)断口呈晶界断裂形貌,与结晶裂纹的石块状断口形貌相似,但无液相存在的痕迹	(1)产生在纯金属及单相奥氏体合金中 (2)产生在热影响区或者多层焊的前层焊缝中 (3)产生在比液化裂纹距熔合线更远一些的部位上

表 2-5 冷裂纹的特征和分布

名 称	特 征	分 布
氢致裂纹(具有延迟特征,即焊后经过数小时、数日或更长时间才出现的冷裂纹,也称延迟裂纹)	(1)延迟特征:普通低合金钢的氢致裂纹在焊后 24h 内产生(一般情况下,焊趾裂纹发生在焊后数分钟内,焊道下裂纹发生在数小时后),对高合金钢则在焊后 10 天内产生 (2)裂纹产生时,有时可觉察到断裂的响声 (3)断裂途径可以是沿晶界的,或者是穿晶的。一般情况下,断口中均同时存在着沿晶界断裂和晶内断裂,而且晶内断裂的断口占相当大的比例。即使是高强度钢的冷裂纹断口中也存在着晶内断裂 (4)在填角焊时,裂纹产生的部位与拘束状态有关	(1)焊趾裂纹 ①起源于焊缝与母材交界处有明显的应力集中的地方。一般由焊趾表面开始,向母材深处延伸,可能沿粗晶区扩展,也可能向垂直于拘束方向的细晶区或母材扩展,裂纹的取向经常与焊缝纵向平行 ②焊接结构中的 X 形坡口对接接头及 K 形坡口的 T 形接头,在咬边或其他形状缺陷的影响下,易产生焊趾裂纹 (2)焊道下裂纹 ①一般情况下,裂纹的取向与熔合线平行,距熔合线大约 1～2 个晶粒(在焊缝表面不易发现) ②经常发生在淬硬倾向大的材料中,位于焊接热影响区的粗晶内 ③当钢中沿轧制方向有较多和较长的 MnS 系夹杂物时,裂纹也可沿轧制方向分布的硫化物呈阶梯状扩展 (3)焊根裂纹 ①起源于焊缝的根部最大应力处,随后在拘束应力作用下向焊缝内或热影响区扩展 ②裂纹出现的部位取决于焊缝金属及热影响区的强度、伸长率和根部形状 (4)对厚板的压力容器,如果焊前不预热,焊后不立即保温进行消氢处理,在 V 形坡口的手工打底焊时,易在内环焊缝中产生纵向裂纹,在 U 形坡口的埋弧自动焊时,易在环焊缝产生横向裂纹
淬火裂纹(在焊接含碳量高、淬火倾向大的钢材时出现的冷裂纹)	(1)与氢无关,无延时特征 (2)裂纹的起裂与扩展均沿奥氏体晶界进行 (3)断口非常光滑,极少有塑性变形的痕迹	位于热影响区或焊缝中
层状撕裂(母材本身固有的缺陷,因焊接使其暴露出来)	(1)平行于板材表面扩展,并呈阶梯状 (2)断口有明显的木纹状特征,断口的平台分布有大块的夹杂物	发生在角焊缝的厚板结构中

3. 再热裂纹

焊件焊后在一定温度范围再次加热时，由于高温、残余应力及其共同作用而产生的晶间裂纹，称为再热裂纹，也称为消除应力裂纹。再热裂纹多发生在含 Cr、Mo、V 的低合金结构钢、含 Nb 的奥氏体不锈钢以及析出硬化显著的 Ni 基耐热合金材料中。再热裂纹常出现在粗晶区中，并沿粗大奥氏体晶粒边界扩展，且多半发生在咬边等应力集中处。可形成沿熔合线的纵向裂纹，也可形成粗晶区中垂直于熔合线的网状裂纹。其断口有被氧化的颜色。

4. 层状撕裂

层状撕裂是指焊接时，在焊接构件中沿钢板轧层形成的呈阶梯状的一种裂纹。

裂纹是最重要的焊接缺陷，是焊接结构发生破坏事故的主要原因。因此，在焊接生产中，应尽量避免裂纹的产生。

三、固体夹杂

1. 夹渣

焊后残留在焊缝中的熔渣称为夹渣。其形状较复杂，一般呈线状、长条状、颗粒状及其他形式。夹渣主要发生在坡口边缘和每层焊道之间非圆滑过渡的部位，在焊道形状发生突变或存在深沟的部位也容易产生夹渣。在横焊、立焊或仰焊时产生的夹渣比平焊多。当混入细微的非金属夹杂物时，在焊缝金属凝固过程中可能产生微裂纹或孔洞。

2. 夹钨

在进行钨极氩弧焊时，若钨极不慎与熔池接触，使钨的颗粒进入焊缝金属中而造成夹钨。焊接镍铁合金时，则其与钨形成合金，使 X 射线检测很难发现。

四、未熔合和未焊透

1. 未熔合

在焊缝金属和母材之间或焊道金属与焊道金属之间未完全熔化结合的部分称为未熔合。常出现在坡口的侧壁、多层焊的层间及焊缝的根部。这种缺陷有时间隙很大，与熔渣难以区别。有时虽然结合紧密但未焊合，往往从未熔合区末端产生微裂纹。

2. 未焊透

焊接时，母材金属之间应该熔合而未焊上的部分称为未焊透。出现在单面焊的坡口根部及双面焊的坡口钝边。未焊透会造成较大的应力集中，往往从其末端产生裂纹。

五、形状缺陷

1. 咬边

由于焊接参数选择不当，或操作工艺不正确，沿焊趾的母材部位产生的沟槽或凹陷称为咬边。

2. 焊瘤

焊接过程中，熔化金属流淌到焊缝之外未熔化的母材上所形成的金属瘤称为焊瘤。

3. 烧穿和下塌

焊接过程中，熔化金属自坡口背面流出，形成穿孔的缺陷称为烧穿。

穿过单层焊缝根部，或在多层焊接接头中穿过前道熔敷金属塌落的过量焊缝金属称为下塌。

4. 错边和角变形

由于两焊件没有对正而造成板的中心线平行偏差称为错边。

当两焊件没有对正而造成它们的表面不平行或不成预定的角度称为角变形。

5. 焊缝尺寸、形状不合要求

焊缝的尺寸缺陷是指焊缝的几何尺寸不符合标准的规定。

焊缝形状缺陷是指焊缝外观质量粗糙、鱼鳞波高低和宽窄发生突变、焊缝与母材非圆滑过渡等。

六、其他缺陷

1. 电弧擦伤

在焊缝坡口外部引弧时产生于母材表面上的局部损伤称为电弧擦伤。

2. 飞溅

熔焊过程中，熔化的金属颗粒和熔渣向周围飞散的现象称为飞溅。

第二模块 耐压试验

学习任务1 水压试验

耐压试验应考虑试验时容器有破坏的可能性，而且耐压试验的压力要比它的最高使用压力还高，所以容器在耐压试验时破裂要比使用时破裂的可能性更大，为了减轻容器万一在耐压试验时破裂所造成的破坏，耐压试验的加压介质应选用液体。所以，一般情况下耐压试验采用液压试验，对不允许有微量残留液体及由于结构原因不能充满液体等不适宜做液压试验的容器进行气压试验。

对需要进行热处理的容器，必须将所有焊接工作完成并经热处理后方可进行耐压试验。如果试验不合格需要补焊或补焊后又经热处理的，必须重新进行耐压试验。

由于水的来源和使用都比较方便，又具有做液压试验所需的各种性能，因而常常被用作液压试验的加压介质，液压试验也就被称为水压试验。

一、试验装置及过程

水压试验前应先对容器进行内外部检查。外部有保温层或其他覆盖层的容器，为了不影响对器壁渗漏情况的检查，最好将这些遮盖层拆除。有金属或非金属衬里的容器，经检查后确认衬里良好无损，无腐蚀或开裂现象，可以不拆除衬里。容器内部的残留物应清除干净，特别是与水接触后能引起器壁腐蚀的物质必须彻底除净。

将容器的人孔、安全阀座孔（安全阀应拆下）及其他管孔用盖板封严，只在容器的最上部保留一个装有截止阀的接管，以便使容器装试验用水时容器内的空气由此排出，在容器的下部选择一管孔作为进水孔。

准备合适的试压泵。试压泵可以用手压泵或电泵，但用电泵时必须是试压专用泵，不能用一般的给水泵。

为了准确测定容器的试验压力，需用两个量程相同并经校正的压力表，压力表的量程在试验压力的2倍左右为宜，但不应低于1.5倍和高于4倍的试验压力。

试验介质为清水，水的温度不低于5℃（试验容器为碳钢材质），试验压力根据容器设计压力按GB 150—1998《钢制压力容器》中有关规定或设计图样上的规定来确定。

试验装置装设妥善后，将水注满容器，再用泵逐步增压到试验压力，检验容器的强度和致密性。图2-3所示为水压试验示意。

试验时将装设在容器最高处的排气阀打开，灌水将气排尽后关闭。开动试压泵使水压缓

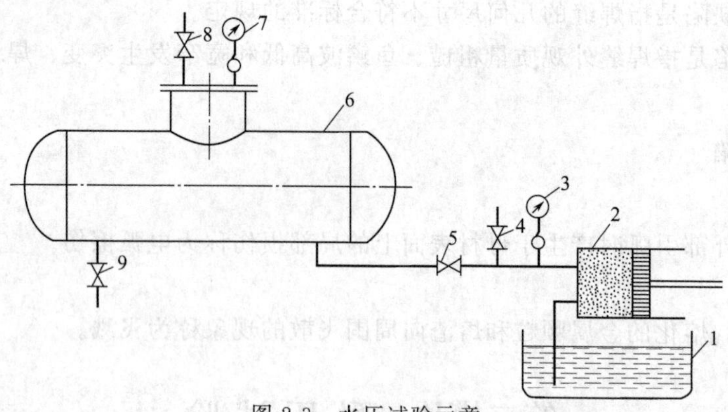

图 2-3　水压试验示意

1—水槽；2—试压泵；3—压力表；4—安全阀；5—直通阀；6—容器；7—压力表；8—排气阀；9—排水阀

慢上升，达到规定的试验压力后，关闭直通阀保持压力 30min，在此期间容器上的压力表读数应该保持不变。然后降至工作压力并保持足够长的时间，对所有焊缝和连接部位进行检查。在试验过程中，应保持容器观察表面的干燥，如发现焊缝有水滴出现，表明焊缝有泄漏（压力表读数下降），应做标记，卸压后修补，修好后重新试验，直至合格为止。

容器检查完毕后，即可打开容器下部的排水阀，放水降压。放水时，容器顶部的排气阀应打开。试压的水应全部排放干净，不应把装满水的容器长时间地密闭放置，特别是在气温变化悬殊的情况下，以免容器内的水因温度变化而膨胀，产生较大的压力。

容器放完水后，应打开各孔盖，让容器自然通风干燥。如果容器的工作介质遇水后会对器壁产生腐蚀，或有其他特殊要求的容器，放水后应将内壁彻底烘干。

二、试验介质及要求

供试验用的液体一般为洁净的水，需要时也可采用不会导致发生危险的其他液体。试验时液体的温度应低于其闪点或沸点。奥氏体不锈钢制容器用水进行液压试验后，应将水渍清除干净，当无法达到这一要求时，应控制水的氯离子含量不超过 25mg/L。

碳素钢、16MnR 和正火 15MnVR 钢容器液压试验时，液体温度不得低于 5℃；其他低合金钢容器，试验时液体温度不得低于 15℃。如果由于板厚等因素造成材料脆性转变温度升高，则需相应提高试验液体温度。其他钢种容器液压试验温度按图样规定。

相关链接

闪点是指可燃性的液体在加热过程中，液面上产生大量的可燃性蒸气，与空气混合，当接触到火焰时，会出现闪火的现象，这种刚刚出现闪火时的液体最低温度，称为闪点。

三、试验压力

试验压力是进行水压试验时规定容器应达到的压力，其值反映在容器顶部的压力表上。容器的试验压力按以下规定选用。

水压试验时试验压力为

$$p_T = 1.25p\frac{[\sigma]}{[\sigma]^t} \tag{2-1}$$

式中 p_T——容器的试验压力，MPa；

p——容器的设计压力，MPa；

$[\sigma]$——容器元件材料在试验温度下的许用应力，MPa；

$[\sigma]^t$——容器元件材料在设计温度下的许用应力，MPa。

在确定试验压力时应注意如下事项。

(1) 容器铭牌上规定有最大允许工作压力时，公式中应以最大允许工作压力代替设计压力。

(2) 容器各元件（圆筒、封头、接管、法兰及紧固件等）所用材料不同时，应取各元件材料的 $[\sigma]/[\sigma]^t$ 比值中最小者。

(3) 立式容器（正常工作时容器轴线垂直于地面）卧置（容器轴线处于水平位置）进行水压试验时，其试验压力应为按式 (2-1) 确定的值再加上容器立置时圆筒所承受的最大水柱静压力；容器的试验压力（水压试验时为立置和卧置两个压力值）应标在设计图样上。

四、试验应力校核

耐压试验是在高于工作压力的情况下进行的，所以在进行试验前应对容器在规定的试验压力下的强度进行理论校核，满足要求时才能进行耐压试验的实际操作。水压试验时，要求容器在试验压力下产生的最大应力，不超过圆筒材料在试验温度（常温）下屈服点的 90%。

相关链接

对容量较大的压力容器做水压试验时，要注意是否会因水的附加重量使支座基础负荷过大，必要时应进行水压试验基础沉降测量。

例如，球罐现场安装焊接后，在做水压试验时，基础承受载荷最大，使基础下沉，所以要测定下沉量。如图所示，事先在各柱的等高位置标定基准点，用水准仪测量其沉降量。测定的程序是：

(1) 充水 50%后停留 8～12h，检查测定基础下沉量；

(2) 充水 75%后停留 8～12h，检查测定基础下沉量；

(3) 充水 90%后停留 8～12h，检查测定基础下沉量；

(4) 充水 100%后停留 8～12h，检查测定基础下沉量；

(5) 试压放水后，复测基础下沉量。

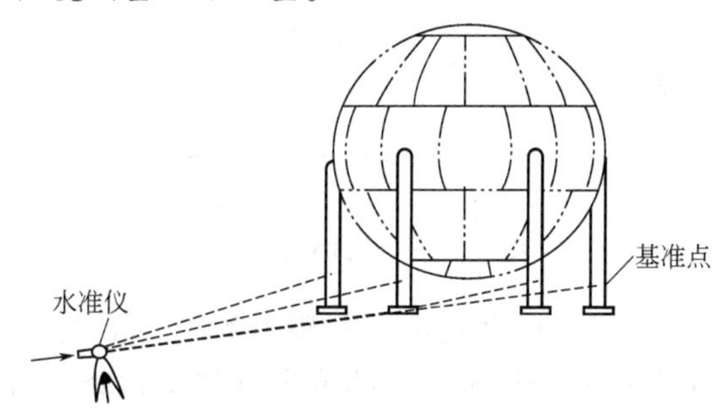

球罐基础的下沉必须是各支柱均匀下沉，要求不均匀沉降量不应大于 $D_1/1000$（D_1 为基础中心圆直径），相邻支柱沉降量不大于 2mm。每个步骤测定结果若超过规定值，则应再停留 8～12h，使之下沉均匀后再进行下一步的充水测定工作。

学习任务2 气压试验

一般容器的试压都应首先考虑水压试验，因为液体的可压缩性极小，水压试验是安全的，即使容器爆破，也没有巨大声响和碎片，不会伤人。而气体的可压缩性很大，因此气压试验比较危险，对高压及超高压容器不宜采用气压试验。

只有不宜做水压试验的容器才进行气压试验，如内衬耐火材料不易烘干的容器、生产时装有催化剂不允许有微量残液的反应器壳体等。如需进行气压试验，试验时必须有可靠的安全措施，该措施需经试验单位技术总负责人批准，并经单位安全部门现场检查监督。为确保气压试验的试压安全，还应采取如下措施。

(1) 用于气压试验的产品需经100%无损检验，并保证符合相应标准的规定。

(2) 试压环境必须安全可靠，设有防爆墙及其他安全设施。

试验时若发现有不正常情况，应立即停止试验，待查明原因采取相应措施后，方能继续进行试验。

气压试验所用的气体应为干燥洁净的空气、氮气或其他惰性气体。对于碳素钢和低合金钢制容器，试验用气体温度不得低于15℃，其他钢种的容器按图样规定。

气压试验的试验压力规定得比水压试验稍低些，为

$$p_T=1.15p\frac{[\sigma]}{[\sigma]^t} \tag{2-2}$$

使用式(2-2)确定试验压力时应注意如容器铭牌上规定有最大允许工作压力时，公式中应以最大允许工作压力代替设计压力；当容器各元件（圆筒、封头、接管、法兰及紧固件等）所用材料不同时，应取各元件材料的 $[\sigma]/[\sigma]^t$ 比值中最小者。

对于在气压试验时产生的最大应力，也应进行校核。要求最大应力不超过圆筒材料在试验温度（常温）下屈服点的80%。

气压试验程序如图2-4所示。

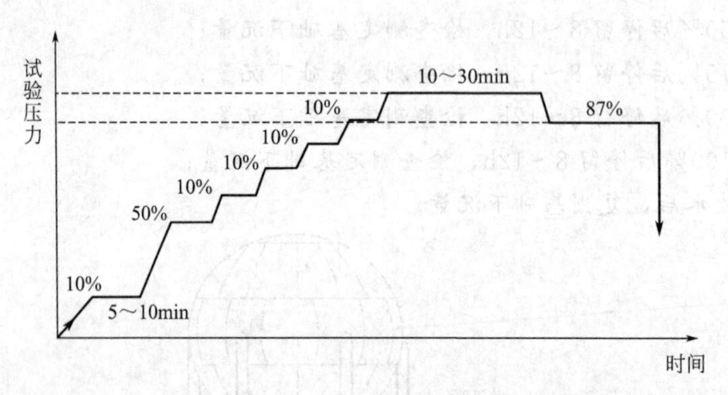

图2-4 气压试验程序

试验时压力应缓慢上升，当升压至规定试验压力的10%，且不超过0.05MPa时，保持压力5~10min，对容器的全部焊缝和连接部位进行初步检查，合格后再继续升压到规定试验压力的50%。如无异常现象，其后按每级为试验压力10%的级差，逐步升到试验压力，保持压力10~30min。然后降至规定试验压力的87%，保压足够时间，再次进行泄漏检查。

合格标准：压力容器无异常响声，经肥皂液或其他检漏液检查无漏气、无可见变形。

耐压试验是为了检验容器在超工作负荷条件下密封结构的可靠性、焊缝的致密性及容器的宏观强度，同时观测耐压试验后受压元件的母材及焊接接头的残余变形量，还可以及时发现材料在制造过程中存在的缺陷。新制造的容器或大修后的容器在交付使用之前都必须进行耐压试验。

另外，对焊接容器进行水压试验时，同时具有降低焊接残余应力的作用。

【单元综合练习】

一、选择题

1. 按________，焊接缺陷可分为构造缺陷、工艺缺陷、冶金缺陷三大类。
   A. 缺陷在焊缝中的位置　B. 缺陷的成因
   C. 缺陷的分布　D. 缺陷特征
2. 常见的焊接缺陷类型有________。
   A. 气孔　B. 裂纹　C. 工艺缺陷　D. 以上都对
3. ________是焊接生产中比较常见而且危险十分严重的一种焊接缺陷。
   A. 焊接裂纹　B. 气孔　C. 固体夹杂　D. 烧穿
4. ________的表面光滑，呈条虫状。
   A. 氢气孔　B. 氮气孔　C. CO 气孔　D. CO_2 气孔
5. 焊接过程中，焊缝和热影响区金属冷却到固相线附近高温区产生的裂纹称为________。
   A. 热裂纹　B. 冷裂纹　C. 再热裂纹　D. 层状撕裂
6. 常见的冷裂纹包括________。
   A. 氢致裂纹　B. 淬火裂纹　C. 层状撕裂　D. 以上都对
7. 液化裂纹一般长约________。
   A. 2.5mm　B. 2mm　C. 1.5mm　D. 0.5mm
8. 在横焊、立焊或仰焊时产生的夹渣比平焊________。
   A. 多　B. 少　C. 一样多　D. 不一定
9. 在焊缝金属和母材之间或焊道金属与焊道金属之间未完全熔化结合的部分称为________。
   A. 未焊透　B. 未熔合　C. 夹渣　D. 裂纹
10. 由于焊接参数选择不当，或操作工艺不正确，沿焊趾的母材部位产生的沟槽或凹陷称为________。
    A. 焊瘤　B. 咬边　C. 烧穿　D. 下塌
11. ________目的是为了检验容器密封结构的可靠性、焊缝的致密性及容器的宏观强度。
    A. 渗透检测　B. 耐压试验
    C. 超声波检测　D. 射线检测
12. 水压试验前应先对容器进行________。
    A. 内部检查　B. 外部检查
    C. 内外部检查　D. 不一定
13. 水压试验时，压力表的量程在试验压力的________倍左右为宜。
    A. 1　B. 2　C. 5　D. 6
14. 碳素钢、16MnR 和正火 15MnVR 钢容器液压试验时，液体温度不得低于________。
    A. 20℃　B. 15℃　C. 10℃　D. 5℃

15. 水压试验时液体的温度应________其闪点或沸点。

A. 低于　　B. 等于　　C. 高于　　D. 不一定

16. 奥氏体不锈钢制容器用水进行液压试验后，应将水渍清除干净，当无法达到这一要求时，应控制水的氯离子含量不超过________。

A. 25mg/L　　B. 30mg/L　　C. 35mg/L　　D. 40mg/L

17. 耐压试验是在________工作压力的情况下进行的。

A. 低于　　B. 等于　　C. 高于　　D. 不一定

18. 高压及超高压容器不宜采用________。

A. 气压试验　　B. 水压试验

C. 煤油渗漏试验　　D. 致密性试验

19. 气压试验所用的气体应为________。

A. 干燥洁净的空气　　B. 氮气

C. 惰性气体　　D. 以上都对

20. 气压试验进行校核时，要求最大应力不超过圆筒材料在试验温度（常温）下屈服点的________。

A. 60%　　B. 70%　　C. 80%　　D. 90%

二、判断题（正确的打“√”，错误的打“×”）

(　　) 1. 常见的缺陷按其在焊缝中位置的不同可分为六大类，即裂纹、孔穴、固体夹杂、未熔合和未焊透、形状缺陷及其他缺陷。

(　　) 2. 氢气孔与蜂窝相似，常成堆出现。

(　　) 3. 裂纹是指在焊接应力及其他致脆因素共同作用下，材料的原子结合遭到破坏，形成新界面而产生的缝隙。

(　　) 4. 焊件焊后在一定温度范围内再次加热时，由于高温、残余应力及其共同作用而产生的晶间裂纹，称为热裂纹。

(　　) 5. 在焊缝附近产生的热裂纹称为液化裂纹或热撕裂。

(　　) 6. 夹渣形状较复杂，一般呈线状、长条状、颗粒状及其他形式。

(　　) 7. 在进行钨极氩弧焊时，若钨极不慎与熔池接触，使钨的颗粒进入焊缝金属中而造成夹钨。

(　　) 8. 焊缝的尺寸缺陷是指焊缝的几何尺寸不符合标准的规定。

(　　) 9. 容器在耐压试验时破裂要比使用时破裂的可能性小。

(　　) 10. 水常常被用作液压试验的加压介质，液压试验也就被称为水压试验。

(　　) 11. 容器内部的残留物应清除干净，特别是与水接触后能引起器壁腐蚀的物质必须彻底除净。

(　　) 12. 水压试验介质为清水，水的温度不低于 20℃。

(　　) 13. 水压试验时，要求容器在试验压力下产生的最大应力，不超过圆筒材料在试验温度下屈服点的 80%。

(　　) 14. 只有不宜做水压试验的容器才进行气压试验。

(　　) 15. 气压试验的试验压力规定得比水压试验稍低些。

(　　) 16. 气压试验时碳素钢和低合金钢制容器，试验用气体温度不得低于 10℃。

三、简答题

1. 什么是焊接缺陷？
2. 按焊接缺陷的分布或影响断裂的机制焊接缺陷可以分为哪几类？
3. 在焊缝中产生气孔的气体有哪些？
4. 根据裂纹产生的情况，焊接裂纹可以分为哪几类？试分析其特征和分布。
5. 固体夹杂有哪些类型？
6. 简述水压试验的过程。
7. 水压试验时试验压力应怎样选定？

8. 在什么情况下才进行气压试验?

9. 气压试验时满足什么条件即认为合格?

四、实践题

进行水压试验，具体要求如下。

(1) 训练目的　熟悉水压试验过程，了解水压试验规范及保证操作安全。

(2) 准备项目

① 人员准备：每组10人左右，分成若干小组。

② 资料准备：由教师搜集要进行水压试验产品的相关资料。

(3) 观察地点　实验室或附近的容器制造企业。

(4) 训练方法　了解试验规范后，在安全距离观察试验过程。

第三单元　射线检测

学习目标

通过本单元的学习，第一，了解常用射线的产生、性质及其衰减，并了解各种射线检测方法的基本原理；第二，熟悉X射线照相法的设备和器材，并能正确选择；第三，掌握X射线照相法检测工艺，熟悉底片评定的方法，并能根据相关标准对焊缝质量进行评级；第四，了解射线的防护知识。

第一模块　射线的产生、性质及其衰减

学习任务1　射线的产生及其性质

射线检测是利用X射线或γ射线具有的可穿透物质和在物质中有衰减的特性来发现缺陷的一种无损检测方法。射线检测中应用的射线主要是X射线和γ射线，它们都是波长很短的电磁波。X射线的波长为0.001～0.1nm，γ射线的波长为0.0003～0.1nm。

一、X射线的产生及其性质

X射线是由X射线管产生的。X射线管由阴极、阳极和真空玻璃（或金属陶瓷）外壳组成，其简单结构和工作原理如图3-1所示。阴极通以电流加热灯丝至白炽状态时，释放出大量电子。由于阴极和阳极之间加以很高的电压，这些电子在高压电场中被加速，从阴极飞向阳极，最终以高速撞击在阳极上。此时电子能量的绝大部分转化为热能，其余极少部分的能量以X射线的形式辐射出来。

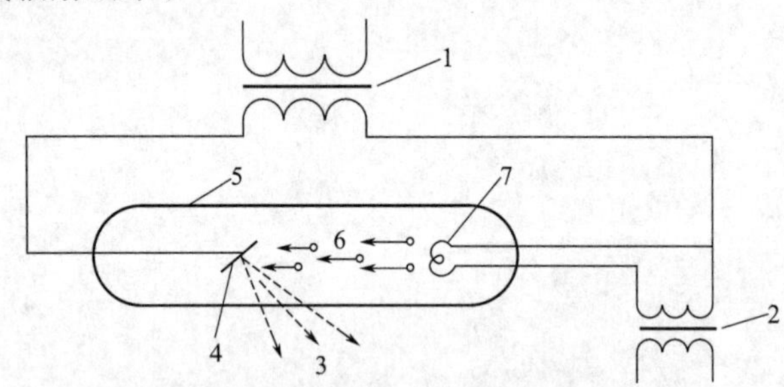

图3-1　X射线的产生示意

1—高压变压器；2—灯丝变压器；3—X射线；4—阳极；5—X射线管；6—电子；7—阴极

1896年1月5日X射线公之于世

1896年1月5日，在柏林物理学会会议上展出了很多X射线的照片。同一天，维也纳《新闻报》也报道了发现X射线的消息。这一伟大的发现立即引起人们的极大关注，

并很快传遍全世界。在几个月的时间里，数百名科学家为此进行调查研究，一年之内就有上千篇关于X射线的论文问世。

X射线是德国物理学家威廉·康拉德·伦琴在做一项试验时偶然发现的。伦琴于1845年生于德国的伦内普。1869年，他获得苏黎世大学的博士学位。在以后的19年中，他在多所大学工作过，赢得了优秀科学家的名誉。1888年起，伦琴任维尔兹堡大学物理学院教授和院长。

1895年11月8日，伦琴像往常一样，吃过午饭后又钻进了实验室，摆弄当时最奇特的光学仪器——真空的“克鲁克斯-希托夫管”。傍晚，当他再次接通用黑纸包住的管子的电源，以研究其产生的阴极射线时，偶然发现约两米远的凳子上出现一片亮光。原来，那儿放着一块做别的实验用的涂有铂氰化钡（一种荧光物质）的硬纸板。他觉得很奇怪，是什么原因使这原来并不发光的纸板发光了呢？他敏锐地猜测，很可能是管子发出的某种“东西”到达纸板，使铂氰化钡发光，但不会是阴极射线，因为它仅能穿透几厘米的空气。于是他关闭电源，这时亮光消失，如此反复几次，证实了他的猜测。由于管子发出的“东西”性质不确定，伦琴就把这种现象命名为“X光”——X是数学上通常采用的未知数符号。1896年1月23日，维尔兹堡大学教授克里克尔称“X光”为“伦琴射线”。一项改变世界面貌的发现就这样诞生了。

受这次偶然发现的激励，伦琴放下其他研究项目，集中精力调查X射线的特性。经研究他发现：X射线能使许多物质发光；X射线可以穿透不透光物质，他特别注意到，X射线能够透过他的肉体，只是为骨骼所阻，把手放在阴极射线管和荧光屏之间，能够在荧光屏上看到手骨的影子；X射线是直线，它与充电粒子束不同，不因磁场而折射……最后，伦琴以高超的实验技巧取得了9项关于X射线重要性质的成果。由此可见，伦琴不是仅仅向荧光纸板方向看一眼就成为发现X射线的巨人的，而是依靠敏锐的观察力、科学的预见力、准确的判断力及高超的实验能力才成为杰出的科学家。1901年第一届诺贝尔物理学奖评选时，29封推荐信中就有17封集中推荐他。伦琴最终获得了第一个诺贝尔物理学奖。

X射线的能量（光子能量）与管电压有关。管电压愈高，电子飞向阳极的速度愈大，产生的射线能量也就愈大。射线能量决定了射线穿透工件厚度的能力，射线能量愈大，其穿透能力愈强。检测时，根据被检测的工件透照厚度来正确选择射线能量有着重要意义。

X射线的强度与管电流、管电压的平方和靶材原子序数三者之间的乘积成正比。射线检测时，既需要射线具有一定的能量，以保证其穿透力；同时还需要射线具有一定的强度，使胶片感光。X射线的能量和强度可通过改变管电压和管电流的大小来进行调节。

X射线的性质如下。

(1) 不可见，在真空中以光速直线传播。

(2) 本身不带电，不受电场和磁场的影响。

(3) 具有穿透可见光不能穿透的物质（骨骼、金属等）和在物质中有衰减的特性。

(4) 可使物质电离，使某些物质产生荧光。

(5) 能使胶片感光。

(6) 具有辐射生物效应，伤害和杀死生物细胞。

二、γ射线的产生及其性质

γ射线是由放射性同位素内部原子核的衰变过程放出的。常用γ射线检测的同位素有^{60}Co、^{137}Cs、^{192}Ir等。衰变就是具有放射性的同位素原子核，在自发地放射出某种粒子（α、β、或γ）后变成另一种不同的核，放射性物质的能量也会因为这种自发放射而逐渐减少。

γ射线的性质与X射线相似，由于其波长比X射线短，因而射线能量高，具有更大的穿透力。例如，目前用得最广的γ射线源^{60}Co，可检查250mm厚的铜质工件、350mm厚的铝制工件和300mm厚的钢制工件。

学习任务2 射线的衰减

当射线穿透物质时，由于物质对射线有吸收和散射作用，从而引起射线能量的衰减。

射线在物质中的衰减是按照指数规律变化的。当强度为I_0的一束平行射线束照射厚度为δ的物质时，透过物质后的射线强度为

$$I=I_0 e^{-\mu\delta} \tag{3-1}$$

式中 I——透射射线强度；

I_0——入射射线强度；

e——自然对数的底；

δ——物质的厚度，mm；

μ——衰减系数，cm^{-1}。

式(3-1)表明，射线强度的衰减是呈负指数规律的，并且随着透过物质厚度的增加，射线强度的衰减增大。随着衰减系数的增大，射线强度的衰减也增大。衰减系数μ值与射线本身的能量（波长λ）及物质本身的性质（原子序数z、密度ρ）有关。即对同样的物质，其射线的波长越长，μ值也越大；对同样能量的射线，物质的原子序数越大，密度越大，则μ值也越大。

相关链接

吸收——物质对射线的吸收，是由于射线与物质内部原子中的电子相互碰撞而使射线消耗能量的结果。如果物质的厚度愈大，则射线通过物质时与原子中的电子碰撞机会就愈多，射线能量的损耗也就愈大，即物质对射线的吸收随着物质厚度的增加而增加。

散射——射线的散射可以看作射线通过物质以后有部分射线改变了原来方向的结果。物质中原子的电子受射线电磁波作用而产生强迫振动，振动的电子向其四周辐射出与入射线同频率的电磁波，即电子将入射线向其四周散射出去，或者说，入射线将自身能量传给电子，而电子又将该能量转化为与入射线波长相同的散射射线。在射线照相时，散射线会使底片影像模糊。因此，检测时对散射线的遮蔽问题是获得清晰底片的关键问题之一。

第二模块 射线检测方法及其原理

学习任务1 射线照相法

射线照相法是指用X射线或γ射线穿透工件，以胶片作为记录信息的无损检测方法，该方法

是最基本的，也是目前在国内外射线检测中应用最为广泛的一种射线检测方法。

一、射线照相法的原理

射线照相法是根据被检工件与其内部缺陷对射线能量衰减程度不同，而引起射线透过工件后的强度不同，使缺陷在射线底片上显示出来，如图 3-2(a) 所示。从 X 射线机发射出的 X 射线透过工件时，由于缺陷内部介质（如空气、非金属夹渣等）对射线的吸收能力比基本金属对射线的吸收能力要低得多，因而透过缺陷部位的射线强度高于周围完好部位。把胶片放在工件的适当位置，使透过工件的射线将胶片感光。在感光胶片上，有缺陷部位将接受较强的射线曝光，而其他完好部位接受较弱的射线曝光。经暗室处理后，得到底片。把底片放在观片灯上可以观察到缺陷处黑度比无缺陷处大，如图 3-2(b) 所示。评片人员据此就可以判断缺陷的情况。

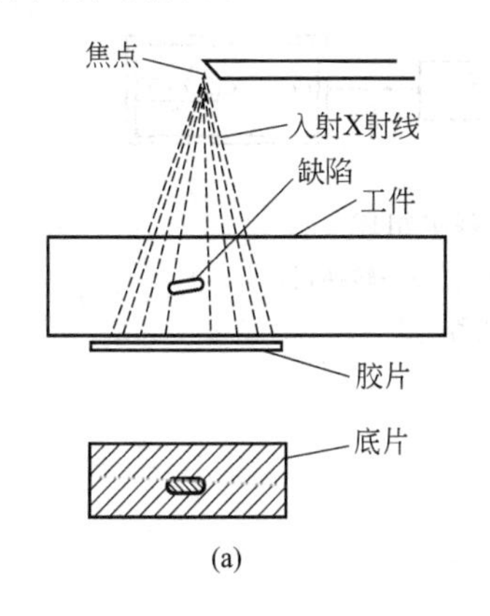

(a)

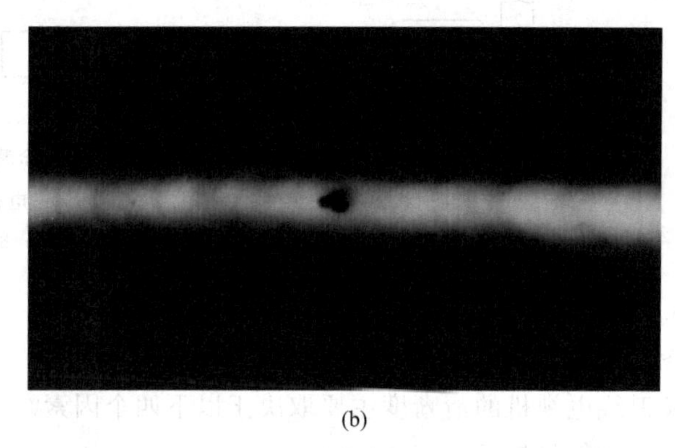
(b)

图 3-2 射线照相法原理

二、射线照相法的特点

(1) 射线照相法适宜的检测对象是各种熔化焊接方法如电弧焊、气体保护焊、电渣焊等的对接接头。

(2) 射线照相法能够比较准确地判断出缺陷的性质、数量、尺寸和位置，且底片可以长期保存。

(3) 射线照相法容易检测出体积类缺陷，如气孔和夹渣等，对面状缺陷如裂纹的检测受照射角度的影响，即如果其裂向与射线方向平行则容易发现，如果垂直则不易发现，甚至不能显示出来。

(4) 射线照相法检测薄工件几乎没有厚度的限制，但检测厚工件受射线穿透力的限制。

(5) 射线照相法适用于几乎所有材料的检测。

(6) 射线照相法检测成本较高，检测速度慢，对人体有伤害，必须采取防护措施。

学习任务 2 射线实时成像检测技术

射线实时成像检测是工业射线检测很有发展前途的一种新技术，与传统的射线照相法相比具有实时、高效、不用射线胶片、可记录和劳动条件好等显著优点。由于它采用 X 射线源，常称为 X 射线实时成像检验。国内外将它主要用于钢管、压力容器壳体焊缝检查；微电子器件和集成电路检查；食品包装夹杂物检查及海关安全检查等。

1. 射线实时成像检验的原理

射线实时成像是一种在射线透照的同时即可观察到所产生的图像的检验方法。这种方法是利用小焦点或微焦点 X 射线源透照工件，利用荧光屏将 X 射线图像转换为可见光图像，再通过电视摄像机摄像后，将图像直接显示或通过计算机处理后再显示在电视监视屏上，以此来评定工件内部质量。

2. 射线实时成像检测的方法

根据将 X 射线图像转换为可见光图像所用器件的不同，射线实时成像检测技术分为荧光屏-电视成像法、光电增强-电视成像法、X 射线图像增强-电视成像法和 X 射线光导摄像机直接成像法四种。其中 X 射线图像增强-电视成像法在国内外应用最为广泛，是当今射线实时成像检测的主流设备，其检测灵敏度已高于 2%，并可与射线照相法相媲美。通常所说工业 X 射线电视检测，即指该方法。该法检测系统基本组成如图 3-3 所示。

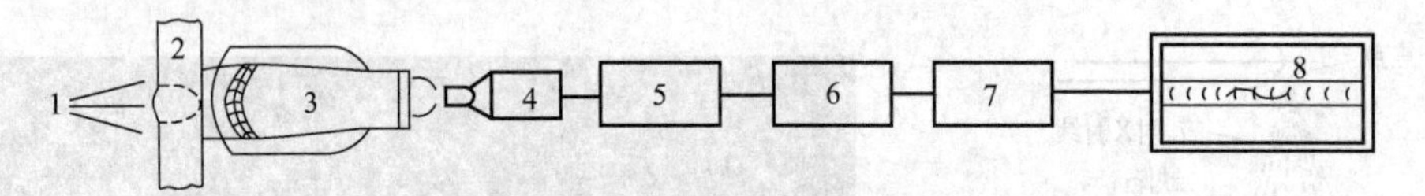

图 3-3　X 射线图像增强-电视成像检测系统基本组成

1—X 射线源；2—工件；3—图像增强器；4—电视摄像机；5—转换器；6—图像处理器；7—电视录像机；8—监视器

3. 射线实时成像检测的图像质量

图像质量包括清晰度、对比度和噪声。

X 射线电视机的清晰度主要取决于以下四个因素。

（1）主转换屏的固有不清晰度。

（2）X 射线管焦点尺寸引起的几何不清晰度。

（3）工件成像的像素大小。

（4）电视显示的扫描光栅。

图像对比度实质上是指缺陷影像与其周围的背景之间的光度差。它由所使用的射线能量决定。

由于 X 射线能量透过焊缝后在转换屏上只有少量被吸收，因而影像存在固有噪声。电视系统在放大图像的同时，噪声也会被放大，所以，为防止噪声干扰图像，必须使到达转换屏的 X 射线强度和屏的转换率足够高。

总之，对射线实时成像检测图像质量的评定包括以下参数：极限分辨率；系统细节对比度；系统总清晰度；噪声。

学习任务 3　射线荧光屏观察法

荧光屏观察法是将透过被检物体后的不同强度的射线，再投射在涂有荧光物质的荧光屏上，激发出不同强度的荧光而得到物体内部的影像。

此法所用设备主要由 X 射线发生器及其控制设备、荧光屏、观察和记录用的辅助设备、防护及传送工件的装置等几部分组成，如图 3-4 所示。检测时，把工件送至观察箱上，X 射线管发出的射线透过被检工件，落到与之紧挨着的荧光屏上，显示的缺陷影像经平面镜反射后，通过平行于镜子的铅玻璃观察。

荧光屏观察法反映的缺陷图像是荧光屏上的发光图像，故不需暗室处理，从而节省了大

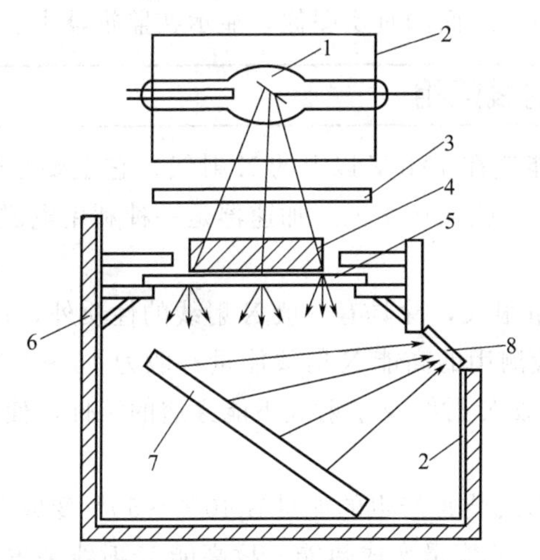

图 3-4 射线荧光屏观察法示意图

1—X 射线管；2—防护罩；3—铅遮光罩；4—工件；5—荧光屏；6—观察箱；7—平面反射镜；8—铅玻璃

量的软片和工时，成本低；能对工件连续检查，并能迅速得出结果。但由于它不能像照相法那样把射线的能量积累起来，因此只能检查较薄且结构简单的工件。同时灵敏度较差，与照相法比相差很远。此法最高灵敏度在 2%～3%，大量检测时，灵敏度最高只达 4%～7%，对于微小裂纹是无法发现的。

学习任务 4 射线计算机断层扫描技术

计算机断层扫描技术，简称 CT（Computer Tomography）。它是根据物体横断面的一组投影数据，经计算机处理后，得到物体横断面的图像，其结构如图 3-5 所示。

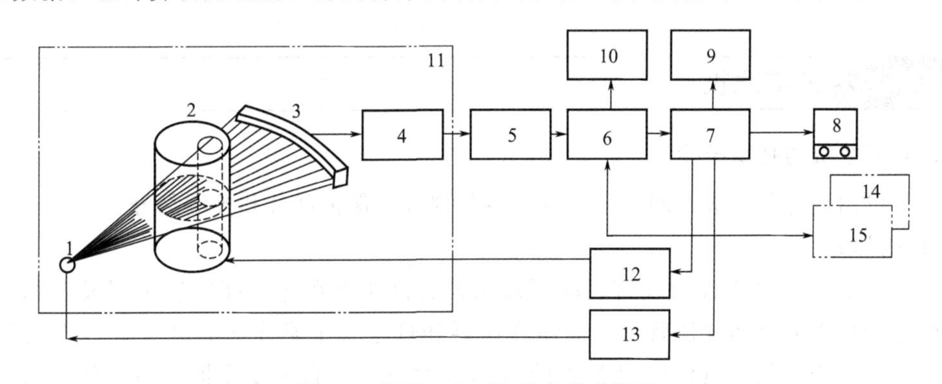

图 3-5 射线工业 CT 系统组成框图

1—射线源；2—工件；3—检测器；4—数据采集系统；5—高速运算器；6—计算机 CPU；7—控制器；8—显示器；9—摄影单元；10—磁盘；11—防护设施；12—机械控制单元；13—射线控制单元；14—应用软件；15—图像处理器

射线源发出扇形束射线，被工件衰减后的射线强度投影数据经接收检测器被数据采集部采集，并进行从模拟量到数字量的高速 A/D 转换，形成数字信息。在一次扫描结束后，工件转动一个角度再进行下一次扫描，如此反复下去，即可采集到若干组数据。这些数字信息在高速运算器中进行修正、图像重建处理和暂存，在计算机 CPU 的统一管理及应用软件支持下，便可获得被检物体某一断面的真实图像，显示在监视器上。

学习任务5 高能X射线照相

高能X射线是指射线能量在1MeV以上的X射线。它主要是通过加速器使灯丝释放的热电子获得高能量后撞击射线靶而产生的。加速器是一种利用电磁场使带电粒子获得能量的装置。

高能X射线由于其能量很大，除具有一般X射线的性质外，还具有以下特点。

（1）穿透力强　工业检测用的高能X射线能量一般为15～30MeV，对钢的透照厚度可达400mm以上，可穿透一般X射线及γ射线不能穿透的工件，使大厚度工件射线检测成为可能。

（2）焦点小　高能X射线装置产生的能量有40%～50%变成X射线，其余的变成热能。而一般X射线设备99%以上的能量变成热能。故高能X射线装置的散热问题不大，从而可以制成很小的焦点（一般在0.3～1mm）来提高检测灵敏度。高能X射线检测灵敏度高达0.5%～1%，而一般X射线检测灵敏度只有1%～2%。

（3）散射线少　随着高能射线能量的增加，散射比下降，因而高能X射线的散射线少，灵敏度高。

（4）射线强度大　高能X射线能量高，同时其装置产生的能量转换成射线的效率高，产生的射线也多，因此比一般X射线检测所需用的曝光时间短得多，工作效率高。

（5）透照幅度大　高能X射线透照零件厚度差的幅度也很宽，厚度相差一倍而不补偿时，在底片上也可以得到清晰的图像。而一般X射线透照厚度差只能在10%～20%。

第三模块　X射线检测的设备和器材

学习任务1 X射线机

一、X射线机的基本结构

X射线机由四部分组成，即高压部分、冷却部分、保护部分和控制部分。

1. 高压部分

高压部分的部件包括X射线管、高压发生器、高压电缆等。高压发生器又包括高压变压器、灯丝变压器和高压整流管等。高压变压器和灯丝变压器分别提供X射线管的加速电压——阳极与阴极之间的电位差和X射线管的灯丝电压。高压变压器、高压整流管、灯丝变压器共同装在一个机壳中，里面装满了耐高压的绝缘介质。

2. 冷却部分

由于X射线管阳极靶接受电子轰击的动能约有99%转换成热能，因此X射线管在工作时阳极的冷却十分重要。如冷却不及时，阳极过热会排出气体，降低管子的真空度，严重时可以将靶面熔化，使整个管子丧失工作能力。所以X射线管在设计制造时，必须采取措施提高冷却效率。X射线机采用的冷却方式粗略地可分为三种：油循环冷却、水循环冷却和气体冷却。

目前便携式工业检测用X射线机使用气体冷却形式。它采用绝缘性能极高的六氟化硫

(SF_6)作介质，阳极接地电路，机壳外装有风扇实现强制制冷。由于气体密度小，所以便携式X射线机机头较轻。

3. 保护部分

目的是防止电气设备内部发生断路或高压放电现象损坏设备及保护操作者的人身安全。一般X射线机的保护部分由以下几个部分组成：短路过流保护、X射线管阳极冷却保护、X射线管的过载保护、零位保护、接地保护等。

4. 控制部分

控制部分是指提供X射线管工作的一切外部条件的总控制。包括管电压的调节、管电流的调节，以及各种操作的指示部分。

二、X射线机类型及其主要性能

X射线机可以从不同方面进行分类。按照其结构，X射线机通常分为三类，即便携式、移动式和固定式，表3-1列出了各类X射线机的类型与特点。表3-2列出了几种国内外典型X射线机的主要性能。

表3-1 X射线机的类型与特点

类 型	结构特点
便携式	X射线管与高压发生器组合，采用低压电缆与操纵箱连接。质量小、体积小
移动式	X射线管与高压发生器分离，相互用高压电缆连接
固定式	X射线管与高压发生器分离，相互用高压电缆连接，有良好冷却系统。质量大、体积大

表3-2 X射线机的主要性能

类型	型 号	管电压峰值/kV	管电流平均值/mA	焦点尺寸/mm	最大穿透钢铁厚度/mm	X射线管头质量/kg	备 注
便携式	XX-2005 定向	200	5	2.5×2.5	29	60	玻壳X射线管；铅箔增感屏
	XXQ-2005 定向	200	5	1.5×1.5	29	20	玻壳X射线管；变频充气(SF_6)铅箔增感屏
	200EG-$S_2$① 定向	200	5	2.0×2.0	29	20	波纹陶瓷管；铅箔增感屏
	XXH-2005 周向	200	5	1.0×3.5	23	20	玻壳X射线管；变频充气(SF_6)铅箔增感屏
	200EG-B_1-C①	200	5	1.0×3.5	26	21	波纹陶瓷管；铅箔增感屏
移动式	XYT-3010 定向	300	1～10 1～5	4×4 1.5×1.5	78		金属陶瓷管；可配工业电视；铅箔增感屏
	XY-3010 定向	300	10 3	4×4 1.2×1.2	70		
固定式	MG450② 定向	420	10	4.5×4.5	100		金属陶瓷管；铅箔增感屏

① 产地日本。

② 产地荷兰。

三、X射线管

X射线管是X射线检测设备的核心部件。X射线管的技术指标决定了X射线机的用途、穿透力、功率及灵敏度等。

1. X射线管的结构

X射线管的基本结构是一个真空度为 $1\times10^{-6}\sim1\times10^{-7}$ mmHg（$1.33\times10^{-4}\sim1.33\times10^{-5}$ Pa）的二极管，由一个阴极、一个阳极和保持其真空度的玻璃外壳构成，如图3-6所示。

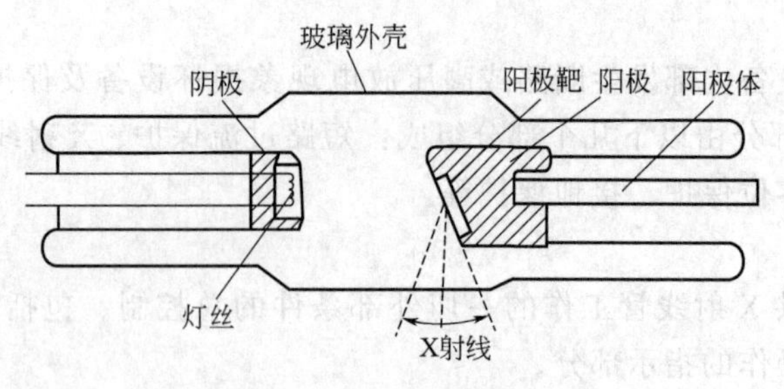

图3-6 X射线管示意

（1）阴极 X射线管的阴极是发射电子的部位。当阴极通电后，灯丝被加热，发射电子，并被阴极头上的电场将电子聚集成一束，在X射线管两端电场的作用下，飞向阳极轰击靶面，产生X射线。

（2）阳极 X射线管的阳极是产生X射线的部分。由于产生X射线时，高速运动的电子撞击阳极靶约有1%的动能转换为X射线，绝大部分均转化为热能，使靶面温度升高，同时X射线的强度与阳极靶的原子序数有关，所以一般工业用X射线管的阳极靶选用原子序数大、耐高温的金属钨来制造。

（3）窗口 在阳极罩正对靶面的斜面处开有能使X射线通过的窗口。

2. X射线管的技术参数

（1）管电压 X射线管的管电压是指它的最大峰值电压值，一般以kV表示。X射线的管电压是管子的重要指标，管电压越高，发射X射线的波长就越短，穿透工件的能力就越高。在一定范围内，管电压与穿透能力成直线关系。

（2）焦点 X射线管的焦点是X射线管的重要技术指标之一，其数值大小直接影响检测灵敏度。阳极靶被电子撞击的部分称为实际焦点，实际焦点垂直于管轴线上的投影称为有效焦点，如图3-7所示。检测机说明书提供的焦点尺寸就是有效焦点。焦点小，透照灵敏度高，底片清晰度好。焦点大，有利于散热，可通过较大的管电流。

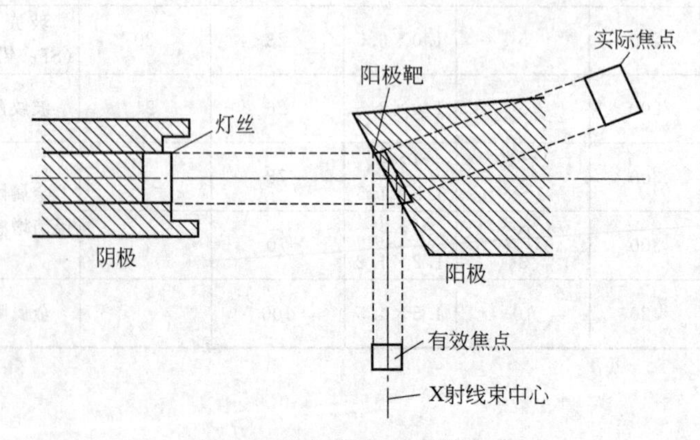

图3-7 实际焦点和有效焦点

（3）寿命 X射线管的寿命是指正常使用的X射线管，由于灯丝发射能力逐渐降低而失去功能，射线辐射剂量降为初始值的80%的时间。如果X射线管的阳极长时间工作，靶面的热量持续上升，则会损坏靶面，缩短使用寿命。图3-8是X射线管使用寿命和负载的关系曲线。如负载为正常负载的 110%时，则管子的寿命减到 60%；负载为正常负载的 80%，则管子的寿命可达 300%。因此，要延长 X 射线机的使用寿命，使用负载应低于满负载的 90%。

（4）辐射场的分布　X 射线管的阳极靶与管轴线垂直方向成 20°的倾斜角，因此发射的 X 射线形成一个约 40°圆锥角的外辐射，其辐射强度分布如图 3-9 所示。可以看出，33°辐射角时辐射强度最大，阴极侧比阳极侧辐射强度高。

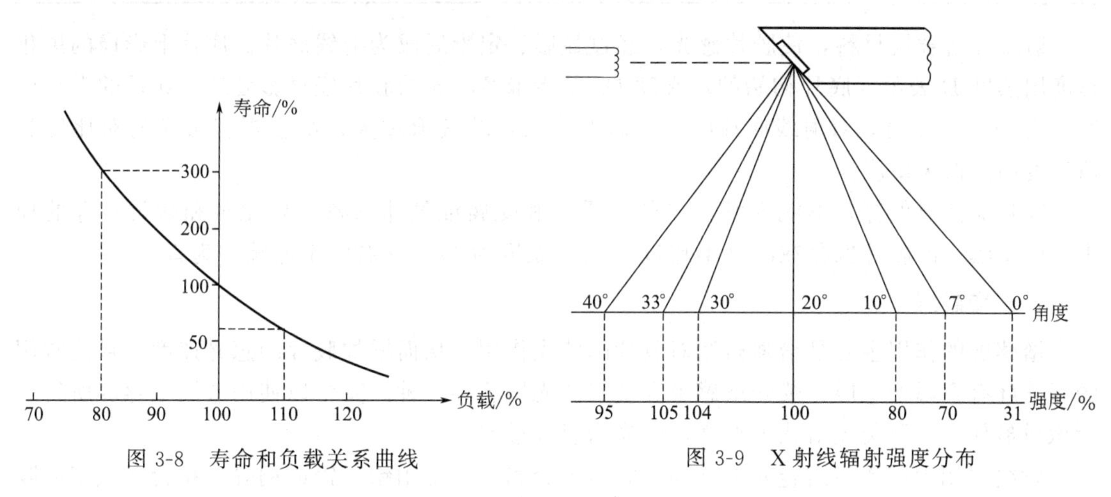

图 3-8　寿命和负载关系曲线　　　图 3-9　X 射线辐射强度分布

（5）X 射线管的真空度　X 射线管必须在高真空度（1.33×10^{-4}Pa）下才能正常工作。故在使用时不能使阳极过热，以免排出气体，降低 X 射线管的真空度。此外，当 X 射线机第一次使用或间隔较长时间使用，必须按要求进行逐步升高压的训练，达到管子正常工作时的真空度。

学习任务 2　X 射线照相器材

X 射线照相器材主要包括胶片、增感屏、像质计、标记带、暗盒、中心指示器及黑度计等。

一、射线胶片

射线胶片不同于普通照相胶卷之处是在片基的两面均涂有乳剂，以增加对射线敏感的卤化银含量，从而提高感光速度，其结构如图 3-10 所示。射线胶片通常依卤化银颗粒粗细和感光速度快慢分类，见表 3-3。检测时可按检验的质量和像质等级要求来选用，检验质量和像质等级要求高的应选用颗粒小、感光速度慢的胶片；反之则可选用颗粒较大、感光速度较快的胶片。

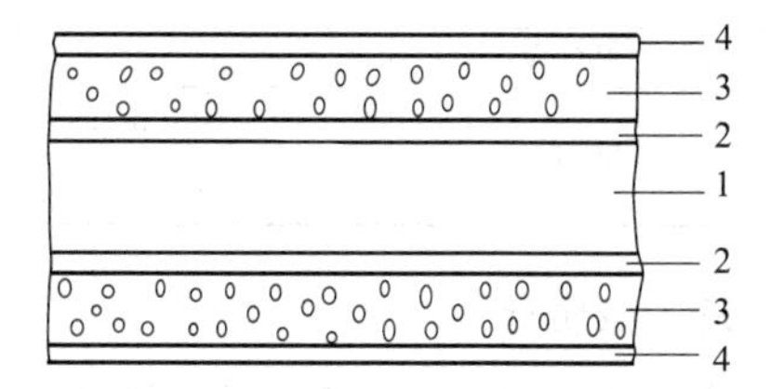

图 3-10　X 射线胶片的构造

1—片基；2—结合层；3—乳剂层；4—保护膜

表 3-3　射线胶片的性能和分类

胶片系统类别		颗粒度	感光度	对比度(反差)	胶片分类
C1	T1	很细	很慢	很高	Kodak R、SR；AgfaD2、D3；Fuji1X-25
C2					

续表

胶片系统类别	颗粒度	感光度	对比度(反差)	胶片分类
C3	T2	细	慢	高	Kodak M、T；AgfaD4、D5；Fuji50、80；天津Ⅴ型
C4				
C5	T3	中	中	中	Kodak AA、B；AgfaD7、D8；Fuji100；天津N-Ⅲ、Ⅳ-C型
C6	T4	粗	快	低	Kodak CX；AgfaD10；Fuji400；天津Ⅱ型

射线穿透被检材料，使胶片感光，经过显影、定影后成为射线底片。底片上影像的黑化程度用黑度 D 表示。底片初始的灰雾度 D_0 是指未经曝光的胶片经显影处理后获得的微小黑度。当 $D_0<0.2$ 时，对射线底片的影像影响不大，若其值过大，则会损害影像的对比度和清晰度而降低灵敏度。

胶片应注意保存，不能受潮、受热、受压和受腐蚀气体（氨、硫化氢和酸类）等的损害。尚未曝光的胶片保存在湿度不超过80%、温度为17℃左右的干燥箱中为宜。

二、增感屏

增感屏的作用主要是增强射线对胶片的感光作用，从而增加胶片的感光速度。目前常用的增感屏有金属增感屏、荧光增感屏和金属荧光增感屏三种。其中以使用金属增感屏所得底片像质最佳，金属荧光增感屏次之，荧光增感屏最差。

射线照相中广泛使用金属增感屏，它是由金属箔（常用铅、钢或铜等）粘合在纸基或胶片片基上制成。金属增感屏有前、后屏之分。前屏置于覆盖胶片靠近射线源的一面，后屏置于覆盖胶片背面。其厚度应根据射线能量进行适当的选择（见表3-4）。使用时应与胶片贴紧，否则会使射线照相清晰度和反差严重下降。另外，增感屏应保持清洁，表面不能划伤或磨损。若有污物，可用药棉蘸乙醇轻轻抹去。受潮的增感屏可用红外线或在烘箱中低温烘干，切不可曝晒。

表3-4 金属增感屏的选用（钢、铜、镍基合金射线照相 GB/T 3323—2005）

X射线	穿透厚度	金属增感屏类型和厚度
≤100kV	—	不用屏或用铅屏(前后)≤0.03mm
100～150kV	—	铅屏(前后)≤0.15mm
150～250kV	—	铅屏(前后)0.02～0.15mm
250～500kV	≤50mm	铅屏(前后)0.02～0.2mm
	>50mm	前铅屏0.1～0.2mm；后铅屏0.02～0.2mm

三、像质计

像质计是用来检查和定量评价射线底片影像质量的工具，又称为图像质量指示器、像质指示器、透度计。

像质计有线型、孔型和槽型三种，我国标准采用线型橡质计。这种像质计由一系列密封在透明塑料中距离相等而直径不同的平行金属丝组成，如图3-11所示。线型像质计由相同材质和长度的不同直径金属丝组成，以七根编号相连续的金属丝为一组，共分W1～W7、W6～W12、W10～W16、W13～W19四组。

射线照相灵敏度以像质计数值表示，它等于底片上能识别出的最细金属丝的线编号。若在黑度均匀的区域内有至少10mm丝长连续清晰可见，该丝就视为可识别。在射线照相检测报告中，应注明所使用的像质计类型、型号及所达到的像质计数值。表3-5为单壁透照且

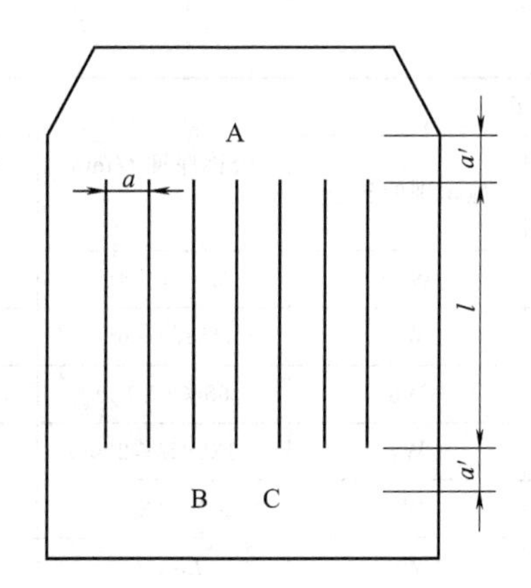

图 3-11 线型像质计

A—标准编号：GB/T 3323—2005；B—组别代号：W1、W6、W10、W13；C—材质代号：如 FE、CU、AL、TI；a—金属丝间距（mm）；l—金属丝长度（mm）；a'—与标志间距（mm）

将像质计置于射线源侧时公称厚度及应达到的最低像质计数值。

所用像质计的材质应与被检工件相同或相似，或其射线吸收小于被检材料。像质计应优先放置在射线源侧，并紧贴工件表面放置，且位于厚度均匀的区域。像质计放置方式可按图 3-12 所示要求，即安放在焊缝被检区长度 1/4 处，金属丝横跨焊缝并与焊缝轴线垂直，且细丝朝外。

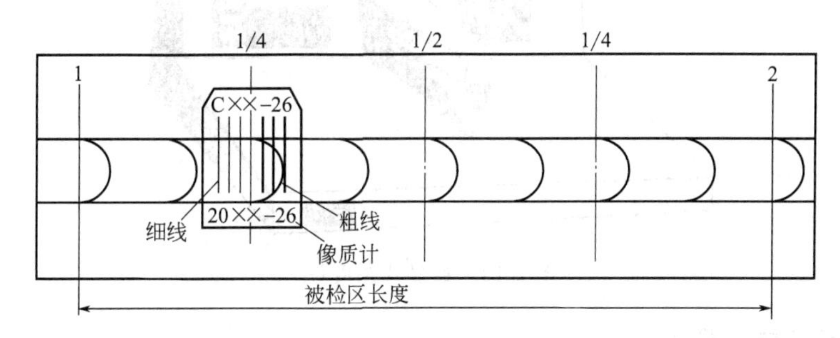

图 3-12 线型像质计的摆放

表 3-5 线型像质计

公称厚度 t/mm	A级		公称厚度 t/mm	B级	
	应识别的丝径/mm	应识别的丝号		应识别的丝径/mm	应识别的丝号
—	—	—	t≤1.5	0.050	W19
t≤1.2	0.063	W18	1.5<t≤2.5	0.063	W18
1.2<t≤2.0	0.080	W17	2.5<t≤4.0	0.080	W17
2.0<t≤3.5	0.100	W16	4.0<t≤6.0	0.100	W16
3.5<t≤5.0	0.125	W15	6.0<t≤8.0	0.125	W15
5.0<t≤7.0	0.160	W14	8.0<t≤12	0.160	W14
7.0<t≤10	0.200	W13	12<t≤20	0.200	W13
10<t≤15	0.250	W12	20<t≤30	0.250	W12
15<t≤25	0.320	W11	30<t≤35	0.320	W11

续表

公称厚度 t/mm	A 级		公称厚度 t/mm	B 级	
	应识别的丝径/mm	应识别的丝号		应识别的丝径/mm	应识别的丝号
$25<t\leqslant32$	0.400	W10	$35<t\leqslant45$	0.400	W10
$32<t\leqslant40$	0.500	W9	$45<t\leqslant65$	0.500	W9
$40<t\leqslant55$	0.630	W8	$65<t\leqslant120$	0.630	W8
$55<t\leqslant85$	0.800	W7	$120<t\leqslant200$	0.800	W7
$85<t\leqslant150$	1.000	W6	$200<t\leqslant350$	1.000	W6
$150<t\leqslant250$	1.250	W5	$t>350$	1.250	W5
$t>250$	1.600	W4	—	—	—

四、黑度计

射线照相底片的黑度是用黑度计测量的。黑度计分为光学直读式黑度计和数显式黑白黑度计两种。数显式黑度计（见图 3-13）将感受到的光能转换成电能经过处理，在数码管上直接显示底片黑度数值。

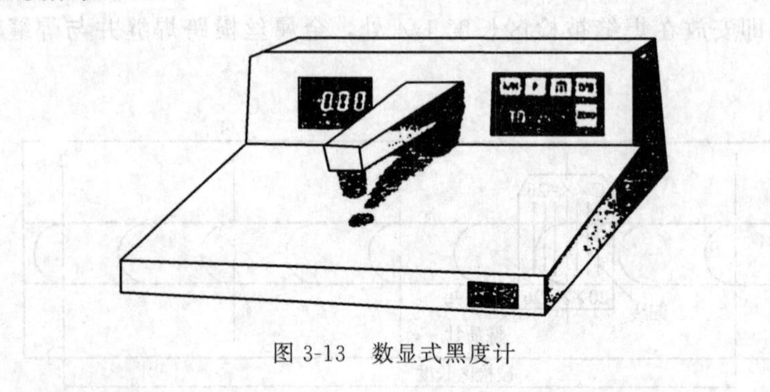

图 3-13　数显式黑度计

五、其他照相辅助器材

1. 暗盒

暗盒是用来装胶片的。一般用对射线吸收少而遮光性很好的黑色合成革制成。暗盒的尺寸要与增感屏、胶片尺寸相匹配。暗盒的外面划上中心标记线，可以在贴片时方便地对准透照中心。暗盒背面应贴上铅字“B”标记。由于暗盒经常接触工件，极易弄脏，因此要经常清理暗盒表面，发现破损，及时更换。

2. 标记带

对于选定的焊缝检测位置必须进行标记，使每张射线底片与工件被检部位能始终对照，易于找出返修位置。定位标记包括中心标记“十”和搭接标记“↑”。识别标记包括工件编号、焊缝编号、部位编号。其他还有拍片日期、板厚、返修等标记。所有标记可用透明胶带粘在透明塑料上，组成标记带。标记带示例如图 3-14 所示。

3. 屏蔽铅板

为防止暗盒背面的散射线，应制作与暗盒尺寸相当的屏蔽板。屏蔽板一般由 1mm 厚的铅板制成。贴片时，将屏蔽板紧贴暗盒。

4. 中心指示器

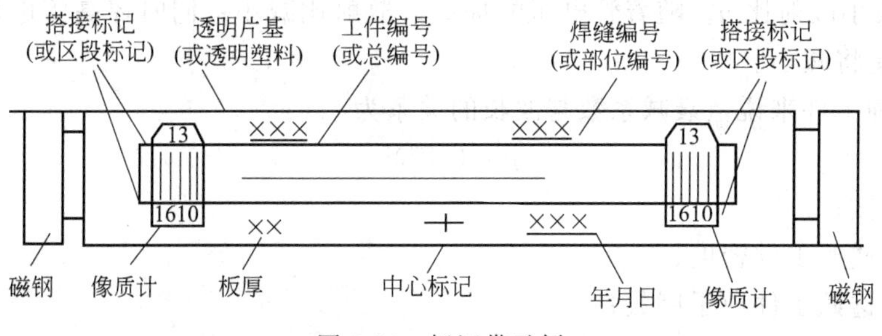

图 3-14 标记带示例

利用中心指示器可以方便地指示射线方向，使射线束中心对准透照中心。

5. 其他小器件

射线照相辅助器材很多，为工作方便，还应准备一些小器件：卷尺、钢印、照明灯、电筒、各种尺寸的铅板、贴片磁钢、透明胶带、各式铅字、划线尺、石笔、记号笔等。

第四模块 射线照相工艺

学习任务1 射线照相质量的影响因素

一、射线照相灵敏度

射线照相灵敏度是评价射线照相质量最重要的指标。它是指在射线底片上可以观察到的最小缺陷的尺寸。

灵敏度分绝对灵敏度和相对灵敏度。绝对灵敏度是指在射线底片上所能发现的沿射线穿透方向上的最小缺陷尺寸。相对灵敏度则用所能发现的最小缺陷尺寸在透照工件厚度上所占的百分比来表示。由于预先无法了解沿射线穿透方向上的最小缺陷尺寸，为此常用与被检工件有一定百分比关系的人工缺陷，如金属丝组成的像质计作为底片质量的检测工具。当然，底片上所能发现的像质计的最小金属丝直径，并不等于工件中所能发现的最小缺陷。像质计所能显示的数值越小，则底片的影像质量水平也越高，因而也能间接地在一定程度上反映出射线照射对最小实际缺陷的检出率。

二、照相灵敏度的影响因素

照相灵敏度是射线照相对比度和清晰度两大因素的综合结果。

1. 射线照相对比度

射线照相对比度是指小缺陷与其周围的黑度差。可表示为

$$\Delta D=-\frac{0.434\gamma\mu\Delta\delta}{1+n} \tag{3-2}$$

式中 ΔD——底片对比度；

γ——胶片对比度；

μ——衰减系数；

$\Delta\delta$——被透照工件厚度差；

n——散射比。

由式(3-2) 可知，在胶片和被透照工件不变的情况下，若要增大对比度 ΔD，就要增大

衰减系数 μ，减小散射比 n。随着管电压的提高，散射比减小；同时提高管电压，底片上不同部位的黑度差将减小。

对于同一种工件来说，衰减系数与波长的关系为

$$\mu=k\rho Z^3\lambda^3 \tag{3-3}$$

式中 k——常数；

ρ——被透照工件密度；

Z——被透照工件原子序数；

λ——射线波长。

由式(3-3) 得出，要增大衰减系数 μ，需增大射线波长 λ。波长 λ 与管电压 u 的关系为

$$\lambda=12.4/(ku) \tag{3-4}$$

由式(3-4) 得出，要增大射线波长 λ，则要降低管电压 u。

以上分析表明，管电压不能任意提高，管电压过高，衰减系数 μ 减小，从而导致对比度减小。

2. 射线底片清晰度

射线底片清晰度是指底片上影像轮廓的明锐程度，通常用其反义术语“不清晰度”，即根据底片上不同黑度区域间的分界线宽度来定量评价影像轮廓的明锐性。底片上总的不清晰度主要是几何不清晰度和固有不清晰度。

几何不清晰度通常用半影 u_g 的数值来衡量，如图 3-15 所示。焦点为点状时，得到的缺陷影像最为清晰，底片上的黑度由 D_2 急剧过渡到 D_1。而当焦点为直径 d 的圆截面时，缺陷在底片上的影像将存在黑度逐渐变化的区域 u_g，称为半影。它使缺陷的边缘影像变得模糊而降低射线照相的清晰度。

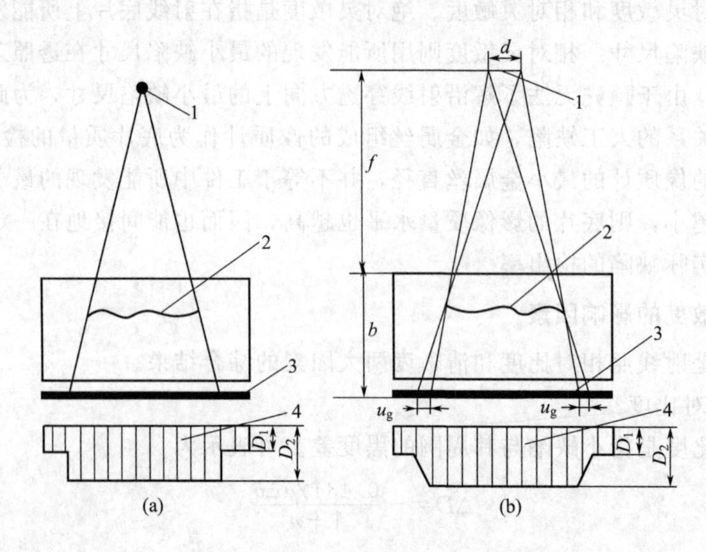

图 3-15 工件中缺陷的几何不清晰度

1—射线源（焦点）；2—缺陷；3—胶片；4—胶片黑度变化

几何不清晰度 u_g 可用下式计算：

$$u_{gmax}=\frac{db}{f} \tag{3-5}$$

式中 u_{gmax}——最大几何不清晰度，mm；

d——射线焦点尺寸，mm；

f——射线源至工件表面距离，mm；

b——工件表面至胶片距离，mm。

因此，为了减少影像的几何不清晰度，应当减小焦点尺寸 d，或者增加焦点到工件表面的距离 f，并尽量把底片贴紧工件。

固有不清晰度是指缺陷轮廓由胶片、增感屏和射线能量等因素在底片上所造成的模糊程度，用 u_i 表示。固有不清晰度主要取决于射线的能量，射线能量提高，固有不清晰度增加。此外，若增感屏与胶片贴合不紧，将使固有不清晰度明显增大。

三、最佳灵敏度

综上所述，当胶片、增感屏和射线机确定之后，射线照相对缺陷检出的最佳灵敏度取决于焦点至胶片的距离、缺陷至胶片的距离、管电压及对散射线的控制程度。

为使几何不清晰度保持最小值，缺陷和胶片之间的距离要尽可能小，而为获得最大对比度，管电压应在保持穿透工件的前提下尽可能低些。

实际透照时，曝光时间不能无限地延长，因为工作效率不允许。另一方面，由于时间与焦距的平方成正比，焦距也必须控制在一定范围内。但焦距又不能太短，否则会使几何不清晰度增大。

学习任务 2 射线透照工艺条件的选择

GB/T 3323—2005 标准中将透照技术分为两个等级：A 级为普通级，B 级为优化级。当 A 级灵敏度不能满足检测要求时，应采用 B 级透照技术。射线检测条件的选择，主要是对管电压能量的选择、几何条件的选择和曝光条件的选择。

一、射线能量的选择

射线能量的选择是对管电压的选择。由于管电压可以根据需要调节，因此射线能量有多种选择。射线能量愈大，其穿透能力愈强，即可透照的工件厚度愈大。但同时由于衰减系数的降低而导致成像质量下降。所以对 X 射线能量的选择原则是：在保证穿透的前提下，尽量选择较低的管电压。GB/T 3323—2005 标准中对允许使用的最高管电压作出限制，如图 3-16 所示。

二、焦距的选择

焦点至胶片的距离称为透照距离（又称焦距）。在射线源选定后，增大透照距离可提高底片清晰度，也增大每次透照面积。

检测时，为了减小几何不清晰度，胶片往往紧贴工件底面，这时的透照距离等于射线源至工件表面距离 f 与穿透厚度之和。因此，对透照距离的控制实际上就成了对射线源至工件表面距离 f 的控制。为保证射线照相的清晰度，GB/T 3323—2005 标准规定，f 应满足下列条件：

A 级 $f \geqslant 7.5db^{2/3}$ (3-6)

B 级 $f \geqslant 15db^{2/3}$ (3-7)

在实际工作中，焦距的最小值通常由诺模图查出。图 3-17 为 GB/T 3323—2005 标准 A、B 级的诺模图。使用方法如下：在 d 线和 b 线上分别找到焦点尺寸和穿透厚度对应的

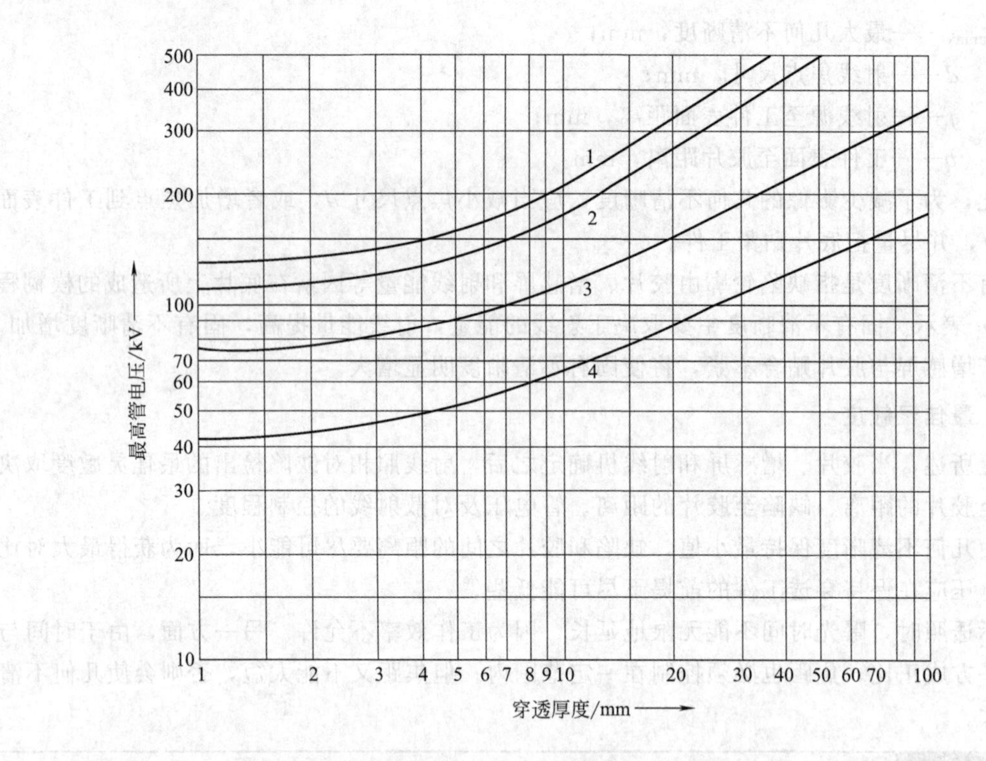

图 3-16　500kV 以下 X 射线机穿透不同材料和不同厚度所允许使用的最高管电压

1—铜、镍及其合金；2—钢；3—钛及其合金；4—铝及其合金

点，用直线连接这两点，直线与 f 的交点即为射线源至工件表面距离的最小值，而焦距最小值即为 $F_{\min}=f+b$。

例如：射线源焦点尺寸 $d=2$mm，穿透厚度 $b=30$mm，由图 3-17 可查得 A 级的 $f=155$mm，而 B 级的 $f=300$mm，因此 A 级的最小焦距 $F=155+30=185$mm，而 B 级的最小焦距 $F=300+30=330$mm。

但是焦距也不能太大，因为焦距增大后，按原来的曝光参数透照得到的底片，其黑度将变小。如保持底片黑度不变，就必须在增大焦距的同时增加曝光量或提高管电压，而前者会使工作效率降低，后者将对灵敏度产生不利的影响。

实际透照时一般并不采用最小焦距值，所用的焦距比最小焦距要大得多。但焦距也不能太大，通常采用的透照距离为 400～700mm。

三、曝光条件的选择和修正

为保证得到适当黑度和灵敏度的底片，通常要选择曝光条件。

1. 曝光条件的选择

按照一定焦距透照一定材料一定厚度的工件，使底片获得一定黑度和一定灵敏度所需的管电压，一般都从试验作出的曝光曲线上查得。

对于 X 射线来说，曝光量是指管电流 I 与照射时间 t 的乘积，即 $E=It$，是射线透照工艺中的一项重要参数。在透照时，若透照条件如试件尺寸，射线源、试件、胶片的相对位置，胶片和增感屏，管电压等保持不变，则底片黑度与曝光量有很好的对应关系，因此可以通过改变曝光量来控制底片的黑度。为达到规定的底片黑度，曝光量应不低于某一个最小

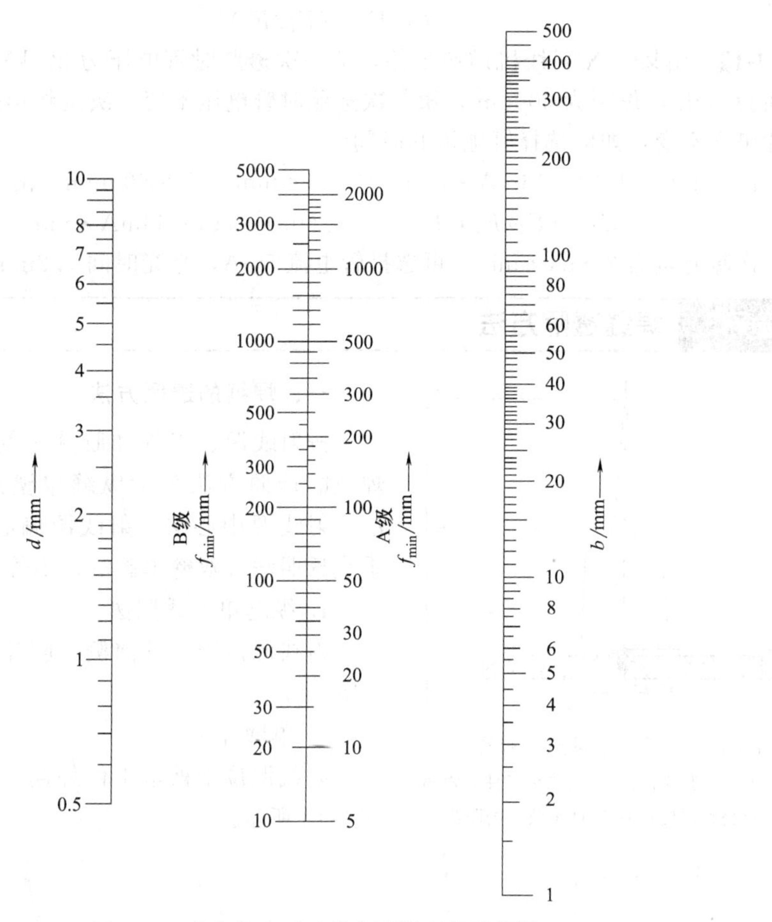

图 3-17 确定焦点至工件表面距离的诺模图

值。推荐使用的曝光量见表 3-6。

表 3-6 推荐的曝光量

胶 片 类 型	曝光量/mA·min
超微粒	30
微粒	20
中粒	15

2. 曝光因子

对 X 射线来说，曝光因子＝管电流×曝光时间/焦距^2＝It/F^2。

如果是同一台 X 射线机，用给定的管电压进行透照，只要曝光因子保持一定，都可得到相同的曝光量，拍得的底片黑度相同。因此，利用曝光因子来确定或修正透照条件，对现场检验十分方便。

3. 曝光条件的修正

曝光曲线是对某种胶片在一定曝光条件和暗室处理条件下为获得一定黑度和灵敏度而制作的。但实际透照时，由于多种原因，曝光曲线的条件可能与实际条件不一致。在这种情况下，检测人员必须根据具体情况对曝光曲线作适当修正。修正时要用到曝光因子。

当其他条件不变而焦距改变时，曝光因子不变，要得到相同黑度的底片，曝光量与焦距平方成正比，用公式表示即

$$E_1/E_2=(F_1/F_2)^2 \tag{3-8}$$

【例 3-1】 用某一 X 射线机透照工件，第一次透照时管电压为 200kV，管电流为 4mA，曝光时间为 4min，焦距为 600mm，第二次透照时管电压不变，决定将焦距变为 900mm，如保持底片黑度不变，如何选择管电流和时间？

解 $E_1=I_1t_1=4\times4=16$mA·min，$F_1=600$mm，$F_2=900$mm，由式（3-8）得

$$E_2=(F_2/F_1)^2E_1=(900/600)^2\times16=36\text{mA}\cdot\text{min}$$

第二次曝光量为 36mA·min，可选择管电流 5mA，曝光时间 7.2min。

学习任务 3 焊缝透照方法

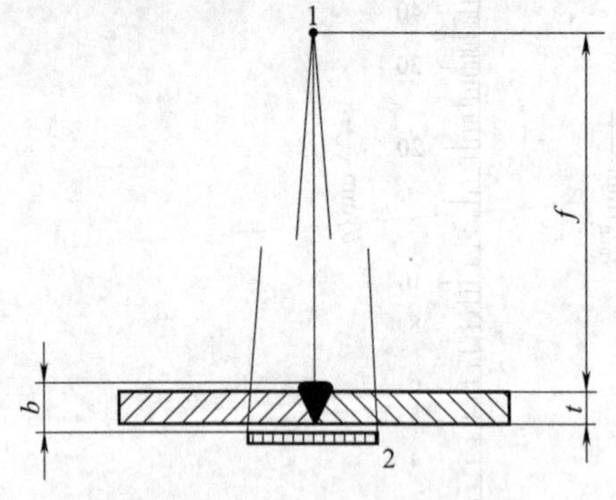

图 3-18 纵缝单壁透照法布置

1—射线源；2—胶片；f—射线源至工件的距离；t—母材公称厚度；b—工件至胶片的距离

一、焊缝的透照方法

按射线源、工件和胶片之间的相互位置关系，焊缝的透照方法分为纵缝单壁透照法、单壁外透法、射线源中心法、射线源偏心法、椭圆透照法、垂直透照法、双壁单影法、不等厚透照法八种。

1. 纵缝单壁透照法

射线源位于工件前侧，胶片位于另一侧，如图 3-18 所示。

2. 单壁外透法

射线源位于被检工件外侧，胶片位于内侧，如图 3-19 所示。

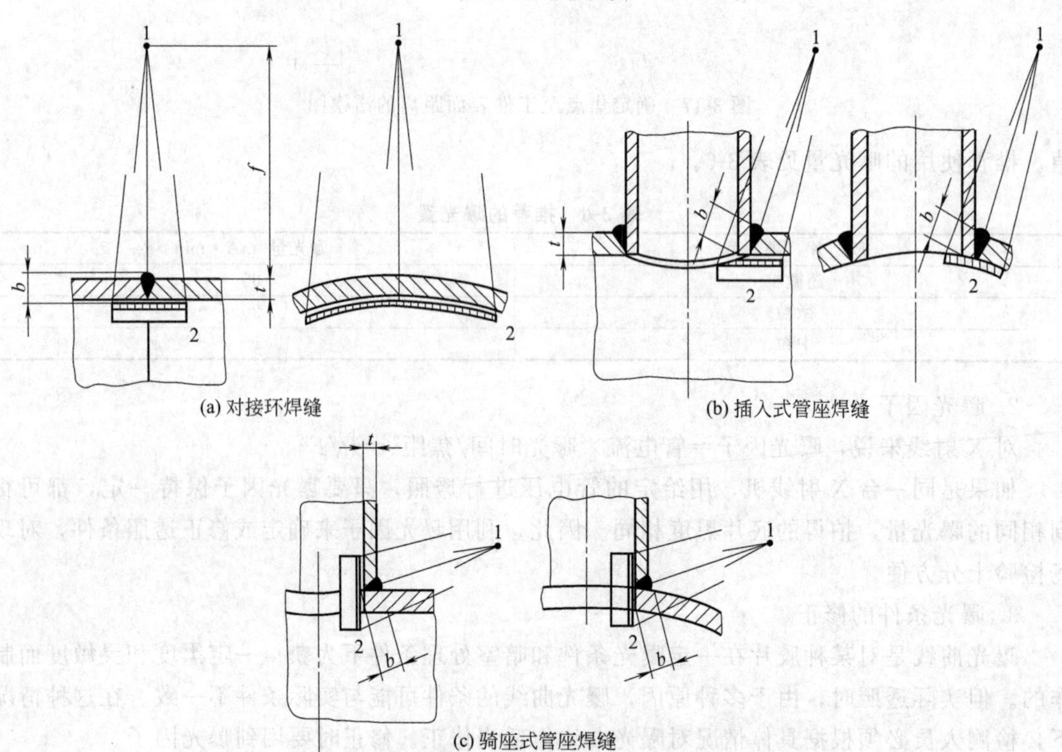

图 3-19 单壁外透法布置

1—射线源；2—胶片；f—射线源至工件的距离；t—母材公称厚度；b—工件至胶片的距离

3. 射线源中心法

射线源位于工件内侧中心处，胶片位于外侧，如图 3-20 所示。

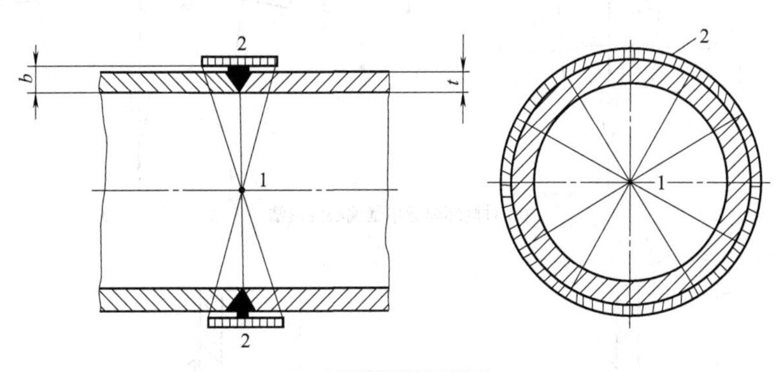

(a) 对接环焊缝周向曝光

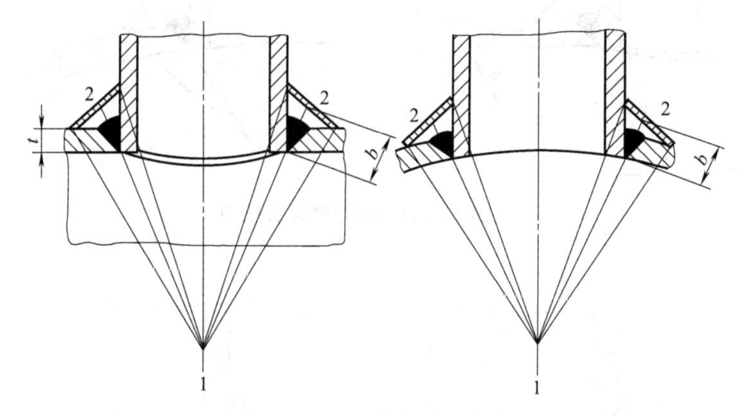

(b) 插入式管座焊缝单壁中心内透法

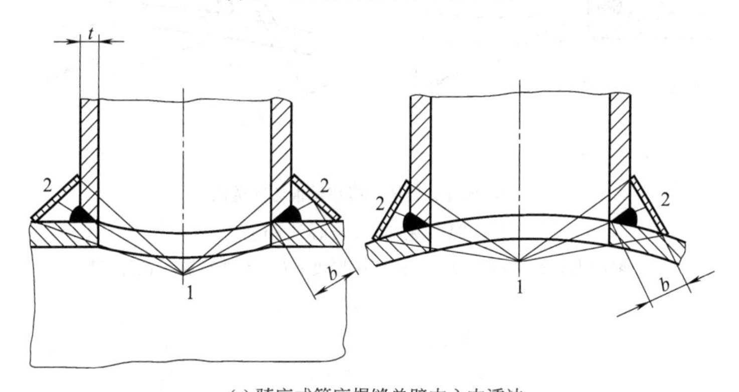

(c) 骑座式管座焊缝单壁中心内透法

图 3-20 射线源中心法布置

1—射线源；2—胶片；t—母材公称厚度；b—工件至胶片的距离

4. 射线源偏心法

射线源位于被检工件内侧偏心处，胶片位于外侧，如图 3-21 所示。

5. 椭圆透照法

射线源和胶片位于被检工件外侧，焊缝投影呈椭圆显示，如图 3-22 所示。

6. 垂直透照法

射线源和胶片位于被检工件外侧，射线垂直入射，如图 3-23 所示。

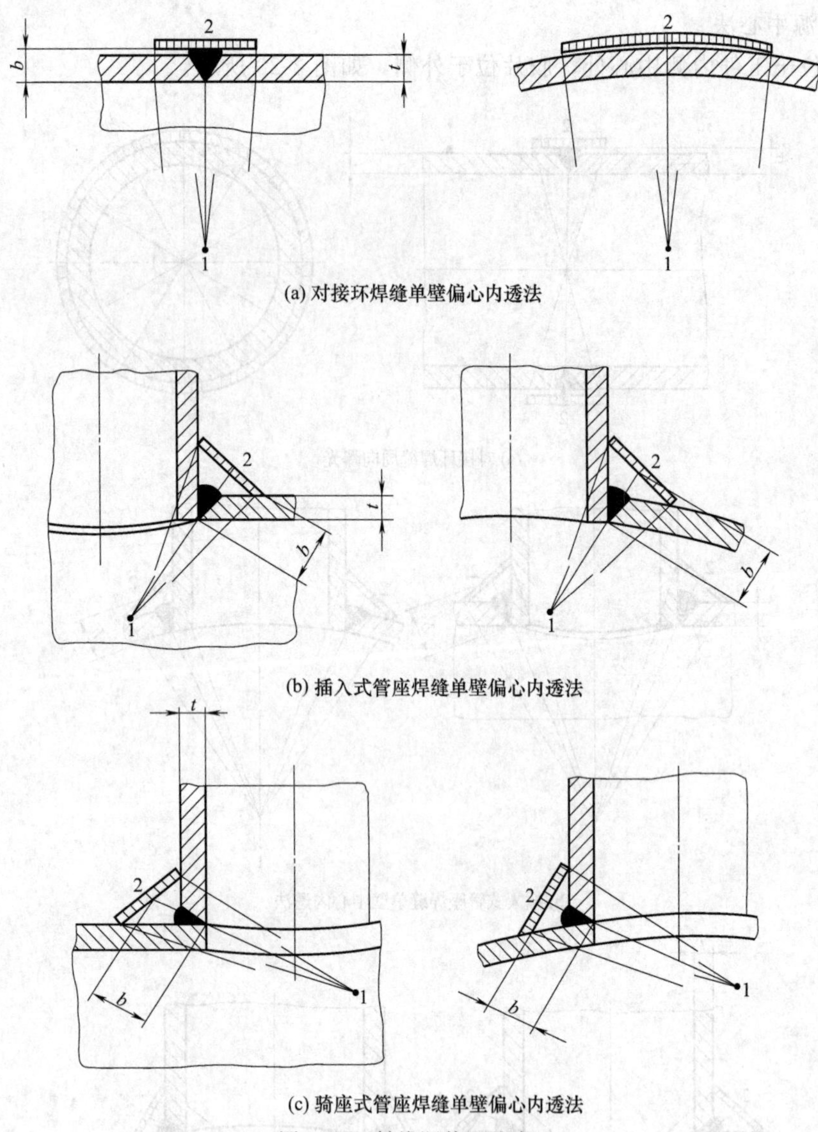

图 3-21 射线源偏心法布置

1—射线源；2—胶片；t—母材公称厚度；b—工件至胶片的距离

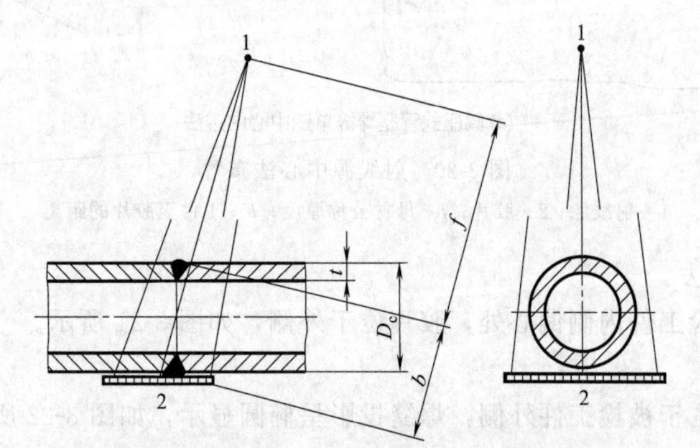

图 3-22 对接环焊缝双壁双影椭圆透照布置

1—射线源；2—胶片；f—射线源至工件的距离；t—母材公称厚度；b—工件至胶片的距离；D_c—管外径

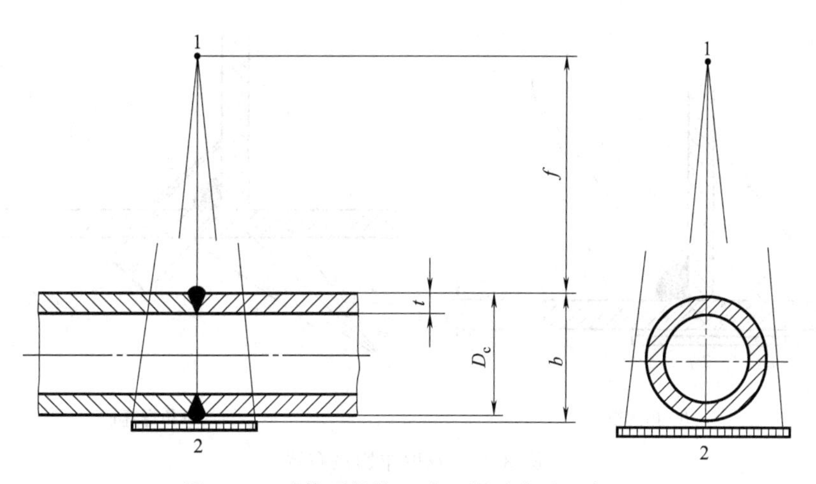

图 3-23 对接环焊缝双壁双影垂直透照布置

1—射线源；2—胶片；f—射线源至工件的距离；t—母材公称厚度；b—工件至胶片的距离；D_c—管外径

7. 双壁单影法

射线源位于被检工件外侧，胶片位于另一侧，如图 3-24 所示。

8. 不等厚透照法

材料厚度差异较大，采用多张胶片透照，如图 3-25 所示。

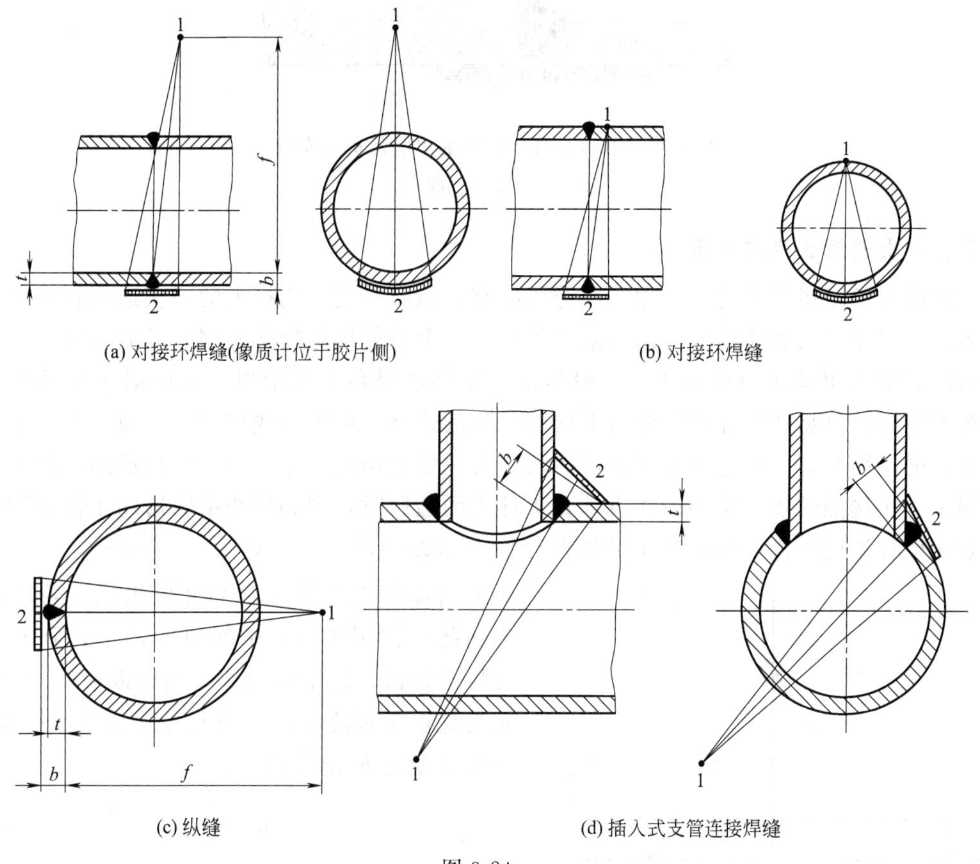

图 3-24

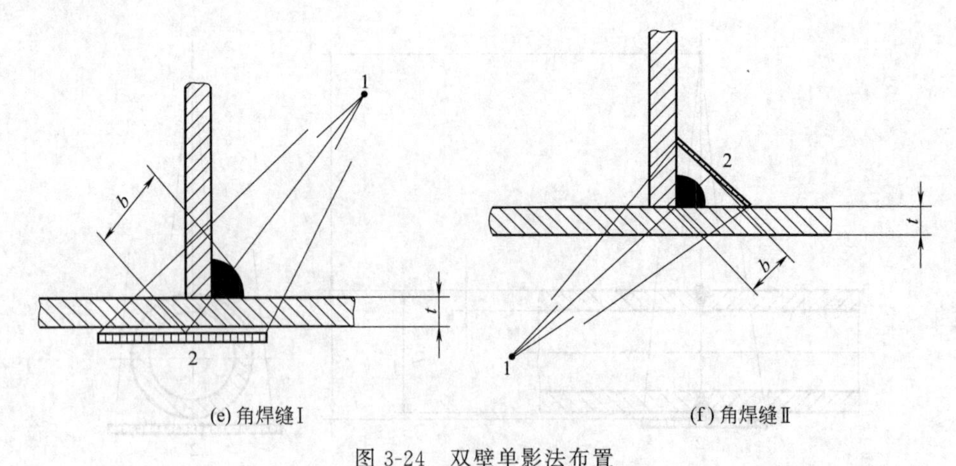

图 3-24　双壁单影法布置

1—射线源；2—胶片；f—射线源至工件的距离；t—母材公称厚度；b—工件至胶片的距离

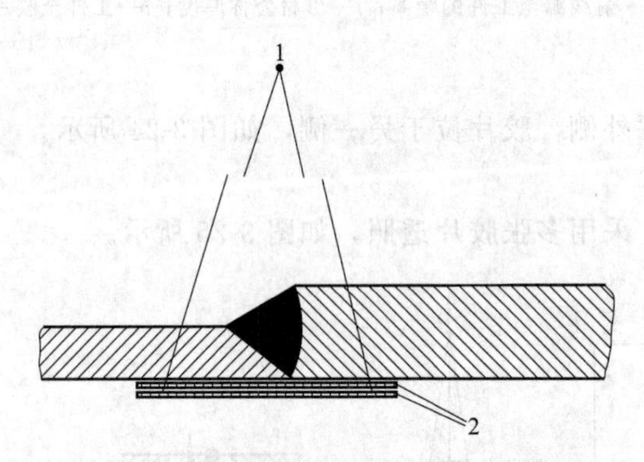

图 3-25　不等厚对接焊缝的多胶片透照布置

1—射线源；2—胶片

二、一次透照长度的计算

一次透照长度指焊缝射线照相一次透照的有效检验长度。选择大的一次透照长度可以提高效率。一次透照长度受两个方面因素的限制。一个是射线源的有效照射场的范围。X 射线管发出的 X 射线并非平行束射线，一般是以一定的辐射角向外辐射，使照射场内的射线强度分布不均匀，这将使底片黑度分布不均匀。靠近边缘，由于射线强度弱，使其黑度低于中心附近黑度，因此，一次透照长度不可能大于有效照射场的尺寸。另一个是透照厚度比，它也限制了一次透照长度。中心射线束垂直工件表面透照时，中心射线束穿透的工件厚度小于边缘射线束穿透的工件厚度，产生了透照厚度差（$\Delta\delta=\delta'-\delta$），如图 3-26 所示，它也使底片中间部位黑度高于两端部位黑度。若以底片中间部位控制黑度，中间黑度适中，则两侧黑度将会过低，位于两端部位的缺陷有可能漏检，尤其是横向裂纹缺陷。为此要控制透照厚度比。透照厚度比 K 定义如下：

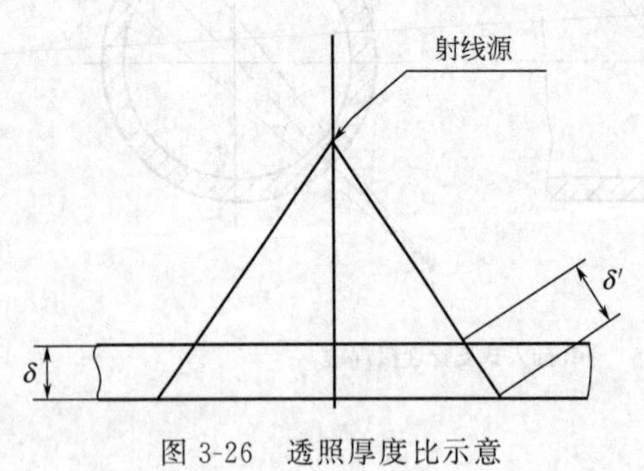

图 3-26　透照厚度比示意

$$K=\frac{\delta'}{\delta} \tag{3-9}$$

式中　δ'——边缘射线束穿过工件厚度，mm；

δ——中心射线束穿过工件厚度，mm。

GB/T 3323—2005 标准中规定：射线经过均匀厚度被检区，A 级 K 值不大于 1.2，B 级 K 值不大于 1.1。对透照厚度比 K 值的限制，实际体现为一次透照长度的控制。透照方式不同，一次透照长度的计算方法也不同。

学习任务 4 曝光曲线的制作

实际射线检测中，射线能量、曝光量以及焦距等工艺参数的选择一般是通过查曝光曲线来确定的。曝光曲线是表示工件（材质、厚度）与工艺规范（管电压、管电流、曝光时间、焦距、暗室处理条件等）之间相关性的曲线。曝光曲线的构成，通常只选择工件厚度、管电压和曝光量作为可变参数，其他条件必须相对固定，如图 3-27 所示。

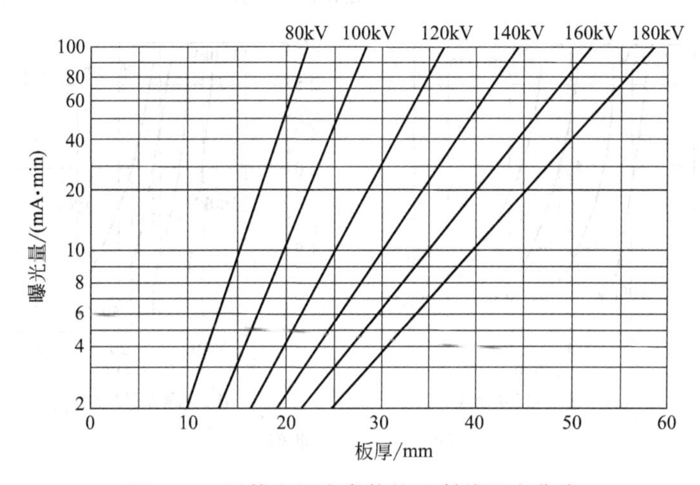

图 3-27 以管电压为参数的 X 射线曝光曲线

曝光曲线必须通过试验制作，并且每台 X 射线机的曝光曲线不能通用。因此，每台 X 射线机都应有自己的曝光曲线，作为日常透照时射线能量和曝光量的依据。

曝光曲线是在机型、胶片、增感屏、焦距等条件一定的前提下，通过改变曝光参数（如固定管电压），改变曝光量或固定曝光量，改变管电压，然后透照由不同厚度组成的钢阶梯试块（见图 3-28），根据规定冲洗条件洗出的底片所达到的某一基准黑度（如 1.8 或 2.0），来求得管电压、曝光量、厚度三者之间关系的曲线。目前用得较多的是以横坐标表示工件厚度，纵坐标表示曝光量的对数，管电压为变化参数的曝光曲线，即工件厚度-曝光量曲线，制作过程如下。

（1）绘制底片黑度和工件厚度曲线（即 D-δ 曲线） 采用较小曝光量，不同管电压拍摄阶梯试块（见图 3-28），获得第一组底片。再采用较大曝光量，不同管电压拍摄阶梯试块，获得第二组底片。用黑度计测定获得透照厚度与对应黑度两组数据，绘制 D-δ 曲线图（见图 3-29）。

（2）绘制曝光量与工件厚度曲线（即 E-δ 曲线） 选定一基准黑度值如 2.0，从两张 D-δ 曲线图中分别查出某一管电压下对应于该黑度的透照厚度值。在 E-δ 曲线图上标出这两点，并以直线连接即得该管电压的曝光曲线（见图 3-30）。

从 E-δ 曲线上求取给定厚度所需要的曝光量，一般按射线中心透照最大厚度确定与某一管电压相对应的 E。例如，最大透照厚度为 12mm 时，查图 3-30 的 E-δ 曲线，则可使用的曝光参数为 150kV、20mA·min 或 170kV、9mA·min。

值得注意的是，任何曝光曲线只适用于一组特定的条件。只有当实际拍片所使用的条件

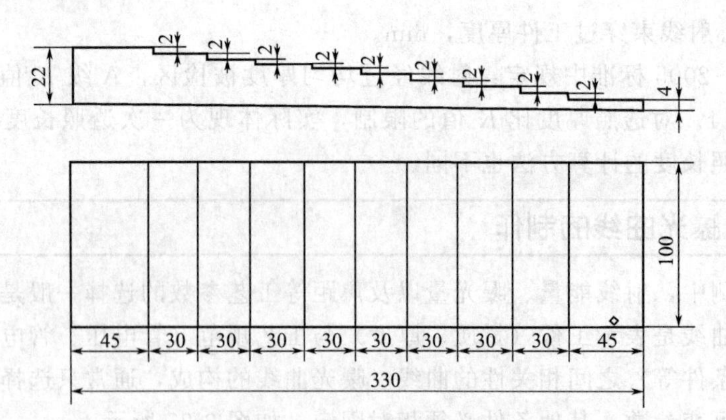

图 3-28 曝光用阶梯试块

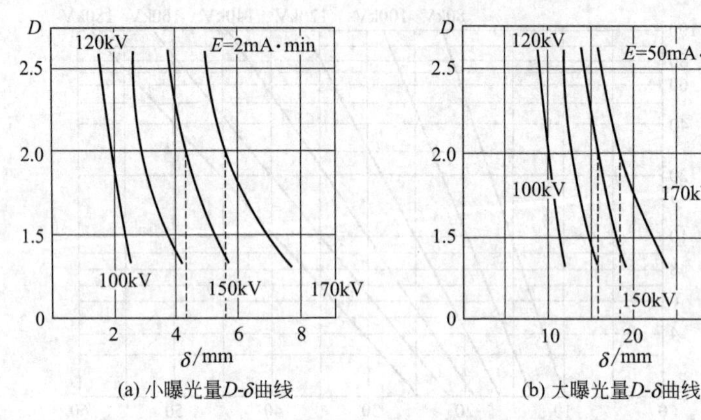

图 3-29 D-δ 曲线

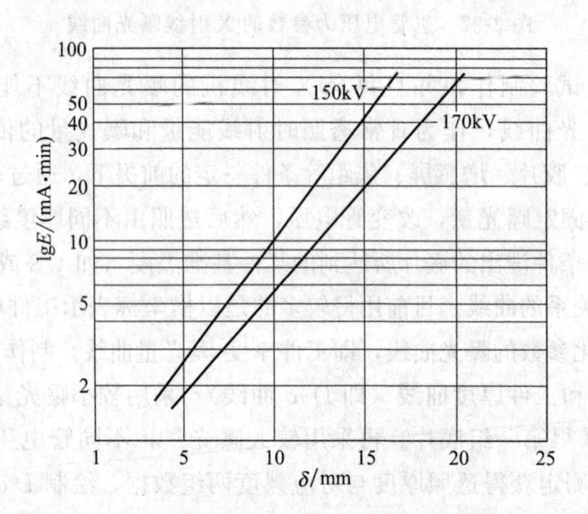

图 3-30 E-δ 曲线

与制作曝光曲线的条件完全一致时，才能从曲线上直接读出曝光量。任何条件改变都应对曝光量进行修正。

改变材料时，可利用射线透照等效系数来修正。射线透照等效系数是指在一定的管电压下，达到相同吸收效果的标准材料的厚度与被检材料的厚度之比。例如，欲根据钢的曝光曲线用 100kV 透照 30mm 厚的铝（在 100kV 时，等效系数为 0.08），可得出钢的等效厚度为

2.4mm，然后根据等效厚度，在钢的曝光曲线上确定适当的曝光量。

常见金属的射线透照等效系数近似值（以钢为准）见表3-7。

改变焦距时，可用下式来计算曝光时间：

$$t_2=\left(\frac{F_2}{F_1}\right)^2 t_1 \tag{3-10}$$

式中 F_1，t_1——曝光曲线所示焦距、曝光时间；

F_2，t_2——所采用的新焦距、新的曝光时间。

表3-7 某些金属的射线透照等效系数近似值（以钢为准）

金属	X 射 线							
	100kV	150kV	220kV	250kV	400kV	1MeV	2MeV	4～25MeV
镁	0.05	0.05	0.08					
铝	0.08	0.12	0.18					
铝合金	0.10	0.14	0.18					
钛		0.54	0.54		0.71	0.9	0.9	0.9
钢	1.0	1.0	1.0	1.0	1.0	1.0	1.0	1.0
铜	1.5	1.6	1.4	1.4	1.4	1.1	1.1	1.2
锌		1.4	1.3		1.3			1.2
黄铜		1.4	1.3		1.3	1.2		1.0
铅	1.4	14.0	12.0			5.0		2.7

学习任务5 散射线的控制

射线在穿透物质的过程中与物质相互作用会产生吸收和散射。在射线透照时，凡是被射线照射到的物体，如试件、暗盒、桌面、墙壁、地面，甚至空气都会成为散射源。其中最大的散射源是试件本身，如图3-31所示。散射线会使底片的灰雾度增大，影像对比度降低，对射线照相质量是有害的。

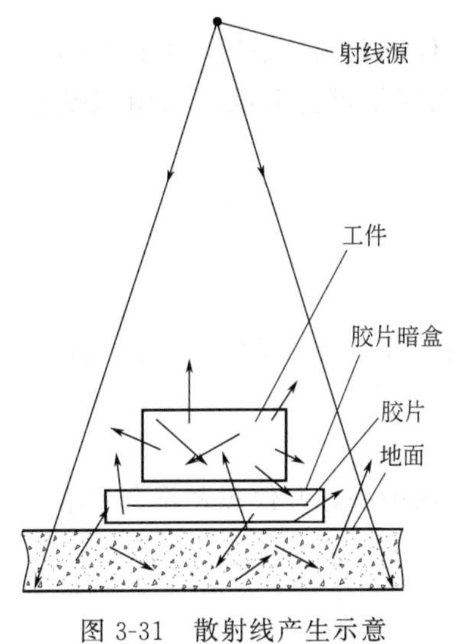

图3-31 散射线产生示意

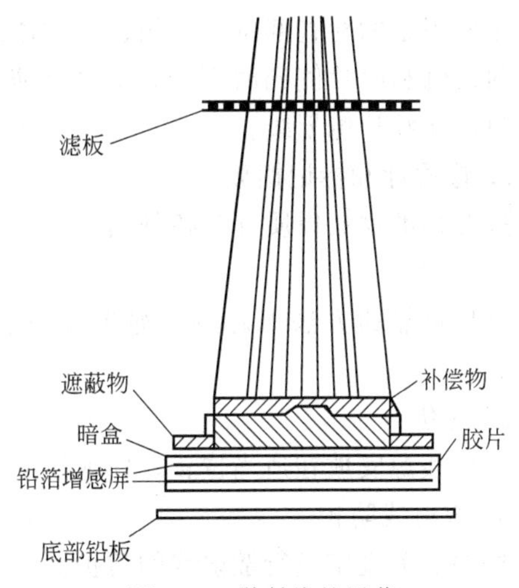

图3-32 散射线的屏蔽

由于受射线照射的一切物体都是散射源，所以实际上散射线是无法消除的，只能尽量设法减少。控制散射线的措施包括以下几种（见图 3-32）。

1. 选择合适的射线能量

在透照厚度差较大的工件，如透照余高较高或小口径管的焊缝时，可以通过提高射线能量的方法来减少散射线。

2. 使用铅箔增感屏

使用铅箔增感屏是减少散射线最方便、最经济，也是最常用的方法。

3. 背防护铅板

在暗盒背后近距离内如有钢平台、木头桌面、水泥地面等，会产生较强的背散射，此时在暗盒后面加一块铅板以屏蔽背散射射线。当暗盒背后近距离内没有导致强烈散射的物体时，可以不使用背防护铅板。

4. 厚度补偿物

在对厚度差较大的工件透照时，可采用厚度补偿块来减少散射线。

5. 滤板

在对厚度差较大的工件透照时，可以在射线窗口处加一金属薄板，即滤板。滤板可用黄铜、铅或钢制作。

6. 遮蔽物

当透照的试件小于胶片时，应使用遮蔽物对直接处于射线照射的部分进行遮蔽。

7. 修磨试件

通过修整、打磨的方法减少工件厚度差，从而减少散射线。

学习任务 6 焊缝射线检测的基本操作

一、基本操作程序

1. 工件检查及清理

检查工件上有无妨碍射线穿透或妨碍贴片的物体，如果有，应尽可能去除。检查工件表面质量，经外观检测合格才能进行射线检测。

2. 划线

按照规定的检查部位、比例、一次透照长度，在工件上划线。采用单壁透照时，需要在工件射线侧和胶片侧同时划线，并要求两侧所划的线段应尽可能对准。采用双壁单影透照时，只需在胶片侧划线。

3. 像质计和标记摆放

按照标准摆放像质计和各种铅标记。

4. 贴片

采用可靠的方法如磁铁、绳带等将胶片固定在被检位置上，胶片应与工件表面紧密贴合。

5. 对焦

将射线源安放在适当位置，使射线束中心对准被检区中心，并使焦距符合要求。

6. 散射线防护

按照有关规定进行散射线的防护。

7. 曝光

在以上各步骤完成后，并确定现场人员放射防护安全符合要求，方可按照所选择的曝光参数操作仪器进行曝光。

曝光完成即为整个透照过程结束，曝光后的胶片应及时进行暗室处理。

二、平板对接焊缝透照工艺

平板对接焊缝是最简单的焊缝，其透照条件和参数的选择如下。

（1）透照方式　单壁透照。

（2）焦距　必须大于标准规定的焦距最小值，具体数值的选择应考虑焦距对一次透照长度的影响和对曝光量的影响，不宜过大或过小。

（3）管电压　不得大于标准规定的最高管电压，具体数值查曝光曲线选定。

（4）一次透照长度　根据标准中透照厚度比 K 值规定计算允许的最大一次透照长度，然后结合工件和设备器材情况确定具体数值。

（5）胶片尺寸　胶片长度为一次透照长度加搭接长度，再加适当余量，胶片宽度为规格化的正常尺寸。

学习任务 7　胶片的暗室处理

暗室处理是将曝光后具有潜影的胶片变为可见影像底片的处理过程。包括显影、停显、定影、水洗和干燥五个程序。其中显影、停显和定影必须在暗室中进行。暗室内的安全光线为亮度适中的红色光线。暗室内必须有通风换气设施，防止室内温度过高和湿度过大而引起胶片变质。

1. 显影

其作用是把胶片中的潜像变成可见影像。产生显影作用的液体称为显影液，显影时应严格控制显影时间和显影液的温度。显影时间过长易使显影过度，底片黑度过大。显影时间过短，将导致黑度不足。一般显影时间为 4～6min。显影液温度高时显影速度快，影像反差增大；显影液温度低时显影速度慢，影像反差降低。显影液的温度为 (20±2)℃。

2. 停显

从显影液中取出胶片后，把胶片放到停显液中，使显影作用立即停止。胶片从显影液中拿出来时，胶片乳剂层中残留的显影液还可以继续显影从而造成显影过度。此外，碱性的显影液若被带入到酸性定影液中，会引起定影液浓度降低。一般的停显液可采用 3%～6%的醋酸溶液。

3. 定影

显影后的胶片中，影像虽然可见，但并不稳定。它受到光线作用仍会继续曝光而变黑，从而使整个影像损坏。定影的作用就是除去乳剂层中未感光的银盐而使底片的影像固定下来。另外，通过定影液的作用还可使底片胶膜硬化，胶膜不易损坏。

4. 水洗

胶片经显影、定影等化学反应后，必须进行充分的水冲洗处理，以除去胶膜上的残留物质。水洗时间一般在室温下用流动水冲洗 15～20min 即可。时间过长易使乳剂膜脱落。如水洗不充分，底片在保存过程中易发黄变质。

5. 干燥

干燥的目的是去除膨胀的乳剂层中的水分。干燥的方法有自然干燥和烘箱干燥两种。自然晾干需要 2～3h。用烘箱干燥仅需 15～20min。

第五模块　射线照相底片的评定

学习任务1　底片质量评定

射线照相法检测是通过射线底片上缺陷影像来反映焊缝内部质量的。底片质量的好坏直接影响对焊缝质量评价的准确性。因此，要求只有合格的底片才能作为评定焊缝质量的依据。底片的质量应符合 GB/T 3323—2005 标准中的有关规定。质量不符合要求的底片必须重新拍照。

1. 灵敏度检查

射线照相灵敏度用底片上像质计测定。目前国内广泛使用的是线型像质计，评价底片灵敏度的指标是像质计数值，它等于底片上能识别的最细金属丝的编号。灵敏度是射线照相底片质量的最重要指标之一，必须符合标准的要求。因此，底片上必须有像质计显示，且位置正确，被检测部位必须达到灵敏度要求。GB/T 3323—2005 标准规定了不同透照厚度和不同透照技术等级必须达到的像质计数值（见表 3-5）。

对底片的灵敏度检查包括：底片上是否有像质计影像，像质计型号、规格、摆放位置是否正确，能够观察到的金属丝像质计数值是多少，是否达到了标准规定的要求等。

2. 黑度检查

黑度是射线底片质量的一个重要指标。它直接关系到射线底片的照相灵敏度。GB/T 3323—2005 标准规定的底片黑度范围如表 3-8 所示。射线底片只有达到一定的黑度，细小缺陷的影像才能在底片上显露出来。黑度不能太小，所以标准规定了黑度的下限值；另一方面，受观片灯的限制，底片黑度又不能过大，所以标准又规定了底片黑度的上限值。

表 3-8　底片的黑度范围

等级	黑度①
A	≥2.0②
B	≥2.3③

① 测量允许误差为±0.1。

② 经合同各方商定，可降为 1.5。

③ 经合同各方商定，可降为 2.0。

射线底片的黑度可用黑度计直接在底片的规定部位测量，如图 3-33 所示。测量时，最大黑度一般在底片中部焊接接头热影响区位置（如 C、D），最小黑度一般在底片两端焊缝余高中心位置（如 A、B）。只有当有效评定区内各点的黑度均在规定的范围内，才能认为

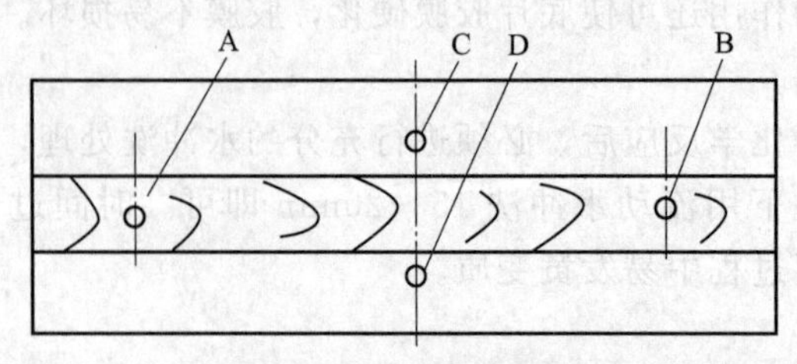

图 3-33　底片黑度测量位置

C，D—最大处；A，B—最小处

该底片黑度符合要求。

3. 标记检查

底片上的定位标记和识别标记应齐全，且不掩盖被检焊缝影像。一般标记距焊缝边缘不少于 5mm。

4. 底片表面质量检查

底片上被检焊缝影像应规整齐全，不可缺边或缺角。底片表面不应存在明显的机械损伤和污染。检验区内无伪缺陷。

5. 背散射检查

照相时，在暗盒背面贴附一个“B”铅字标记，观片时若发现在较黑背景上出现“B”字较淡影像，说明背散射严重，应采取防护措施重新拍照；若不出现“B”字或在较淡背景上出现较黑“B”字，则说明底片未受背散射影响，符合要求。

学习任务 2 底片缺陷影像的识别

底片上影像千变万化，形态各异，主要对以下两类缺陷进行识别：由于缺陷造成的缺陷影像；由于材料、工艺条件或操作不当造成的伪缺陷影像。

一、焊接缺陷在底片上的影像

1. 裂纹

底片上裂纹的典型影像是轮廓分明的黑线。其细节特征包括：线有微小的锯齿，有分叉，粗细和黑度有时有变化，线的端部尖细，端头前方有时有丝状阴影延伸，如图 3-34 所示。

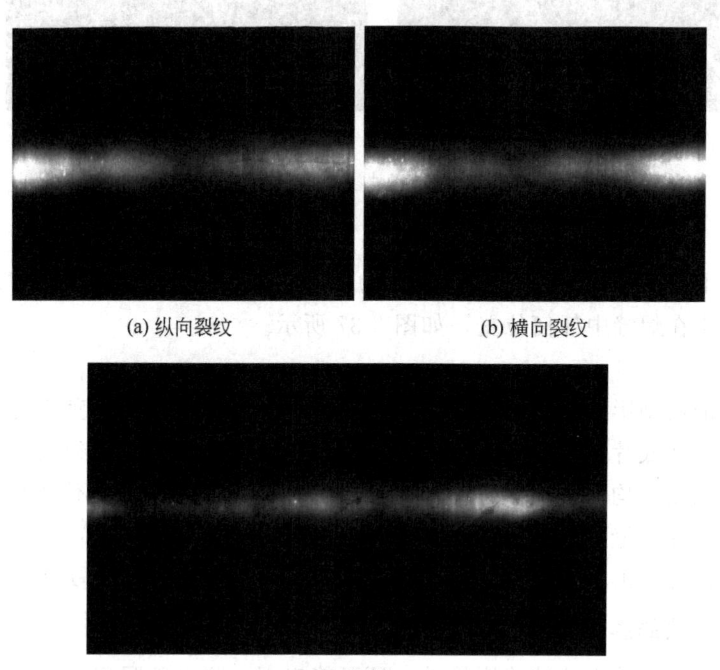

(a) 纵向裂纹　(b) 横向裂纹

(c) 星形裂纹

图 3-34　底片上裂纹的影像

2. 未焊透

未焊透的典型影像是细直黑线，两侧轮廓都很整齐。在底片上处于焊缝根部的投影位置，一般在焊缝中部，呈断续或连续分布，有时贯穿整张底片，如图 3-35 所示。

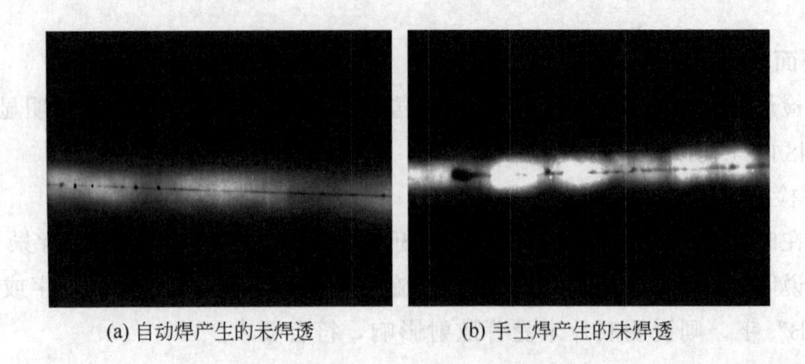

(a) 自动焊产生的未焊透　(b) 手工焊产生的未焊透

图 3-35　底片上未焊透的影像

3. 夹渣

非金属夹渣在底片上的影像是黑点、黑条或黑块，形状不规则，黑度变化无规律，轮廓不圆滑。非金属夹渣可能发生在焊缝中的任何位置，条状夹渣的延伸方向多与焊缝平行，如图 3-36 所示。

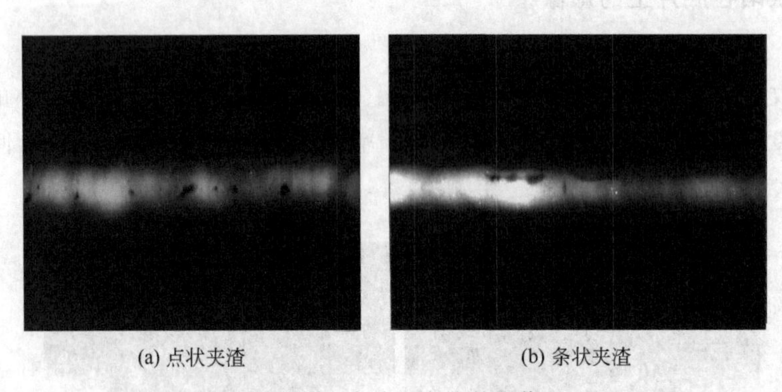

(a) 点状夹渣　(b) 条状夹渣

图 3-36　底片上夹渣的影像

4. 气孔

气孔在底片上的影像是黑色圆点，气孔的轮廓比较圆滑，其黑度中心较大，至边缘减小。气孔可以发生在焊缝中任何位置，如图 3-37 所示。

5. 未熔合

根部未熔合的典型影像是一条细直黑线，线的一侧轮廓整齐且黑度较大，另一侧可能规则也可能不规则。在底片上的位置是焊缝中间。坡口未熔合的典型影像是连续或断续的黑线，宽度不一，黑度不均匀，一侧轮廓较齐，黑度较大，另一侧轮廓不规则，黑度较小，在底片上的位置一般在焊缝中心至边缘的 1/2 处，沿焊缝纵向延伸。层间未熔合的典型影像是黑度不大的块状阴影，形状不规则，如伴有夹渣时，夹渣部位的黑度较大。

二、常见伪缺陷的影像

在焊缝射线底片上除上述缺陷影像外，还可能出现一些由于照相材料、工艺或操作不当在底片上留下的伪缺陷影像，应注意区分，避免将其按焊接缺陷处理而造成误判。几种常易发生的伪缺陷影像见表 3-9。

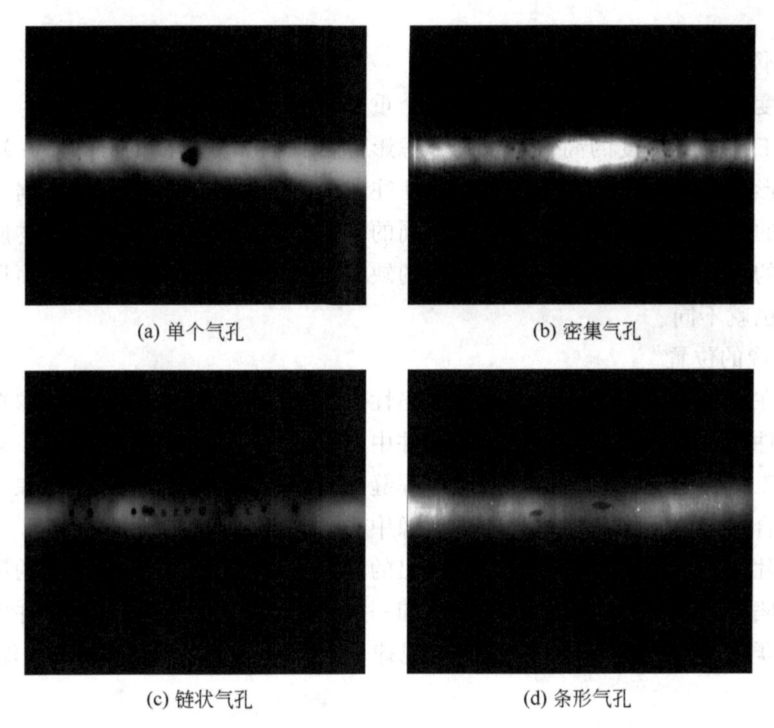

(a) 单个气孔 (b) 密集气孔

(c) 链状气孔 (d) 条形气孔

图 3-37 底片上气孔的影像

表 3-9 焊缝射线底片上常出现的伪缺陷及其原因

伪缺陷的种类	影像特征	可能的原因
胶片质量不好	细小霉斑区域,或普遍严重发灰	底片陈旧发霉或胶片存放不当或过期
暗室处理不当	底片角上、边缘上有雾或普遍严重发灰	暗盒封闭不严、漏光,红灯不安全
显影液沾染	暗黑色珠状影像	显影处理前溅上显影液滴
静电感光	黑色枝状条纹	胶片产生了静电感光
定影液沾染	点、条或成片区域的白影	显影前胶片沾染了定影液
划痕和压痕	黑度较大的点和线	局部受机械压伤或划伤
增感屏伪缺陷	淡色斑点区域	增感屏损坏或夹有纸片

三、缺陷的识别

对于射线底片上影像所代表的缺陷性质的识别，通常可从以下三个方面来进行综合分析与判断。

1. 缺陷影像的几何形状

影像的几何形状常是判断缺陷性质的最重要依据。分析缺陷影像几何形状时，一是分析单个或局部影像的基本形状；二是分析多个或整体影像的分布形状；三是分析影像轮廓线的特点。不同性质的缺陷具有不同的几何形状和空间分布特点。例如，气孔一般呈球状，在底片上呈黑色斑点。裂纹多为宽度很小、并且变化的缝隙，在底片上呈两头尖、中间宽的黑色线条等。

应注意的是，对于不同的透照布置，同一缺陷在射线底片上形成的影像的几何形状将会发生变化。例如，球形可能变成椭圆形，裂纹可能呈现为鲜明的细线，也可能呈现为模糊的片状影像等。

2. 缺陷影像的黑度分布

影像的黑度分布是判断缺陷性质的另一个重要依据。分析影像黑度特点时，一是考虑影像黑度相对于工件本身黑度的高低；二是考虑影像自身各部分黑度的分布。在缺陷具有相同或相近的几何形状时，影像的黑度分布特点往往成为判断缺陷性质的主要依据。

不同性质的缺陷，其内在性质往往是不同的。可以认为气孔内部不存在物质，夹渣是不同于工件材料的物质等。这种不同内在性质的缺陷对射线的吸收也不同，从而形成的缺陷影像的黑度分布也就不同。

3. 缺陷影像的位置

缺陷影像在射线底片上的位置是判断缺陷性质的又一重要依据。缺陷影像在底片上的位置是缺陷在工件中位置的反映，而缺陷在工件中出现的位置常具有一定规律，某些性质的缺陷只能出现在工件特定位置上。例如，对接焊缝的未焊透缺陷，其影像出现在焊缝影像中心线上；而未熔合缺陷的影像往往偏离焊缝影像中心。

以上是评片的基本方法和技巧。值得指出的是，正确地识别射线照片上的影像，判断影像所代表的缺陷性质，需要丰富的实践经验和一定材料及工艺方面的知识，并掌握焊接接头中主要的缺陷类型、缺陷形态和缺陷产生规律，有时还要配合其他试验才能得出正确的结论。

学习任务3 焊缝质量的评定

底片上的缺陷被确认后，下一步就是对照有关标准，评出焊接接头的质量等级。射线检测标准有多种，如国家标准、行业标准及国外标准等。现以 GB/T 3323—2005 标准为例，说明焊缝质量评定的方法。该标准适用于 2～200mm 母材厚度钢熔化焊对接接头的 X 射线和 γ 射线检测。

一、焊缝质量的分级规定

1. 级别划分

GB/T 3323—2005 标准根据缺陷性质、数量和大小将焊缝质量分为Ⅰ、Ⅱ、Ⅲ、Ⅳ四个等级，Ⅰ级质量最好，Ⅳ级质量最差。

2. 缺陷性质

GB/T 3323—2005 标准将焊缝中的缺陷分为五种：裂纹、未熔合、未焊透、夹渣、气孔。对夹渣和气孔按长宽比重新进行分类：长宽比大于 3 的为条形缺陷，长宽比小于或等于 3 的为圆形缺陷，它们可以是圆形、椭圆形、锥形或带有尾巴等不规则的形状，包括气孔、点状夹渣和夹钨。

3. 缺陷性质的评级规定

Ⅰ级焊接接头：应无裂纹、未熔合、未焊透和条形缺陷。

Ⅱ级焊接接头：应无裂纹、未熔合和未焊透。

Ⅲ级焊接接头：应无裂纹、未熔合以及双面焊和加垫板的单面焊中的未焊透。

Ⅳ级焊接接头：焊接接头中缺陷超过Ⅲ级者。

二、圆形缺陷的评定

1. 确定评定区

透照底片的大小按照焊件的不同而不同。因此，较大的底片可能包含的缺陷多，较小的底片可能包含的缺陷少。所以，以底片所显示的焊道某一局部区域内存在缺陷的多少作为圆形缺陷评定的范围，此范围即为评定区。评定区应选择在缺陷最严重的部位，其区域大小根据母材厚度来确定（见表 3-10）。

表 3-10　圆形缺陷评定区　mm

母材厚度 δ	≤25	＞25～100	＞100
评定区尺寸	10×10	10×20	10×30

2. 计算评定区内缺陷点数

当底片上圆形缺陷的长径不同时，评定时不能同等对待，因为越大的缺陷对焊缝危害程度也越大。所以，对不同长径的圆形缺陷，应按一定比例进行折算。圆形缺陷尺寸的折算方法按表 3-11 的规定。

表 3-11　缺陷点数算表

缺陷长径/mm	≤1	＞1～2	＞2～3	＞3～4	＞4～6	＞6～8	＞8
点数	1	2	3	6	10	15	25

但是应指出，并不是所有缺陷都要计算缺陷点数，对于满足表 3-12 规定要求的缺陷不计缺陷点数。

表 3-12　不计点数的缺陷尺寸　mm

母　材　厚　度	缺　陷　长　径
≤25	≤0.5
＞25～50	≤0.7
＞50	≤1.4%δ

3. 确定圆形缺陷的等级

计算出评定区域内缺陷点数总和，按表 3-13 来确定圆形缺陷的等级。

【例 3-2】 板厚为 20mm 的对接焊缝，在 10mm×10mm 评定区内有长径分别为 1mm、3mm、4mm 的三个圆形缺陷。此焊缝评为几级？

根据表 3-11 可查得其对应的缺陷点数分别为 1、3、6，评定区内缺陷点数总和为1＋3＋6＝10，查表 3-13 可知，该焊缝为Ⅲ级焊缝。

表 3-13　圆形缺陷的分级

评定区/mm		10×10			10×20		10×30
母材厚度/mm		≤10	＞10～15	＞15～25	＞25～50	＞50～100	＞100
质量等级	Ⅰ	1	2	3	4	5	6
	Ⅱ	3	6	9	12	15	18
	Ⅲ	6	12	18	24	30	36
	Ⅳ	缺陷点数大于Ⅲ级者					

注：表中的数字是允许缺陷点数的上限。

GB/T 3323—2005 标准对圆形缺陷的评定，还有如下一些特殊规定。

（1）出现缺陷长径大于 1/2δ 的圆形缺陷时，评为Ⅳ级。

（2）当缺陷与评定区边界相接时，应把它划为该评定区内计算点数。

（3）对于Ⅰ级焊缝和母材厚度小于或等于 5mm 的Ⅱ级焊缝，不计点数的圆形缺陷在评定区内不得多于 10 个。

三、条状夹渣的评定

1. 单个条状夹渣的等级评定

当底片上存在单个条状夹渣时，以夹渣长度确定其等级。

（1）条状夹渣长度占板厚的比值　条状夹渣长度对不同板厚的工件危害程度不同，一般较厚的工件允许较长的条状夹渣存在，较薄的工件则要求较短的条状夹渣存在。因此标准规定，用条状夹渣长度占板厚的比值来进行等级评定。从表 3-14 可以看出，当存在条状夹渣时，不能评为Ⅰ级焊缝；条状夹渣长度小于或等于 1/3δ 时，评为Ⅱ级；条状夹渣长度大于 1/3δ 而小于或等于 2/3δ 时，评为Ⅲ级；条状夹渣长度大于 2/3δ 时，评为Ⅳ级。

【例 3-3】 透照板厚为 20mm 的对接焊缝，底片上发现一条长度为 8mm 的条状夹渣，应评为几级？

解　8mm 条状夹渣超过了 1/3δ(6.7mm)，但小于 2/3δ(13.4mm)，所以应评为Ⅲ级。

（2）条状夹渣长度的最小允许值　从表 3-14 可知，Ⅱ级焊缝条状夹渣长度的最小允许值为 4mm，Ⅲ级焊缝为 6mm，以避免对薄板要求过高的倾向。当底片上存在单个条状夹渣长度小于最小允许值时，应按最小允许值的规定进行评定等级，而不能按单个条状夹渣长度与板厚的比值评定等级。

表 3-14　条状夹渣的分级　mm

质量等级	单个条状夹渣长度		条状夹渣总长
	板厚 δ	夹渣长度	
Ⅱ	δ≤12	4	在任意直线上，相邻两夹渣间距均不超过 6L 的任何一组夹渣，其累计长度在 12δ 焊缝长度内不超过 δ
	12<δ<60	1/3δ	
	δ≥60	20	
Ⅲ	δ≤9	6	在任意直线上，相邻两夹渣间距均不超过 3L 的任何一组夹渣，其累计长度在 6δ 焊缝长度内不超过 δ
	9<δ<45	2/3δ	
	δ≥45	30	
Ⅳ	大于Ⅲ级者		

注：表中 L 为该组夹渣中最长者的长度。

【例 3-4】 透照板厚为 10mm 的对接焊缝，在底片上发现长度为 4mm 的单个条状夹渣，应评为几级？

解　Ⅱ级焊缝中单个条状夹渣最小允许长度为 4mm，因此该焊缝应评为Ⅱ级。

（3）条状夹渣长度的最大允许值　从表 3-14 可知，Ⅱ级焊缝条状夹渣长度的最大允许值为 20mm，Ⅲ级焊缝为 30mm，以避免按条状夹渣与板厚比值确定时，使厚板焊缝中存在过长夹渣的可能。当底片上存在单个条状夹渣长度大于最大允许值时，应按最大允许值的规定进行评定等级，而不能按单个条状夹渣长度与板厚的比值评定等级。

【例 3-5】 透照板厚为 100mm 的对接焊缝，在底片上发现长度为 30mm 的单个条状夹渣，应评为几级？

解 Ⅱ级焊缝中单个条渣最大允许长度为20mm，因此该焊缝应评为Ⅲ级。

2. 断续条状夹渣的评定

如果在底片上不是单个条状夹渣，而是由几段相隔一定距离的条状夹渣组成，应从单个夹渣长度、夹渣间距以及夹渣总长三方面进行评定。评定步骤如下。

（1）对每个条状夹渣进行评定，计算每个条状夹渣长度符合哪一级的规定。

（2）按照相邻条状夹渣间距的规定计算条状夹渣的总长。

从表3-14可知，当相邻两夹渣间距小于或等于$6L$时，其累计长度在12δ焊缝长度内不超过δ时，为Ⅱ级焊缝；当相邻两夹渣间距小于或等于$3L$时，其累计长度在6δ焊缝长度内不超过δ时，为Ⅲ级焊缝。

【例3-6】 如图3-38所示，焊缝板厚为24mm，三条夹渣的长度分别为5mm、10mm、4mm。该焊缝评为几级？

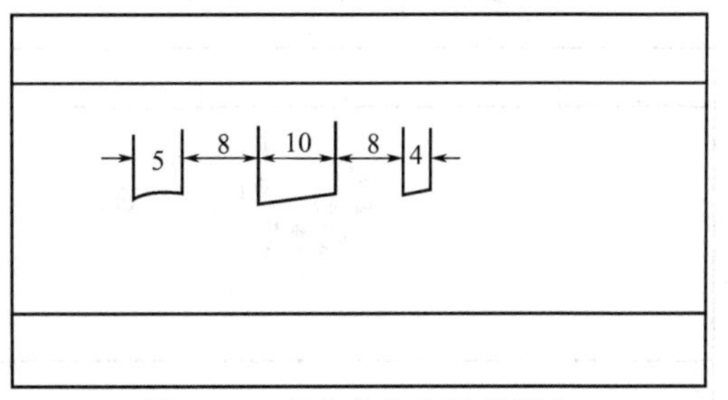

图3-38 断续条状夹渣的评定

解 评定单个条形缺陷长度。按表3-14规定可将5mm和4mm的条形缺陷评为Ⅱ级，而10mm长的条形缺陷已经超过$1/3\delta$，且未超过$2/3\delta$，可评为Ⅲ级。因此，按单个条形缺陷长度评定，应评为Ⅲ级。因最长条形缺陷的长度为10mm，故条形缺陷间距$3L=30$mm，相邻条形缺陷间距均未超过30mm。计算条形缺陷总长度为$5+10+4=19$mm，未超过板厚，故评为Ⅲ级。该焊缝应评为Ⅲ级。

四、未焊透的评定

GB/T 3323—2005标准对焊缝未焊透的评定规定如下。

（1）不加垫板的单面焊中未焊透的允许长度，应按表3-14中的Ⅲ级评定。

（2）角焊缝的未焊透是指角焊缝的实际熔深未达到理论熔深值，应按表3-14中的Ⅲ级评定。

（3）设计焊缝系数小于或等于0.75的钢管根部未焊透的分级见表3-15。

表3-15 未焊透的分级

质量等级	未焊透深度		长度/mm
	占壁厚的百分数/%	深度/mm	
Ⅱ	≤15	≤1.5	≤10%周长
Ⅲ	≤20	≤2.0	≤15%周长
Ⅳ	大于Ⅲ级者		

五、根部内凹和根部咬边评定

钢管根部内凹和根部咬边缺陷的分级见表3-16。

表3-16 根部内凹和根部咬边缺陷的分级

质量等级	根部内凹或根部咬边的深度		长度/mm
	占壁厚的百分数/%	深度/mm	
Ⅰ	≤10	≤1	不限
Ⅱ	≤20	≤2	
Ⅲ	≤25	≤3	
Ⅳ	大于Ⅲ级者		

六、缺陷的综合评级

焊缝中产生的缺陷往往不是单一的，因而反映到底片上可能同时有几种缺陷。当底片上同时存在几种缺陷时，其评定方法如下：在圆形缺陷评定区内，同时存在圆形缺陷和条形缺陷（或未焊透、根部内凹和根部咬边）时，应各自评级，将两种缺陷所评级别之和减 1（或三种缺陷所评级别之和减 2）作为最终级别。当底片存在裂纹、未熔合等缺陷时，不必进行综合评级，因为此焊缝只能评为Ⅳ级。

【例 3-7】 如图 3-39 所示焊缝，其厚度为 30mm，该焊缝评为几级？

解 按条状夹渣单独评为Ⅱ级，按圆形缺陷单独评为Ⅱ级，综合两种缺陷后评级：2+2−1=3，此焊缝最后评级为Ⅲ级。

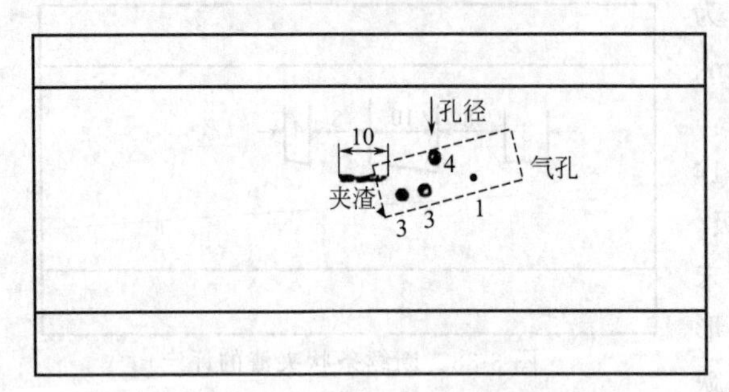

图 3-39 焊缝的综合评级

一般来说，根据产品要求，每种产品在设计中都规定了射线检测的合格级别。例如，我国对蒸汽锅炉规定：对于额定蒸汽压力大于 0.10MPa 的锅炉，对接焊缝的质量不低于Ⅱ级；对于额定蒸汽压力小于或等于 0.10MPa 的锅炉，对接接头的质量不低于Ⅲ级。

当焊缝的质量级别不符合设计要求时，焊缝质量评为不合格。不合格焊缝必须进行返修。返修后，重新进行射线检测，经再检测满足设计要求，此焊缝才算合格。

学习任务 4 射线检测报告与底片的保存

射线照相检验后，评片人员应对检验结果及有关事项进行详细记录并出具检验报告（见图 3-40、图 3-41）。其主要内容包括：产品情况、检验部位、检验方法、透照工艺条件规范、缺陷名称、评定等级、返修情况和透照日期等。检测底片、原始记录和检验报告必须妥善保存。一般保存 5 年以上。

委托单位：　　　　检测时间：　　　　记录编号：

工件名称		材质		工件规格		仪器型号		检测标准	
透照部位简图									
底片编号	工件厚度	电压	曝光量	焦距	底片等级	缺陷性质	返修记录	灵敏度	备注

操作：　　　暗室：　　　评片：　　　校核：　　　时间：

图 3-40 射线检测记录

委托单位： 检测时间： 报告编号：

工件名称		材质		工件规格		仪器型号		检测标准	
增感方式		检验比例		显影时间		定影时间		质量验收标准	
透照部位简图									
底片编号	工件厚度	电压	曝光量	焦距	底片等级	缺陷性质	返修记录	灵敏度	备注
结论：									

操作： 评片： 签发： 时间：

图 3-41 射线检测报告

第六模块 射线的安全防护

学习任务1 射线对人体危害的基本知识

一、射线对人体的危害

射线对人体是有危害的，危害作用随射线剂量的不同、照射部位的不同以及射线对人体的作用（穿透或表面辐射）的不同而异。当人体的有机组织受少量射线照射时，其作用并不显著，有机组织能迅速恢复正常。但在受到大剂量照射或连续超过允许剂量照射时，将会在人体有机组织内引起严重病变，甚至造成死亡。

二、剂量的基本概念

1. 照射量

照射量是表征 X 射线和 γ 射线对空气电离本领的物理量。照射量用 P 表示，其 SI 单位为 C/kg。沿用的专用单位为伦琴，用字母 R 表示。$1R=2.58\times10^{-4}C/kg$。照射量不能作为剂量的度量单位，因为当射线与物质相互作用时，照射量不能反映被照射物质实际吸收射线能量的多少。

2. 吸收剂量

射线与物质的作用过程实际是射线的能量传递给了物质，即物质吸收了能量。如果被照物体是生物，将引起生物效应，生物效应的大小与吸收能量的多少有密切关系，吸收的能量越多，生物效应就越厉害。吸收剂量就是衡量物质吸收射线能量的多少，单位为 J/kg，也称戈瑞。

3. 剂量当量

由于不同的辐射和照射条件，即使吸收剂量相同，所产生的生物损伤程度也是不同的。为了统一衡量和评价不同类型的辐射，以及在不同的照射条件下对生物的照射所引起的危害，在射线防护中引入剂量当量。剂量当量为吸收剂量、辐射种类修正系数与照射方式所对应的修正系数三者之积，专用单位为雷姆（rem）。对于X射线和γ射线体外照射，其辐射种类修正系数均为1。在一般的防护标准中，都采用剂量当量作为剂量限制量。

4. 剂量率

人体吸收的射线剂量大小与被照射的时间长短有关，单位时间内所吸收的剂量称为剂量率，单位为rem/h或mrem/h等。

三、我国现行的放射防护标准

由于射线对人体可产生危害，但不能因此完全摒弃对射线放射性的应用，所以我国颁发了《放射卫生防护基本标准》(GB 4792—1984)。该标准规定了人体允许接受的最大剂量当量，这样的剂量当量称为最高允许剂量当量。它是根据射线对人体伤害的资料和对动物进行实验的结果而确定的。从现有的知识水平来看，这样大的辐射剂量，在人的一生中不会引起人体的显著损伤。最高允许剂量当量是内外照射剂量的总和，可以较长时间的积累计量计算，也可以一次照射的计量计算。

在GB 4792—1984标准中，规定职业检测人员每年最高允许剂量当量为5rem，而终生累计照射剂量当量不得超过250rem。

从事射线检测人员，应当对自己承受的射线剂量是否安全给以足够重视。为此必须经常测量工作场所的射线剂量，检测场地常用剂量仪进行监测。

学习任务2 射线的防护方法

为使工作场所的剂量水平降到允许水平之下，应采取防护措施。对工业检测用X射线和γ射线外照射的防护方法有三种，即屏蔽防护、距离防护和时间防护。

1. 屏蔽防护

屏蔽防护是最重要的防护手段。它是利用在射线源与检测人员及其他邻近人员之间加上有效合理的屏蔽物来防止射线的一种方法。屏蔽效果主要取决于屏蔽材料及其厚度，屏蔽材料一般由原子序数大的物质制成。

屏蔽防护应用很广，如射线检测机衬铅，射线发生器用遮光器，现场使用的流动铅房和建立固定曝光室的钡水泥墙壁等。应该注意检测室的门缝及孔道的泄漏等实际中比较普遍存在的问题，必须妥善处理，原则上不留直缝、直孔，采用阶梯也不要太多。

2. 距离保护

在进行野外或流动性检验时，利用距离防护射线是极为经济有效的方法。若距离X射线管阳极靶的距离 R_1 处的射线剂量率为 P_1，在同一径向距离 R_2 处的剂量率为 P_2，则有

$$\frac{P_1}{P_2}=\frac{R_2^2}{R_1^2}$$

$$P_2=P_1\frac{R_1^2}{R_2^2} \tag{3-11}$$

式(3-11)表明，射线剂量率与距离平方成反比。增大距离 R_2，对该处的剂量率 P_2 的降低是十分显著的。因此，在没有防护物或防护层厚度不够时，利用增大距离的方法同样能

够达到防护目的。

在实际检测中，究竟采用多远距离安全，应当用剂量仪进行测量。当该处射线剂量率低于规定的最大允许剂量率时，可视为安全。

3. 时间防护

在可能的情况下，尽量减少接触射线的时间也是防护方法之一。因为人体所接受的射线总剂量与辐射源接触的时间成正比，即

$$H=P_1t \tag{3-12}$$

式中 H——总剂量当量，mrem；

P_1——剂量率，mrem/h；

t——接触时间，h。

如果要保证检测人员每天实际接受射线剂量当量不大于 17.4mrem（GB 4792—1984），则下式成立：

$$P_1t \leqslant 17.4 \quad 即\ t \leqslant 17.4/P_1 \tag{3-13}$$

显然，P_1 大则时间 t 就应该小，即在一天内实际工作时间要短。如果在较大剂量情况下拍片，可以用控制拍片张数来保证检测人员在一天内不超过规定的最大允许剂量当量。

应该注意，为了更好地进行防护，实际检测中往往是三种防护方法同时使用。

学习任务 3 透照现场的安全

在一般工厂条件下，很大一部分的工作是透照固定的设备和各种结构的部件，这种透照对象中最常遇到的是锅炉、船体以及起重或运输设备等的焊缝。所有上述的对象可以在工地上，也可以在车间中进行检查，而且最好在无人或很少有人的地方进行检查。如果在工作人数很多的工地上或车间内进行透照时，在危险区边缘要设置明显警戒标志，防止他人误入。例如，用三角小红旗围起来，上面写带有警告性的字样或用几块警告牌置于安全距离处，操作人员要保持安全距离，选择散射小的方向，并尽量利用屏蔽物防护。

在实验室中进行透照的，一般是较小的焊接件，因此工件和射线检测设备均可在有利于防护的适当位置固定下来，同时实验室又有围壁和外界隔绝，所以对防护的范围来说，在实验室中的条件较工地或车间为优，但也不能忽视射线防护。为了保证工作中最大限度的安全，室内射线机房门应有指示灯和与机器的联锁装置，防止意外事故发生。另外，实验室内应具有通风设备，通风的入气孔和出气孔应设置在适宜的地方，保证整个室内的容积都有良好的通风。室内用具，包括清扫工具都必须作为专用工具，禁止他人动用。

值得指出，在检测工作过程中，操作人员必须使用各种防护品，以免遭受无谓损伤。绝对禁止在进行检测工作的场所进食、吸烟和储藏食品。工作完毕后应彻底洗手，并在任何时间内都应注意将手指甲修短。

第七模块 射线检测实训项目

实训项目1 板件对接焊缝 X 射线检测

1. 实训目的

（1）正确选择板件对接焊缝射线检测透照方法。

（2）正确选择相关检测设备和曝光条件。

（3）熟悉仪器的使用及现场射线检测操作。

（4）掌握曝光后胶片的暗室处理方法。

2. 实训设备和器材

对接钢板（300mm×300mm×12mm）一块、X射线机一台、胶片、暗袋、像质计、铅字、增感屏、金属直尺等。

3. 实训步骤

（1）透照工艺条件的选择 包括管电压、焦距、曝光时间、一次透照长度、最少透照次数、搭接长度以及胶片长度规格的选用等。

（2）现场操作：包括划线、像质计以及各种标记的摆放、贴片、曝光等。

（3）暗室处理。

（4）完成实训报告，如工件编号、底片编号、摄片部位（可用简图表示）、摄片条件等。

4. 分析与讨论

（1）讨论选择透照工艺条件时，焦距和电压对灵敏度的影响。

（2）讨论板材厚度对钢板对接焊缝透照方法选择的影响。

实训项目2 底片质量的评定及缺陷分析

评片工作是射线探伤非常重要的一项工作。正确判断底片，能够预防不可靠工件转入下道工序，防止材料和工时的浪费，并能指导和改进被检工件的生产制造工艺。评片也是射线探伤的关键环节，是对射线照相、底片冲洗等工作的检验和评判。评片应在专用评片室内进行，评片室内光线应暗淡，但不全暗，室内照明用光不得在底片表面产生反射。

1. 实训目的

（1）通过评片了解X射线检测应用的重要性。

（2）通过底片初步辨认焊缝中的各种缺陷。

（3）通过评片了解焊缝质量评级的规定。

2. 实训设备和器材

底片观察灯、黑度计、放大镜、各种底片若干张、金属直尺、遮光板、记号笔、手套等。

3. 实训步骤

（1）接通观察灯，插上各种底片，进行灵敏度的检查。

（2）黑度的测量。

（3）标记的检查。

（4）背散射的检查。

（5）伪缺陷的检查。

（6）焊缝处缺陷的检查，并加以比较、区别。

（7）将评定和分析记录全部填入测试报告。

（8）按GB/T 3323—2005标准对被检测工件进行质量评定。

4. 分析与讨论

（1）评片环境对底片观察有何影响？

（2）评片过程中应注意哪些事项？

【单元综合练习】

一、选择题

1. 射线通过物质时的衰减取决于______。

A. 物质的原子序数、密度和厚度　　B. 物质的弹性模量

C. 物质的泊松比　　D. 物质的晶粒度

2. 产生X射线的一般方法是在高速电子的运动方向上设置一个障碍物，使高速电子在这个障碍物上突然减速，这个障碍物称为________。

A. 阳极　　B. 阴极　　C. 靶　　D. 灯丝

3. X射线的穿透能力取决于________。

A. 管电流　　B. 管电压　　C. 曝光时间　　D. 焦点尺寸

4. 射线照相难以检出的缺陷是________。

A. 未焊透和裂纹　　B. 气孔和未熔合　　C. 夹渣和咬边　　D. 分层和折叠

5. 射线照相法对哪一种焊接方法不适用________。

A. 气焊、电渣焊　　B. 气体保护焊、埋弧焊

C. 手工电弧焊、等离子弧焊　　D. 摩擦焊、钎焊

6. 以下哪些材料的熔化焊对接焊缝适宜使用射线照相法检测________。

A. 钢和不锈钢　　B. 钛及钛合金　　C. 铝及铝合金　　D. 以上都适宜

7. 以下关于射线照相特点的叙述，哪些是错误的________。

A. 判定缺陷性质、数量、尺寸比较准确　　B. 检测灵敏度受材料粒度的影响较大

C. 成本较高，检测速度不快　　D. 射线对人体有伤害

8. X射线管的阳极靶最常用的材料是________。

A. 铜　　B. 钨　　C. 铍　　D. 银

9. X射线机技术性能指标中，焦点尺寸是一项重要指标，焦点尺寸是指________。

A. 靶的几何尺寸　　B. 电子束的直径　　C. 实际焦点尺寸　　D. 有效焦点尺寸

10. X射线中轰击靶产生X射线的高速电子的数量取决于________。

A. 阳极靶材料的原子序数　　B. 阴极靶材料的原子序数

C. 灯丝材料的原子序数　　D. 灯丝的加热温度

11. X射线管对真空度要求较高，其原因是________。

A. 防止电极材料氧化　　B. 使阴极与阳极之间绝缘

C. 使电子束不电离气体而容易通过　　D. 以上三者均是

12. 决定X射线机工作时间长短的主要因素是________。

A. 工作电压的大小　　B. 工作电流的大小

C. 工件厚度的大小　　D. 阳极冷却速度的大小

13. 大焦点X射线机与小焦点X射线机相比，其特点是________。

A. 射线的能量低，穿透力小　　B. 射线不集中，强度小

C. 照相黑度不易控制　　D. 照相清晰度差

14. X射线管中，电子轰击靶时能量转换的主要形式是产生________。

A. 连续X射线　　B. 标识X射线　　C. 短波长X射线　　D. 热

15. X射线管中轰击靶的电子运动的速度取决于________。

A. 靶材的原子序数　　B. 管电压　　C. 管电流　　D. 灯丝电压

16. 保持射线胶片的环境相对湿度应为________。

A. 10%～25%　　B. 50%～65%　　C. 70%～85%　　D. 越干燥越好

17. 胶片分类的依据主要是________。

A. 梯度和颗粒度　　B. 感光度和颗粒度

C. 感光度和梯度　　D. 灰雾度和宽容度

18. 铅箔增感屏的主要优点是________。

A. 可加速胶片感光同时吸收部分散射线　　B. 可提高照相清晰度

C. 可减少照相颗粒度　　D. 以上都是

19. 射线照相中，使用像质计的主要目的是________。

A. 测量缺陷大小　　B. 评价底片灵敏度　　C. 测定底片清晰度　　D. 以上都是

20. 从可检出最小缺陷的意义上说，射线照相灵敏度取决于________。

A. 底片成像颗粒度　　B. 底片上缺陷图像不清晰度

C. 底片上缺陷图像对比度　　D. 以上都是

21. 射线底片上缺陷轮廓鲜明的程度称为________。

A. 主因对比度　　B. 颗粒度　　C. 清晰度　　D. 胶片对比度

22. 几何不清晰度也可称为________。

A. 固有不清晰度　　B. 几何放大　　C. 照相失真　　D. 半影

23. 下列四种因素中，不能减小几何不清晰度的因素是________。

A. 射线源到胶片的距离　　B. 胶片到工件的距离

C. 射线源的强度　　D. 射线源的尺寸

24. 减小几何不清晰度的方法是________。

A. 选用焦点较大的射线源　　B. 使用感光速度较快的胶片

C. 增大射线源到胶片的距离　　D. 增大工件到胶片的距离

25. 为了提高透照底片的清晰度，选择焦距时，应该考虑的因素是________。

A. 射线源的尺寸，射线源的强度，胶片类型　　B. 工件厚度，胶片类型，射线源类型

C. 射线源强度，胶片类型，增感屏类型　　D. 射线源尺寸，几何不清晰度，工件厚度

26. 下列因素中对底片的清晰度无任何影响的是________。

A. 射线源的焦点尺寸　　B. 增感屏的类型　　C. 射线源的能量　　D. 底片的黑度

27. 决定缺陷在射线透照方向上可检出最小厚度差的因素是________。

A. 对比度　　B. 不清晰度　　C. 颗粒度　　D. 以上都是

28. 胶片与增感屏贴合不紧，会明显影响射线照相的________。

A. 对比度　　B. 不清晰度　　C. 颗粒度　　D. 以上都是

29. 以下关于考虑总的不清晰度的焦距最小值的叙述，哪一条是错误的________。

A. 焦距最小值随射源尺寸的增大而增大

B. 焦距最小值随固有不清晰度的增大而增大

C. 焦距最小值随工件厚度的增大而增大

D. 应用焦距最小值的同时应考虑限制射线能量不能过高

30. 射线检测时，在底片暗盒和底部铅板之间放一个一定规格的“B”字铅符号，如果经过处理的底片上出现“B”的亮图像，则认为________。

A. 这一张底片对比度高，像质好

B. 这一张底片清晰度高，灵敏度高

C. 这一张底片受正向散射影响严重，像质不符合要求

D. 这一张底片受背向散射影响严重，像质不符合要求

31. 曝光因子中的管电流、曝光时间和焦距三者的关系是________。

A. 管电流不变，时间与焦距的平方成反比

B. 管电流不变，时间与焦距的平方成正比

C. 焦距不变，管电流与曝光时间成正比

D. 曝光时间不变，管电流与焦距成正比

32. 控制透照厚度比 K 值的主要目的是________。

A. 提高横向裂纹检出率　　B. 减小几何不清晰度

C. 增大厚度宽容度　　D. 提高底片对比度

33. 曝光因子表达了以下几个参数的相互关系________。

A. 管电流、管电压、曝光时间　　B. 管电压、曝光量、焦距

C. 管电流、曝光时间、焦距　　D. 底片黑度、曝光量、焦距

34. 显影的目的是________。

A. 使曝光的金属银转变为溴化银　　B. 使曝光的溴化银转变为金属银

C. 去除未曝光的溴化银　　D. 去除已曝光的溴化银

35. 在定影操作时，定影时间一般为________。

A. 20min　　B. 底片通透即可　　C. 通透时间的 2 倍　　D. 30min

36. 射线的生物效应，与下列因素有关________。

A. 射线的性质和能量　　B. 射线的照射量　　C. 肌体的吸收剂量　　D. 以上都是

二、判断题（正确的打“√”，错误的打“×”）

(　　) 1. X 射线强度越高，其能量就越大。

(　　) 2. X 射线机中的焦点尺寸应尽可能大，这样发射的 X 射线能量大，同时也可防止靶过分受热。

(　　) 3. 对 X 射线机进行训练的目的是为了排除绝缘油中的气泡。

(　　) 4. 铅增感屏除有增感作用外，还有减少散射线的作用，因此在射线能穿透的前提下，应尽量选用较厚的铅屏。

(　　) 5. 用增大射源到胶片距离的办法可降低射线照相固有不清晰度。

(　　) 6. 减小几何不清晰度的途径之一，就是使胶片尽可能地靠近工件。

(　　) 7. 利用阳极侧射线照相得到的底片的几何不清晰度比阴极侧好。

(　　) 8. 对比度、清晰度、颗粒度是决定射线照相灵敏度的三个主要因素。

(　　) 9. 射线的能量同时影响照相的对比度、清晰度和颗粒度。

(　　) 10. 在常规射线照相检验中，散射线是无法避免的。

(　　) 11. 胶片在显影液中显影时，如果不进行任何搅动，则胶片上每一部位都影响紧靠在它们下方部位的显影。

(　　) 12. 只要严格遵守辐射防护标准关于剂量当量限值的规定，就可以保证不发生辐射损害。

三、简答题

1. 画图说明 X 射线管的内部结构，并简述各部分的作用。
2. X 射线管的真空度一般要求多高？气体对 X 射线管有什么危害？
3. X 射线管真空度不够时有什么现象？
4. X 射线机长期不用或更换新管后，为什么要训练后才能使用？
5. 金属增感屏有哪些作用？哪些金属材料可用作增感屏？
6. X 射线管的阳极冷却方式有几种？冷却有什么重要性？
7. 影响射线照相影像质量的因素有哪些？
8. 什么是固有不清晰度？固有不清晰度大小与哪些因素有关？
9. 什么是几何不清晰度？其主要影响因素有哪些？
10. 为什么射线检测标准要规定底片黑度的上下限？
11. 为什么说像质计灵敏度不能等于缺陷灵敏度？
12. 什么是曝光因子？
13. 选择透照焦距时应考虑哪些因素？
14. 焊缝透照方式分为几种？
15. 各类焊接缺陷在底片上反映的主要特征是什么？

16. GB/T 3323—2005是按什么原则来分级的？哪一级要求最高？

17. 板厚为46mm的焊缝，底片长度为250mm，当在此范围内发现有5mm、6mm和10mm三个条状夹渣，间距均小于30mm，则该底片的焊缝评为几级？

18. 当焊缝中存在两种缺陷时，其质量等级如何评定？

19. 胶片的暗室处理包括哪几个步骤？

20. 曝光曲线有哪些固定条件和变化参量？

21. 简述射线防护的三大方法。

22. 我国辐射防护标准对剂量当量限值有哪些规定？

第四单元　超声波检测

学习目标

通过本单元的学习，第一，了解超声波检测的基础知识，熟悉各种规则反射体回波声压的规律；第二，了解超声波检测的设备，熟悉超声波检测仪和探头性能的测定方法；第三，了解超声波检测的一般工艺，掌握对接焊缝超声波检测工艺及焊缝质量的评定方法，并能够按照相关标准对焊缝质量作出评定。

第一模块　超声波检测的基础知识

学习任务1　超声波的主要特征参数

超声波是频率大于20000Hz的机械波。频率在20～20000Hz之间的机械波为可闻声波，频率小于20Hz的机械波为次声波。次声波和超声波都不可闻。描述超声波在介质中传播的主要物理量包括波长（λ）、频率（f）、波速（c）。

1. 波长（λ）

同一波线上相邻两振动相位相同的质点间的距离，称为波长，用λ表示，单位为m。

2. 频率（f）

波动过程中，任一给定点在1s内所通过的完整波的个数，称为频率，用f表示，单位为赫兹（Hz）。

3. 波速（c）

波在单位时间内所传播的距离称为波速，用c表示，单位为m/s。

由波速、波长和频率的定义可得：

$$c=\lambda f \tag{4-1}$$

由式（4-1）可知，波长与波速成正比，与频率成反比。当频率一定时，波速越大，波长就越长；当波速一定时，频率越低，波长就越长。

在同一金属材料中，纵波、横波和表面波的波速各不相同。纵波速度最快，横波速度次之，表面波速度最慢。因此，同一频率在同一介质中纵波的波长最长，横波次之，表面波最短。由于探测缺陷的分辨力（超声波分辨相邻缺陷的能力）与波长有关，波长短的分辨力高，因此表面波的探测分辨力优于横波，横波优于纵波。

相关链接

超声波检测的主要优点：

① 作用于材料的超声强度足够低，最大作用应力远低于弹性极限；

② 可用于金属、非金属、复合材料制件的无损评价；

③ 对确定内部缺陷的大小、位置、取向、埋深、性质等参量较之其他无损方法

有综合优势；

④ 仅需从一侧接近试件；

⑤ 设备轻便，对人体及环境无害，可进行现场检测；

⑥ 所用参数设置及有关波形均可存储供以后调用。

超声波检测的主要局限性：

① 对材料及制件缺陷作精确的定性，定量表征仍需作深入研究；

② 为使超声波能以常用的压电换能器为声源进入试件一般需用耦合剂；

③ 对试件形状的复杂性有一定限制。

学习任务2 超声场的特征值

充满超声波的空间称为超声场。超声场具有一定的空间和形状，只有当缺陷位于超声场内时，才有可能被发现。描述超声场的物理量主要有声压（p）、声强（I）及声阻抗（Z）。

1．声压（p）

超声场中某一点在某一时刻所具有的压强与没有超声波存在时的静态压强之差，称为该点的声压，用 p 表示，单位为 Pa。

超声场中某一点的声压随时间和该点至波源的距离按正弦函数周期性地变化。声压值以声压的幅值表示。声压的幅值与介质的频率成正比。因为超声波的频率很高，因此超声波的声压远大于声波的声压。

在超声波检测中，声压是一个很重要的物理量。因为在检测中缺陷的大小和位置主要依据的是检测仪示波屏上的波高，而波高与声压成正比。

2．声强（I）

单位时间内垂直通过单位面积的声波强度称为声强，用 I 表示，单位为 W/cm^2。

超声波的声强与频率的平方成正比。而超声波的频率远大于声波，因此超声波的声强也远大于声波的声强，这是超声波能用于检测的重要原因。

3．声阻抗（Z）

超声场中任一点的声压与该处质点振动速度之比为声阻抗，用 Z 表示，单位为 $g/(cm^2 \cdot s)$。

声阻抗（Z）可理解为介质对质点振动的阻碍作用，它是表征介质声学性质的重要物理量。超声波在两种介质组成的界面上的反射和透射情况与两种介质的声阻抗密切相关。

学习任务3 超声波的类型

超声波如同声波一样，有不同的波型。超声波通过介质时，根据介质质点的振动方向与波的传播方向不同，可将超声波分为纵波、横波、表面波和板波等。

1．纵波（L）

声波在介质中传播时，介质质点的振动方向和波的传播方向相同的波，称为纵波。它能在固体、液体和气体中传播。

在工程技术上，纵波的产生和接收都比较容易，因此在工业检测和其他领域都得到较广泛的应用。

2．横波（S）

声波在介质中传播时，介质质点的振动方向和波的传播方向相互垂直的波，称为横波。由于介质质点传播横波是通过交变的切应力作用，而液体、气体没有剪切弹性就不能传播横波。故横波只能在固体中传播。

利用横波检测有其独特的优点，诸如灵敏度较高，分辨率较好等，在检测中常用于焊缝及纵波难以探测的场合，应用也比较广泛。

3. 表面波（R）

仅在固体表面传播且介质表面质点作椭圆运动的声波，称为表面波。表面波的能量随深度的增加而迅速减弱。在一般检测中，认为沿材料表面深度方向的有效距离为两个波长的范围。在实际检测中，表面波常用来检验工件表面裂纹及渗碳层或覆盖层的表面质量。

4. 板波

在板厚与波长相当的薄板状固体中传播的波，称为板波。在检测中板波主要用于探测薄壁管内分层、裂纹等缺陷，另外还用于探测复合材料的粘接质量。

综上所述，由于金属介质中能够通过不同传播速度的不同波，因此对金属进行检测时必须选定所需超声波类型，否则会使回波信号发生混乱而得不到正确的检测结果。

学习任务 4 分贝的概念

在生产和科学实验中，声强的数量级往往相差悬殊，如引起听觉的声强范围为 10^{-16}～10^{-4} W/cm²，最大值与最小值相差 12 个数量级，显然采用绝对量来度量是不方便的。因此，在超声波检测中引用了分贝。

1. 分贝的概念

在超声波检测中，仪器示波屏上的波高与声压成正比，则

$$\Delta = 20\lg p_2/p_1 = 20\lg H_2/H_1 (\mathrm{dB}) \tag{4-2}$$

p_1 或 H_1 为基准声压或基准波高，可以任意选取。分贝数为“正”表示增益；为“负”表示衰减。

2. 分贝的应用

超声波检测中广泛应用分贝的概念，特别是示波屏上两波高的比较。在确定基准波高后，可直接用仪器衰减器的读数表示缺陷波相对波高。

【例 4-1】 示波屏上一波高为 80mm，另一波高为 20mm，前者比后者高多少分贝？

解 $\Delta = 20\lg H_2/H_1 = 20\lg 80/20 = 12\mathrm{dB}$

前者比后者高 12dB。

学习任务 5 超声波入射到界面时的反射和折射

1. 垂直入射异质界面时的透射、反射和绕射

当超声波从一种介质垂直入射到第二种介质上时，将在第一种介质中产生一个与入射波方向相反的反射波，在第二种介质中产生与入射波方向相同的透射波，如图 4-1 所示。界面上反射波和透射波的分配比例由声强反射率（R）和声强透射率（T）来表示。

$$R = \left(\frac{Z_2 - Z_1}{Z_2 + Z_1}\right)^2 \tag{4-3}$$

$$T = \frac{4Z_1 Z_2}{(Z_1 + Z_2)^2} \tag{4-4}$$

式中 Z_1——第一种介质的声阻抗；

Z_2——第二种介质的声阻抗。

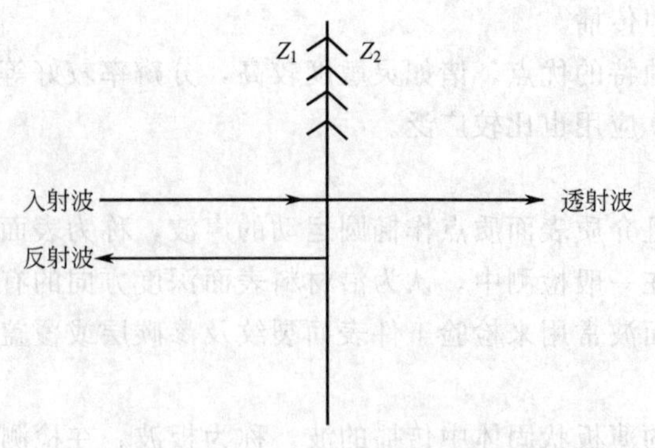

图 4-1 超声波垂直入射到异质界面

【例 4-2】 当 $Z_1 \gg Z_2$ 时，如钢/空气界面，$Z_1=4.5\times10^6\,\text{g/(cm}^2\cdot\text{s)}$，$Z_2=0.00004\times10^6\,\text{g/(cm}^2\cdot\text{s)}$，则

$$R=\left(\frac{Z_2-Z_1}{Z_2+Z_1}\right)^2=\left(\frac{0.00004-4.5}{0.00004+4.5}\right)^2\approx1$$

$$T=\frac{4Z_1Z_2}{(Z_1+Z_2)^2}=\frac{4\times0.00004\times4.5}{(0.00004+4.5)^2}=0$$

显然，当入射波介质声阻抗远大于透射波介质声阻抗时，几乎全反射，无透射。因此检测中，探头和工件间如不施加耦合剂，则形成固/气界面，超声波将无法进入工件。此外，焊缝与其中缺陷如气孔、夹渣、裂纹等构成的异质界面，有极大的反射，通过接收反射波来判断缺陷的有无。

【例 4-3】 当 $Z_1 \approx Z_2$ 时，即界面两侧介质的声阻抗近似相等时，如普通碳钢焊缝的母材与填充金属之间的声阻抗相差很小，$Z_1=1\text{g/(cm}^2\cdot\text{s)}$，$Z_2=0.99\text{g/(cm}^2\cdot\text{s)}$，则

$$R=\left(\frac{Z_2-Z_1}{Z_2+Z_1}\right)^2=\left(\frac{0.99-1}{0.99+1}\right)^2\approx0$$

$$T=\frac{4Z_1Z_2}{(Z_1+Z_2)^2}=\frac{4\times0.99}{(0.99+1)^2}\approx1$$

这说明超声波垂直入射到两种声阻抗相差很小的介质组成的界面时，几乎全透射，无反射。因此在焊缝检测中，若母材与填充金属结合面没有任何缺陷，是不会产生界面回波的。

当界面尺寸很小时，超声波将绕过其边缘继续前进，即产生波的绕射，如图 4-2 所示。

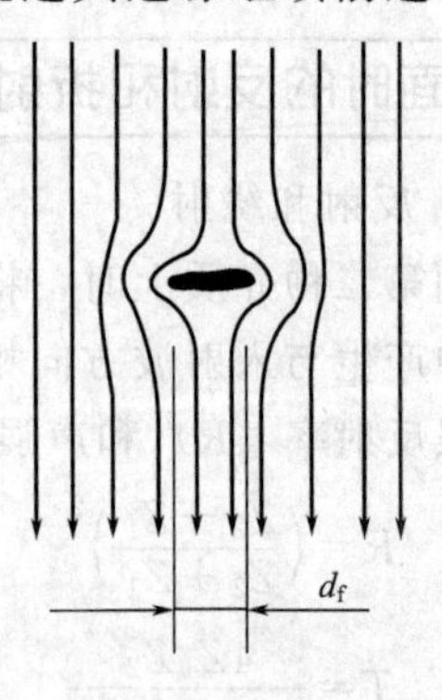

图 4-2 超声波的绕射

当界面尺寸远远小于波长时，由于绕射使反射回波减弱，缺陷回波很低，容易漏检。一般认为超声波检测中能探测到的缺陷尺寸为$\lambda/2$，这是一个重要原因。显然，要想能探测到更小的缺陷，就必须提高超声波的频率。超声波的绕射对检测既有利又不利。由于绕射，使超声波可顺利地在介质中传播，但使小缺陷回波显著下降，以致造成漏检。

2. 倾斜入射异质界面时的反射、折射、波型转换

若超声波由一种固体介质倾斜入射到另一种固体介质时，在界面上除产生同种类型的反射波和折射波外，还将产生不同类型的反射波和折射波，这种现象称为波型转换。以纵波倾斜入射为例来说明波型转换。

当纵波 L 倾斜入射到固/固界面时，除产生反射纵波 L_1 和折射纵波 L_2 外，还产生反射横波 S_1 和折射横波 S_2，如图 4-3(a) 所示。α_L 增加到一定程度时，$\beta_L=90°$，这时所对应的纵波入射角称为第一临界角 $\alpha_{Ⅰ}$，如图 4-3(b) 所示。当 α_L 增加到一定程度时，$\beta_S=90°$，这时所对应的纵波入射角称为第二临界角 $\alpha_{Ⅱ}$，如图 4-3(c) 所示。当 $\alpha_L=\alpha_{Ⅰ}\sim\alpha_{Ⅱ}$ 时，第二介质中只有折射横波，没有折射纵波，这就是常用横波探头制作的原理。

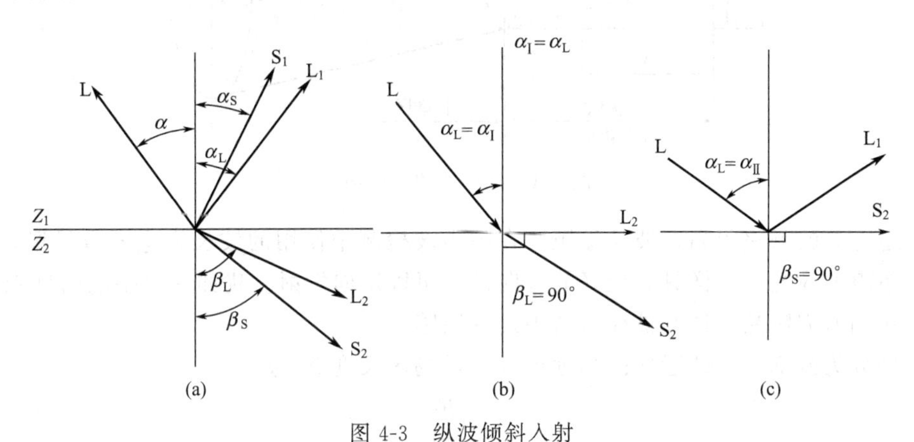

图 4-3 纵波倾斜入射

学习任务 6 超声波的衰减

超声波在介质传播过程中，其能量随着传播距离的增加而逐渐减弱的现象称为超声波的衰减。引起超声波衰减的原因主要有散射、介质吸收、声束扩散三个方面。在金属材料的超声波检测中，主要考虑散射引起的衰减，其规律如下：

$$p_x=p_0e^{-\alpha x} \tag{4-5}$$

式中 p_x——离压电晶片表面为 x 处的声压，Pa；

p_0——超声波原始声压，Pa；

e——自然对数的底；

α——金属材料的（散射）衰减系数，dB/m；

x——超声波在材料中传播的距离，m。

式(4-5) 表明，声压按负指数规律衰减。

同时研究指出，散射衰减系数 α 与频率 f、晶粒平均直径 d 及各向异性系数 F 有关，且当 $d\ll\lambda$ 时，α 与 f^4、d^3 成正比。因此，探测晶粒较粗大的工件时，多采用低频和提高发射功率的方法，以增加穿透力。对可淬硬钢的焊缝，建议在其调质热处理晶粒得到细化后再进行超声波检测。

学习任务7 纵波超声场的特点

1. 纵波超声场

如图4-4所示，超声波能量集中在2θ以内的锥形区域内。

$$\theta=\arcsin 1.12\frac{\lambda}{D_S} \tag{4-6}$$

式中 θ——半扩散角，(°)；

λ——波长，mm；

D_S——压电晶片直径，mm。

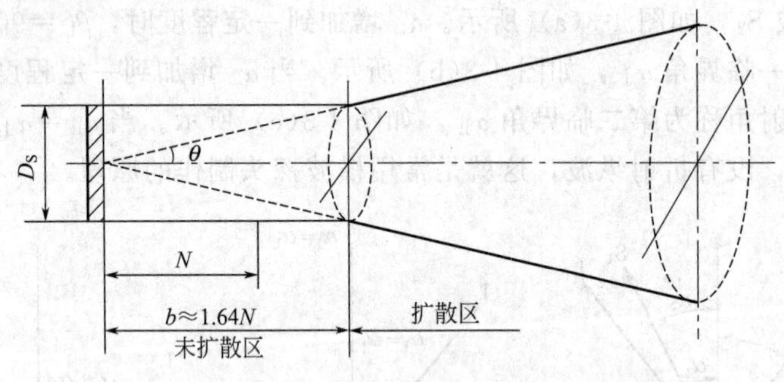

图4-4 超声波的发射场

由于超声波的频率很高，波长很短，在超声波检测中使用的波长为毫米数量级，因此θ角很小。超声波像光波一样具有很好的方向性，可以定向发射。犹如一束手电筒灯光可以在黑暗中寻找到所需物品一样在被检材料中发现缺陷。

超声场分为两部分，即近场区和远场区。近场区长度N为

$$N=\frac{F_S}{\pi\lambda} \tag{4-7}$$

式中 F_S——压电晶片的面积。

在近场区中，超声波的声压起伏很大，如图4-5所示。这会使处于声压极大值处的较小缺陷得到较高的回波，而处于声压极小值处的较大缺陷却回波很低，甚至没有回波出现，这必将引起缺陷的漏检或误判。因此尽可能避免在近场区检测。

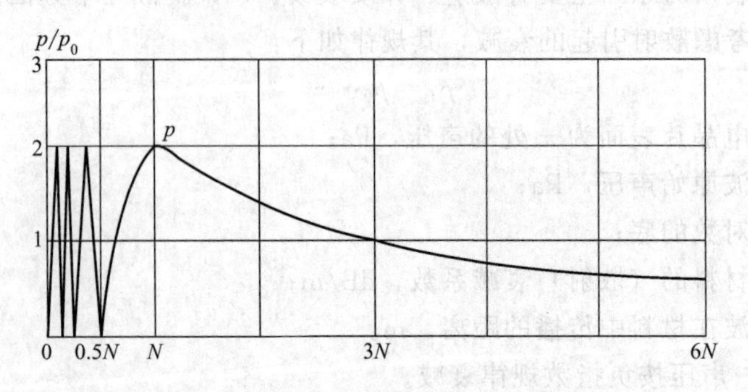

图4-5 超声场中轴线上的声压分布

远场区轴线上的声压随距离增加单调减少。当大于3N时，声压与距离成反比，不会出现声压极大极小值，因此一般在远场区进行检测。

【例4-4】 用2.5MHz、ϕ12mm纵波直探头检测钢工件，钢中$c=5900$m/s，求钢中近

场区长度和半扩散角。

解

$$\lambda=\frac{c}{f}=\frac{5900\times10^{3}}{2.5\times10^{6}}=2.36\text{mm}$$

$$\theta=\arcsin 1.12\frac{\lambda}{D_S}=\arcsin 1.12\frac{2.36}{12}=12.7°$$

$$N=\frac{F_S}{\pi\lambda}=\frac{12^{2}}{4\times2.36}=15.3\text{mm}$$

2. 横波超声场

目前常用的横波探头，是使纵波倾斜入射到界面上，通过波型转换来实现横波检测的。因此，横波探头的超声场由第一介质中的纵波声场和第二介质中的横波声场两部分组成。横波声场同纵波声场一样存在近场区和远场区。横波近场区的长度与纵波声场一样，与波长成反比，与波源面积成正比。横波声场中，波束轴线上大于 $3N$ 时，声压与波源面积成正比，与至波源的距离成反比。横波声束同纵波声场一样，具有良好的指向性，可以在被检材料中定向发射。其半扩散角与波长成正比，与波源面积成反比。因为横波波长比纵波短，因此，在其他条件相同时，横波声束的指向性比纵波好。

学习任务 8 规则反射体的回波声压

实际检测中常用反射法。反射法是根据缺陷反射回波声压的高低来判断缺陷的大小。然而工件中的缺陷形状各不相同。目前的检测技术还难以确定缺陷的真实大小，为此特引用当量法。当量法是指在同样的探测条件下，当自然缺陷回波与人工规则反射体回波等高时，则该人工规则反射体的尺寸就是自然缺陷的当量尺寸。超声波检测中常用的规则反射体有平底孔、长横孔和大平底。

1. 平底孔的回波声压

如图 4-6(a) 所示，在大于 $3N$ 的轴线上存在一平底孔，探头接收到的平底孔回波声压为

$$p_f=\frac{p_0F_SF_f}{\lambda^2x^2} \tag{4-8}$$

式中 p_0——探头波源的起始声压；

F_S——探头波源的面积；

F_f——平底孔缺陷的面积；

x——平底孔至波源的距离。

当探测条件（F_S、λ）一定时，任意两个距离直径不同的平底孔回波声压分贝差为

$$\Delta_{12}=20\lg\frac{p_{f1}}{p_{f2}}=40\lg\frac{D_{f1}x_2}{D_{f2}x_1} \tag{4-9}$$

当 $D_{f1}=D_{f2}$、$x_2=2x_1$ 时，$\Delta=12$dB。说明平底孔直径一定，距离增加一倍，其回波下降 12dB。

当 $x_2=x_1$、$D_{f1}=2D_{f2}$ 时，$\Delta=12$dB。说明平底孔距离一定，直径增加一倍，其回波升高 12dB。

【例 4-5】 已知 $x\geqslant3N$，200mm 处 ϕ2mm 平底孔回波高为 24dB，求 400mm 处 ϕ4mm 平底孔和 800mm 处 ϕ2mm 平底孔回波高各为多少？

解 200mm 处 ϕ2mm 平底孔回波高为 24dB，则 400mm 处 ϕ2mm 平底孔回波高为

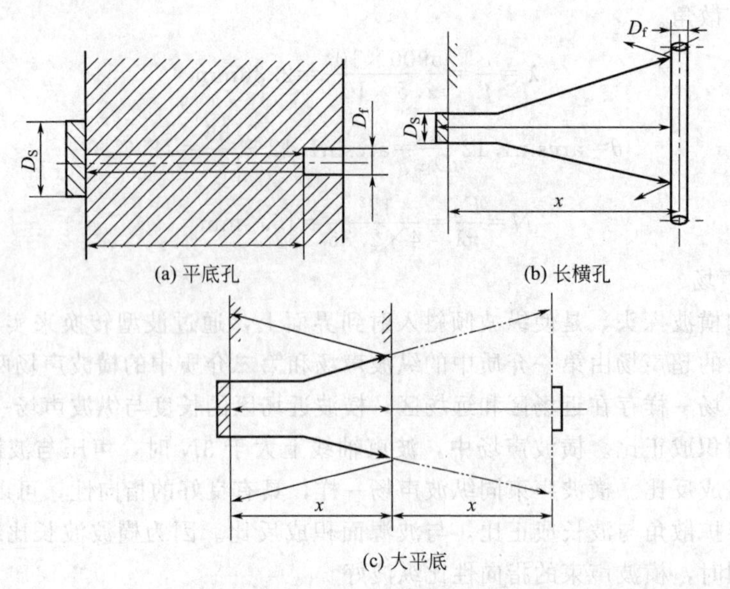

图 4-6 规则反射体的形状

12dB，400mm 处 ϕ4mm 平底孔回波高为 24dB，800mm 处 ϕ2mm 平底孔回波高为 0dB。

2. 长横孔的回波声压

如图 4-6(b) 所示，在大于 $3N$ 的轴线上存在一长横孔，当探测条件（F_S、λ）一定时，任意两个距离、直径不同的长横孔的回波分贝差为

$$\Delta_{12}=20\lg\frac{p_{f1}}{p_{f2}}=10\lg\frac{D_{f1}x_2^3}{D_{f2}x_1^3} \tag{4-10}$$

当 $D_{f1}=D_{f2}$、$x_2=2x_1$ 时，$\Delta_{12}=9$dB。说明长横孔直径一定，距离增加一倍，其回波下降 9dB。

当 $x_2=x_1$、$D_{f1}=2D_{f2}$时，$\Delta_{12}=3$dB。说明长横孔距离一定，直径增加一倍，其回波升高 3dB。

3. 大平底的回波声压

如图 4-6(c) 所示，在大于 $3N$ 的轴线上存在一表面光洁的大平底面，其回波声压为

$$p_B=\frac{p_0F_S}{2\lambda x} \tag{4-11}$$

当探测条件（F_S、λ）一定时，任意两个不同距离的大平底面回波分贝差为

$$\Delta_{12}=20\lg\frac{p_{B1}}{p_{B2}}=20\lg\frac{x_2}{x_1} \tag{4-12}$$

当 $x_2=2x_1$ 时，$\Delta_{12}=6$dB。说明大平底面距离增加一倍，其回波下降 6dB。

第二模块　超声波检测设备简介

学习任务 1　超声波探头

在超声波检测中，超声波的发射和接收是通过超声波探头来实现的。

一、超声波探头的种类

超声波检测用探头的种类很多，根据波型不同分为纵波探头、横波探头、表面波探头等；根据耦合方式分为接触式探头和液浸探头；根据波束分为聚焦探头和非聚焦探头；根据晶片数不同分为单晶探头和双晶探头。在焊缝检测中常用的探头主要是纵波探头、横波探头和双晶探头。

1. 直探头（纵波探头）

声束垂直于被探工件表面入射的探头称为直探头。它可发射和接收纵波，故又称纵波探头。直探头主要用于探测与探测面平行的缺陷，如板材、锻件检测等。直探头的典型结构如图 4-7 所示，主要由压电晶片、吸收块、保护膜和外壳等组成。

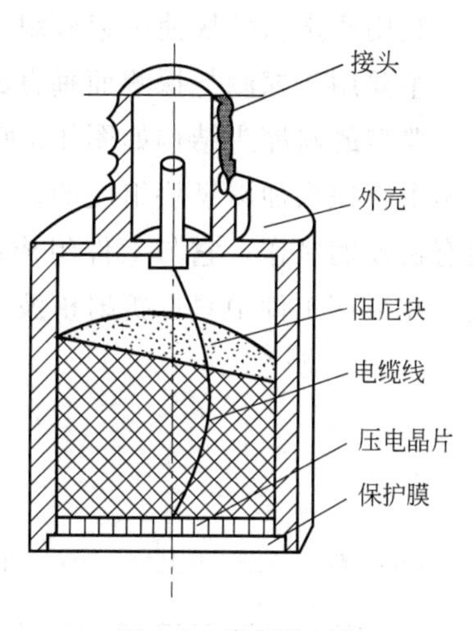

图 4-7 直探头结构

（1）压电晶片 由压电材料制成。压电晶片的作用是发射和接收超声波，实现电声换能。

压电材料具有压电效应，如图 4-8 所示。即受拉应力或压应力而变形时，会在晶片表面出现电荷；反之，在电荷或电场作用时，会发生变形。前者称为正压电效应，后者称为逆压电效应。

超声波的产生和接收是利用超声波探头中压电晶片的压电效应来实现的。由超声波检测仪产生的电振荡，以高频电压形式加于探头中的压电晶片两面电极上。由于逆压电效应的结果，晶片会在厚度方向产生伸缩变形的机械振动。若压电晶片与工件表面有良好耦合时，机械振动就以超声波形式传播进入被检工件，这就是超声波的产生。反之，当晶片受到超声波作用而发生伸缩变形时，正压电效应又会使晶片两表面产生不同极性电荷，形成超声频率的高频电压，以回波电信号形式经检测仪显示，这就是超声波的接收。

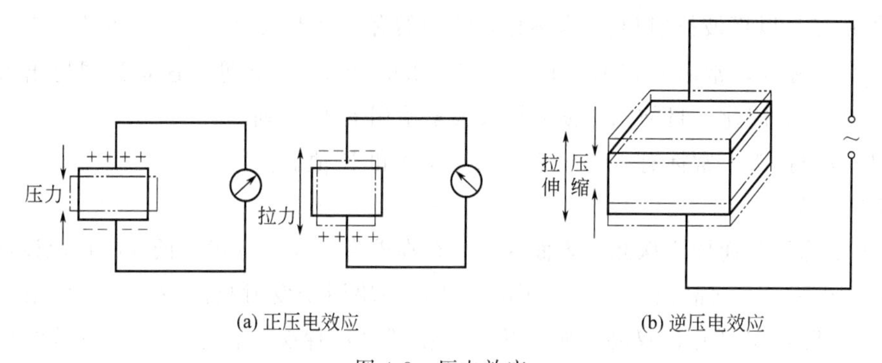

(a) 正压电效应 (b) 逆压电效应

图 4-8 压电效应

（2）吸收块 主要由环氧树脂和钨粉制成。紧贴在压电晶片背面，使压电晶片起振后尽快停下来，所以又称阻尼块。其作用是使脉冲宽度变小，分辨力提高。另外还可以吸收压电晶片背面的杂波，提高信噪比。

（3）保护膜 可使压电晶片免于和工件直接接触受磨损或损坏。保护膜有软膜、硬膜之分。其中软膜（耐磨橡胶、塑料等）用于粗糙表面的工件检测；硬膜（不锈钢片、刚玉片、环氧树脂等）用于表面光洁的工件检测。硬膜声能损失小，比软膜应用广。

(4) 外壳　由金属或塑料制成，其上装有小型电缆接插件。其作用是将以上各部分组合在一起，并保护它们。

一般直探头上标有工作频率和晶片尺寸。

2. 斜探头（横波探头）

利用透声斜楔块使声束倾斜于工件表面射入工件的探头称为斜探头。它可发射和接收横波，主要用于探测与探测面垂直或成一定角度的缺陷，如焊缝检测、钢管检测。

典型的斜探头结构如图 4-9 所示，它由斜楔块、吸收块和壳体等组成。横波斜探头实际上是由直探头加斜楔块组成的。由于晶片不直接与工件接触，因此没有保护膜。一般斜楔块用有机玻璃制作，它与工件组成固定倾斜的异质界面，使压电晶片发射的纵波实现波型转换，在被探工件中只以折射横波传播。

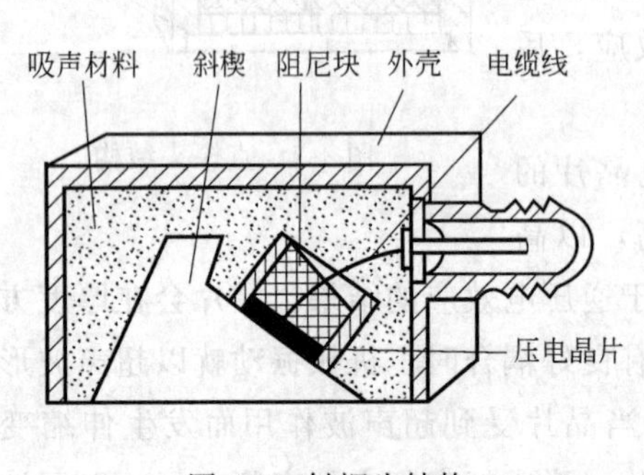

图 4-9　斜探头结构

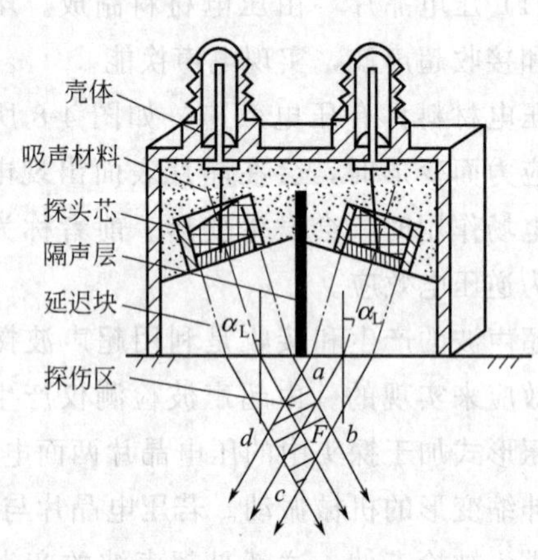

图 4-10　双晶探头结构

横波斜探头的标称方式有三种：一是以纵波入射角来标称，常用的有 $\alpha_L=30°$、40°、45°、50°等；二是以横波折射角 β_S 来标称，常用的有 $\beta_S=40°$、45°、50°、60°、70°等；三是以 $K=\tan\beta_S$ 来标称，常用的有 $K=1.0$、1.5、2.0、2.5、3.0 等，这是我国提出来的，使缺陷定位计算大大简化。目前国产横波探头大多采用 K 值系列。

国产横波斜探头上常标有工作频率、晶片尺寸和 K 值。

3. 双晶探头

它是为了弥补普通探头探测近表面缺陷时存在着盲区大、分辨力低的缺点而设计的，其结构如图 4-10 所示。双晶探头有两块压电晶片，一块用于发射超声波，另一块用于接收超声波，中间用隔声层隔开。双晶探头又称为分割式 TR 探头，由于其具有灵敏度高、杂波少、盲区小及工件中近场区长度小等优点，因此主要用于探测近表面缺陷。

双晶探头上标有工作频率、晶片尺寸和探测深度。

二、超声波探头的型号

1. 探头型号的组成

探头型号由五部分组成，用一组数字和字母表示，其排列顺序如下：

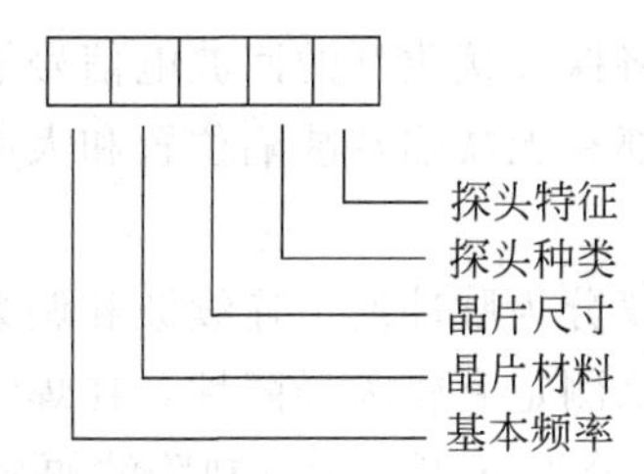

（1）基本频率　用阿拉伯数字表示，单位为 MHz。

（2）晶片材料　用化学元素缩写符号表示，常用的晶片材料（压电材料）及其代号见表 4-1。

（3）晶片尺寸　用阿拉伯数字表示，单位为 mm。其中圆形晶片用直径表示；方形晶片用长度×宽度表示；双晶探头晶片用分割前的尺寸表示。

（4）探头种类　用汉语拼音缩写字母表示，见表 4-1。直探头也可不标出。

（5）探头特征　斜探头 K 值用阿拉伯数字表示；分割探头被探工件中声束交区深度用阿拉伯数字表示，单位为 mm。

表 4-1　压电材料和探头的代号

压电材料	代　号	探头种类	代　号
锆钛酸铅陶瓷	P	直探头	Z
钛酸钡陶瓷	B	斜探头(用 K 值表示)	K
钛酸铅陶瓷	T	斜探头(用 γ 表示)	X
铌酸锂单晶	L	分割探头	FG
碘酸锂单晶	I	水浸探头	SJ
石英单晶	Q	表面波探头	BM
其他材料	N	可变角探头	KB

2. 探头型号举例

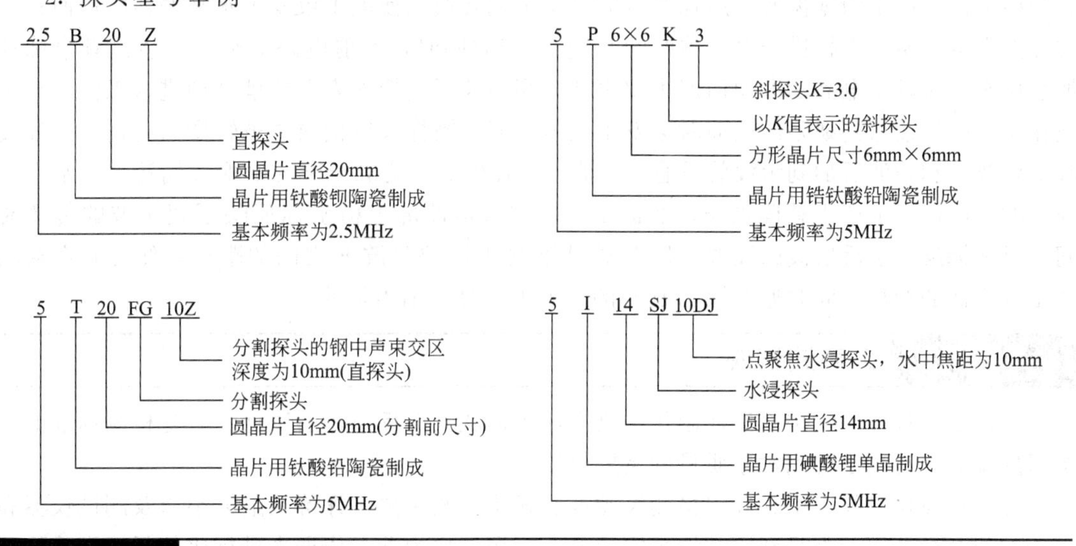

学习任务 2　超声波检测仪

超声波检测仪是超声波检测的主体设备，主要功能是产生电振荡并加在探头上，以此来激励探头发射超声波，同时它又将探头接收到的回波电信号予以放大、处理，通过一定方式显示出来，从而得到被探工件内部有无缺陷及缺陷位置和大小的信息。

1. 超声波检测仪的分类

按超声波的连续性可将检测仪分为脉冲波、连续波和调频波检测仪三种。其中后两种检测仪，由于其检测灵敏度低，缺陷测定有较大局限性，在焊缝检测中均不采用。

按缺陷显示方式，可将检测仪分为A型显示（缺陷波幅显示）、B型显示（缺陷俯视图像显示）、C型显示（缺陷侧视图像显示）和3D型显示（缺陷三维图像显示）超声波检测仪等。

目前，检测中广泛使用的超声波检测仪，如CTS-22、CTS-26等都是A型显示脉冲反射式超声波检测仪。

2. A型脉冲反射式超声波检测仪的工作原理

A型脉冲反射式超声波检测仪工作原理如图4-11所示。

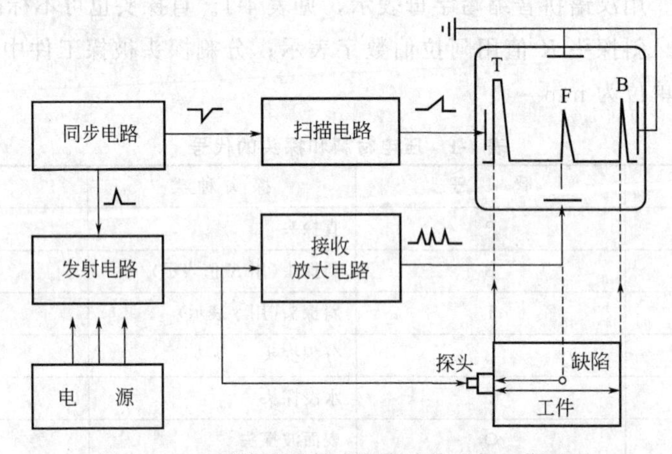

图4-11 A型脉冲反射式超声波检测仪工作原理

接通电源后，同步电路产生的触发脉冲同时加至扫描电路和发射电路。扫描电路受触发后开始工作，产生的锯齿波电压加至示波管水平偏转板上使电子束发生水平偏转，从而在示波屏上产生一条水平扫描线（又称时间基线）。与此同时，发射电路受触发产生高频窄脉冲加至探头，激励压电晶片振动而产生超声波，超声波通过探测表面的耦合剂进入工件。超声波在工件中传播遇到缺陷或底面时会发生反射，回波被探头所接收并被转变为电信号，经接收电路放大和检波后加到示波管垂直（y轴）偏转板上，使电子束发生垂直偏转，在水平扫描线的相应位置上产生缺陷波F、底波B。检测仪示波屏上横坐标反映了超声波的传播时间，纵坐标反映了反射波的波幅。因此通过始波T和缺陷波F之间的距离，便可确定缺陷到工件表面的距离，同时通过缺陷波F的高度可估算缺陷当量的大小。

学习任务3 超声波试块

试块是一种按一定用途设计制作的具有简单形状人工反射体的试件。它是检测标准的一个组成部分，是判定检测对象质量的重要尺度。

在超声波检测技术中，确定检测灵敏度、显示探测距离、评价缺陷大小以及测试仪器和探头的组合性能等，都是利用试块来实现的。运用试块为参考依据来进行比较是超声波检测的一个特点。

试块分为标准试块和对比试块两大类。

1. 标准试块

由法定机构对材质、形状、尺寸、性能等作出规定和检定的试块称为标准试块。这种试块若是由国际机构（如国际焊接学会、国际无损检测协会等）制定的，则称为国际标准试块（如 IIW 试块）；若是国家机构制定的，则称为国家标准试块（如日本 STB-G 试块）。

我国 GB/T 11345—1989 规定：CSK-IB 试块为焊缝检测用标准试块，形状和尺寸如图 4-12 所示。

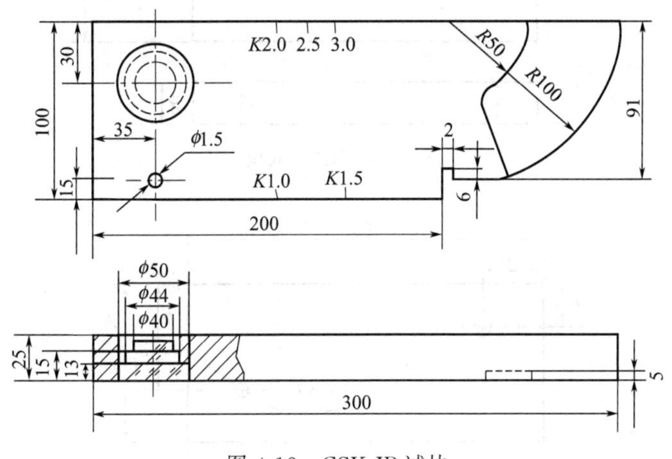

图 4-12 CSK-IB 试块

该试块主要用途如下。

（1）利用 R100mm 圆弧面测定探头入射点和前沿长度，利用 ϕ50mm 孔的反射波测定斜探头折射角（K 值）。

（2）校检检测仪水平线性和垂直线性。

（3）利用 ϕ1. 5mm 横孔的反射波调整检测灵敏度，利用 R100mm 圆弧面调整探测范围。

（4）利用 ϕ50mm 圆孔估测直探头盲区和斜探头前后扫查声束特性。

（5）采用测试回波幅度或反射波宽度的方法可测定远场分辨力。

2. 对比试块

对比试块又称参考试块，它是由各专业部门按某些具体检测对象规定的试块。GB/T 11345—1989 规定 RB 试块为焊缝检测用对比试块。该试块上加工有 ϕ3mm 横通孔，共有三种，即 RB-1（适用于 8～25mm 板厚）、RB-2（适用于 8～100mm 板厚）和 RB-3（适用于 8～150mm 板厚），其形状尺寸如图 4-13～图 4-15 所示。

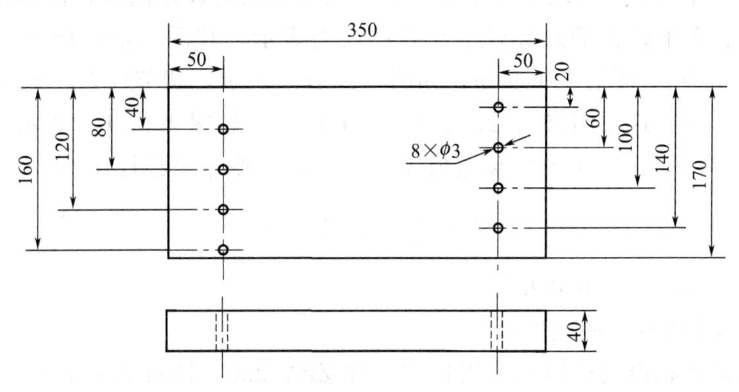

图 4-13 RB-1 试块

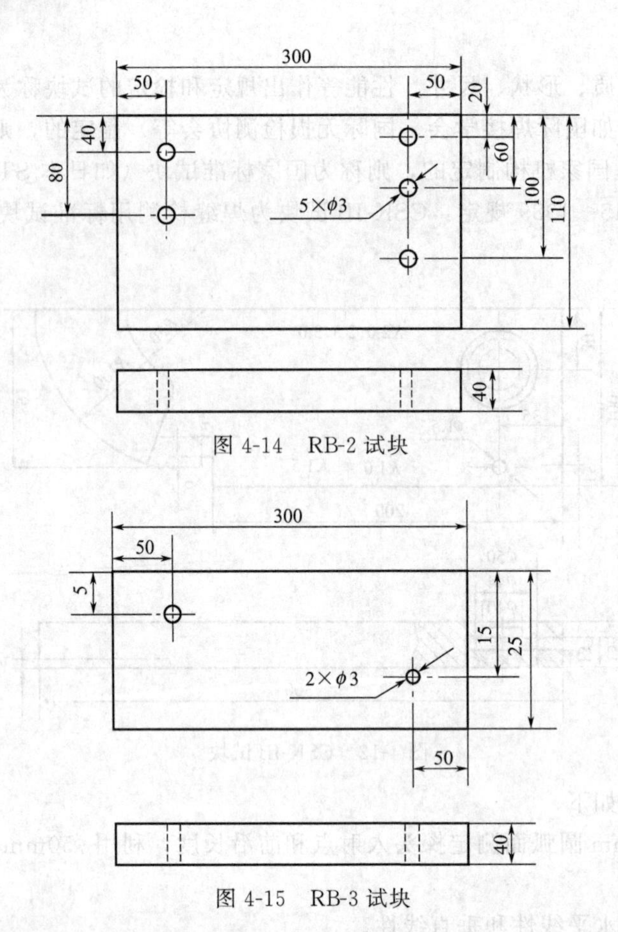

图 4-14　RB-2 试块

图 4-15　RB-3 试块

RB 试块主要用于绘制距离-波幅曲线，调整探测范围和扫描速度，确定检测灵敏度和评定缺陷大小。它是对工件进行评级判废的依据。

学习任务 4　超声波仪器和探头的性能及其测试

一、检测仪的性能及其测试

检测仪的性能包括仪器的水平线性、垂直线性和动态范围等。

1. 水平线性

仪器的水平线性是指扫描线上显示的水平刻度值与反射体距离成正比的程度，它关系到缺陷定位准确性。水平线性的好坏以水平线性误差表示，其测试步骤如下：将直探头置于 CSK-IB 上，对准 25mm 厚的大平底面，如图 4-16(a) 所示，调节仪器，使示波屏上出现五次底波 B_1 到 B_5，且使 B_1 前沿对准 2.0，B_5 对准 10.0，如图 4-16(b) 所示，记录 B_2、B_3、B_4 与水平刻度值 4.0、6.0、8.0 的偏差值 a_2、a_3、a_4，则水平线性误差为

$$Z=\frac{|a_{\max}|}{0.8b}\times 100\% \tag{4-13}$$

式中　$a_{\max}$——a_2、a_3、a_4 中最大者；

b——示波屏水平满刻度值。

A 型脉冲反射式超声波检测仪通用技术条件 ZBY 230—1984 规定：仪器的水平线性误差不大于 2%。

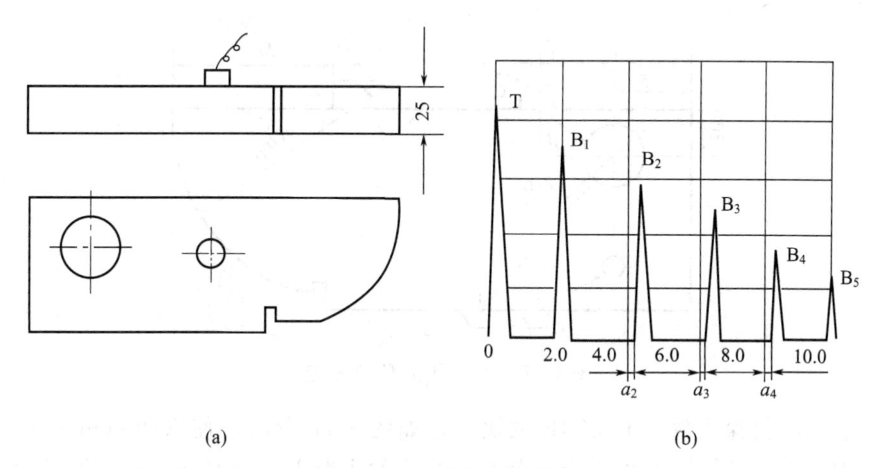

图 4-16 水平线性的测试

2. 垂直线性

仪器的垂直线性指示波屏上的波高与探头接收的信号成正比的程度，它关系到缺陷定量的准确性。垂直线性好坏以垂直线性误差表示，其测试步骤如下：将直探头置于 CSK-IB 上，对准 25mm 厚的大平底面，调节仪器使某次底波位于示波屏的中间，并达满刻度 100%，作为 0dB，固定其他旋钮，调节衰减器旋钮，每次衰减 2dB，并记下相应的回波高度实测值填入表 4-2 中，直至底波消失，再经式（4-14）计算垂直线性误差值的大小。

表 4-2 衰减量及其相应波高

衰减量/dB		0	2	4	6	8	10	12	14	16	18	20
波高/%	实测值											
	理想值	100	79.4	63.1	50.1	39.8	31.6	25.1	19.9	15.8	12.6	10
	偏差											

垂直线性误差为

$$D=(|d_1|+|d_2|)\% \tag{4-14}$$

式中 d_1——实测值与理想值的最大正偏差；

d_2——实测值与理想值的最大负偏差。

ZBY 230—1984 规定：垂直线性误差不大于 8%。

3. 动态范围

动态范围是示波屏上回波高度从满幅（100%）降至消失时仪器衰减器的变化范围，其值愈大，可检出缺陷愈小。ZBY 230—1984 规定：动态范围应不小于 26dB。

二、探头的性能及其测试

探头的性能仅与探头有关，包括探头的入射点、K 值、主声束偏离角与双峰等。

1. 斜探头入射点

斜探头的入射点是指轴线与探测面的交点。入射点至探头前端面的距离称探头的前沿长度。测定探头的前沿长度和入射点是为了对缺陷定位和测定探头的 K 值。探头在使用前和使用过程中要经常测定入射点位置，以便对缺陷进行准确定位。

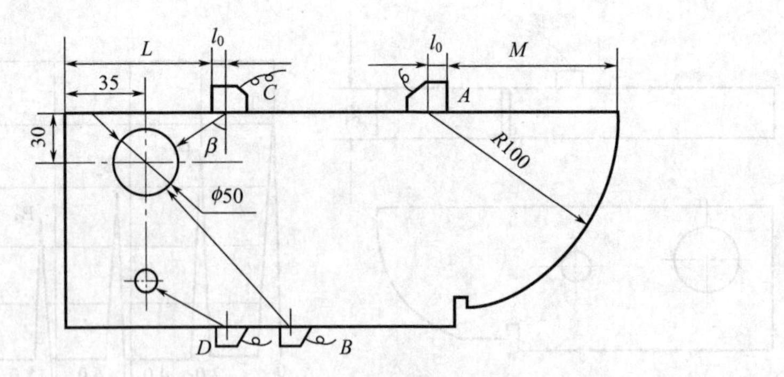

图 4-17　入射点和 K 值测定

测定方法：将斜探头放在 CSK-IB 试块上，如图 4-17 所示，使 R100mm 圆柱曲面回波达最高时斜楔底面与试块圆心的重合点就是该探头的入射点。这时探头的前沿长度为

$$l_0=R-M \tag{4-15}$$

2. 斜探头 K 值

斜探头 K 值是指被探工件中横波折射角 β 的正切值，$K=\tan\beta$。

测定方法：将斜探头放在 CSK-IB 试块 C 位置，对准试块上 ϕ50mm 横孔，找到最高回波，并测出探头前沿至试块端面的距离 L，则有

$$K=\tan\beta=\frac{L+l_0-35}{30} \tag{4-16}$$

3. 主声束偏离角与双峰

探头主声束中心轴线与晶片中心法线的偏离程度称为主声束偏离，用偏离角表示，如图 4-18 所示。测试如下：探头对准试块棱边，移动并转动探头，找到棱边最高回波，这时探头侧面平行线与棱边法线夹角 θ 就是主声束偏离角。

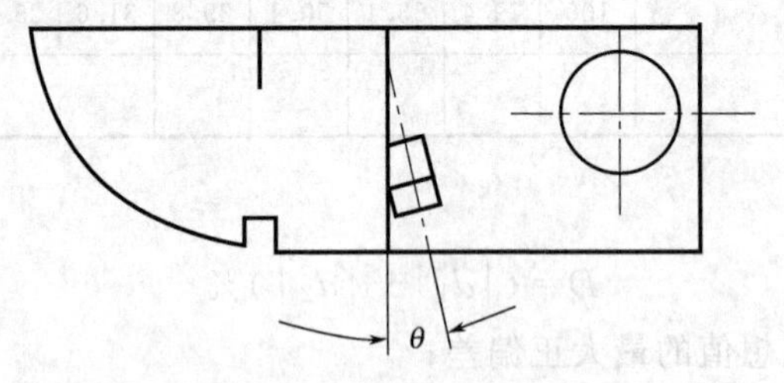

图 4-18　主声束偏离角测定

平行移动探头，同一反射体产生两个波峰的现象称为双峰。探头双峰测试如下：如图 4-19(a) 所示，探头对准横孔，并前后平行移动，当示波屏上出现图 4-19(b) 所示的双峰波形时，说明探头具有双峰。

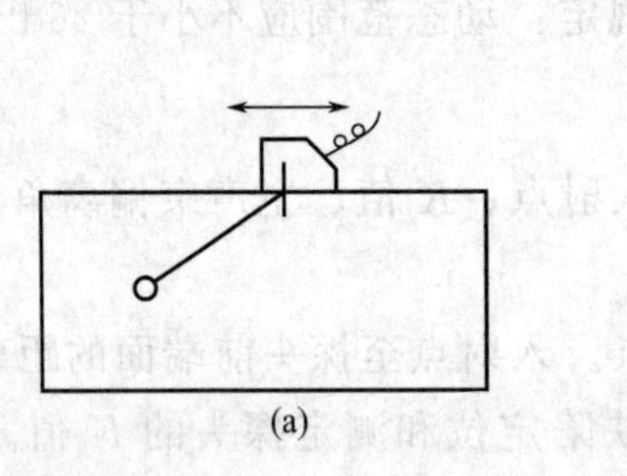

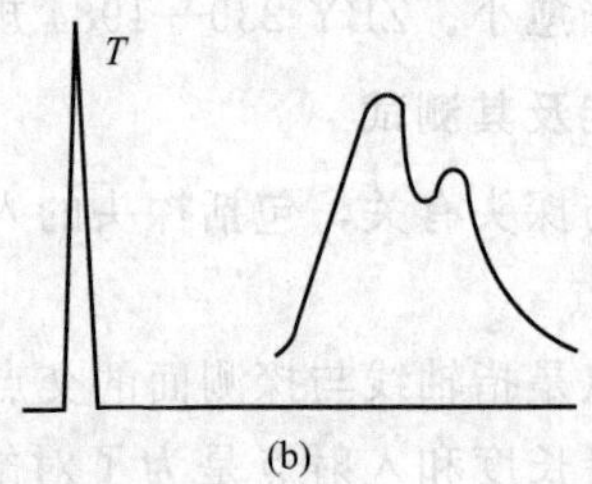

图 4-19　探头双峰测定

探头主声束偏离与双峰，将会影响对缺陷的定位和判别。GB/T 11345—1989 标准规定：主声束轴线水平偏离角应不大于 2°；主声束垂直方向的偏离不应有明显的双峰。

三、仪器和探头的综合性能及其测试

仪器与探头的综合性能不仅与仪器有关，而且与探头有关，包括灵敏度、分辨力、盲区、始脉冲宽度等。

(1) 灵敏度　指整个检测系统发现最小缺陷的能力。发现的缺陷越小，灵敏度就越高。检测仪与探头的灵敏度以灵敏度余量来表示。它是指仪器最大输出时，使规定反射体达基准波高所需衰减的总量。一般要求仪器与直探头灵敏度余量不小于 30dB，仪器与斜探头灵敏度余量不小于 40dB。

(2) 分辨力　指超声波检测系统能够区分示波屏上两个相邻缺陷的能力。一般要求分辨力不大于 6mm。

(3) 盲区　从检测面到能够发现缺陷的最小距离。盲区是由于始脉冲具有一定宽度和放大器的阻塞现象造成的。随着检测灵敏度的提高，盲区也随之增大。一般要求盲区不大于 7mm。

第三模块　超声波检测一般技术

学习任务 1　直接接触式脉冲反射法

超声波探头发射脉冲到被检工件内，根据反射波的情况来检测工件缺陷的方法，称为脉冲法。若此时探头直接接触工件进行检测，则为直接接触式脉冲反射法。按探头的种类又分为直探头检测法和斜探头检测法。

1. 直探头检测法

直探头检测法是采用直探头将声束垂直入射工件检测面进行检测。由于该法是利用纵波进行检测，故又称纵波法，如图 4-20 所示。当直探头在工件检测面上移动时，经过无缺陷处检测仪示波屏上只有始波 T 和底波 B，如图 4-20(a) 所示。若探头移到有缺陷处，且缺陷的反射面比声束小时，则示波屏上出现始波 T、缺陷波 F 和底波 B，如图 4-20(b) 所示。若探头移至大缺陷（缺陷比声束大）处时，则示波屏上只出现始波 T 和缺陷波 F，如图 4-20(c) 所示。

直探头检测法能发现与检测面平行或近于平行的缺陷，适用于铸造、锻压、轧材及其制

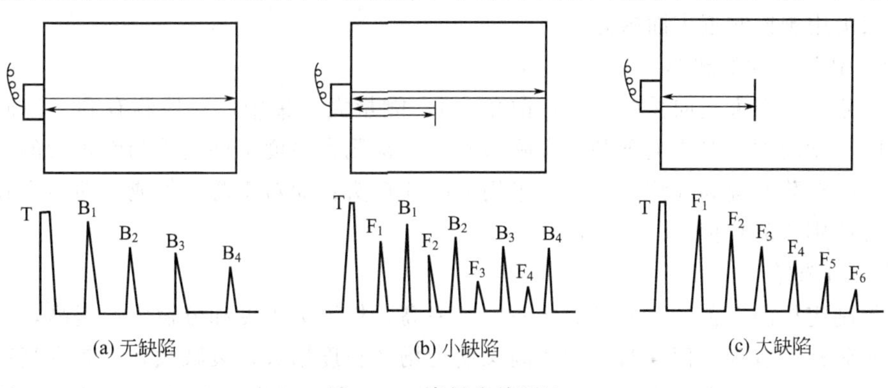

(a) 无缺陷　(b) 小缺陷　(c) 大缺陷

图 4-20　直探头检测法

品的检测。由于盲区和分辨力的限制，只能发现工件内离探测面一定距离以外的缺陷。缺陷定位比较方便。

2. 斜探头检测法

斜探头检测法是采用斜探头将声束倾斜入射工件检测面进行检测。由于它是利用横波进行检测，故又称横波法，如图 4-21 所示。当斜探头在工件检测面上移动时，若工件内没有缺陷，则声束在工件内经多次反射将以 W 形路径传播，此时在示波屏上只有始波 T，如图 4-21(a) 所示。当工件存在缺陷，且该缺陷与声束垂直或倾斜角很小时，声束会被缺陷反射回来，此时示波屏上将显示出始波 T、缺陷波 F，如图 4-21(b) 所示。当斜探头接近板端时，声束将被端角反射回来，此时在示波屏上将出现始波 T 和端角波 B，如图 4-21(c) 所示。

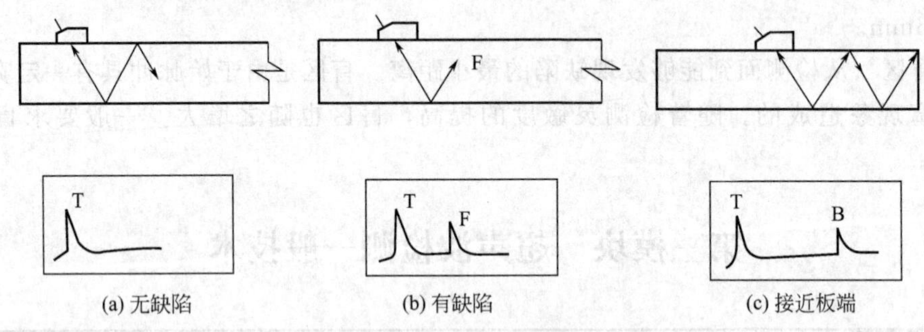

图 4-21　斜探头检测法

斜探头检测法能发现与探侧表面成角度的缺陷，常用于焊缝、管材的检测。

学习任务 2　超声波检测技术

一、超声波检测探头的选择

探头的选择包括探头类型、晶片尺寸、频率和斜探头 K 值的选择等。

1. 探头类型的选择

一般根据工件的形状和可能出现缺陷的部位、方向等条件来选择探头的类型，使声束轴线尽量与缺陷垂直。

直探头主要用于探测与探测面平行的缺陷，如锻件、钢板中的夹层、折叠等缺陷。

斜探头主要用于探测与探测面成一定角度的缺陷，如焊缝中的未焊透、夹渣、未熔合等缺陷。

双晶探头用于探测近表面缺陷。

2. 探头晶片尺寸的选择

晶片尺寸大，声束指向性好（半扩散角小），能量大且集中，对检测有利。但同时，又会使近场区长度增加，对检测不利。实际检测中，检测大厚度工件或检测面积大的工件，为发现远距离的缺陷及提高检测效率，常采用大晶片探头；而对于薄工件或表面曲率较大的工件检测，宜选用小晶片探头。

3. 频率的选择

频率是制定检测工艺的重要参数之一。频率高，检测灵敏度和分辨力均提高，声束指向性好，这些对检测有利。但同时，频率高又使近场区长度增大，衰减大，且频率高对工件表面粗糙度要求也高，这些对检测不利。实际检测中，检测频率的选择应根据工件的技术要求、材料状态及表面粗糙度等因素综合加以考虑。一般在保证检测灵敏度的前提下尽可能选用较低的频率。

对于晶粒细小的锻件、轧制件和焊件的检测，宜选用较高频率，常用2.5～5.0MHz。对于铸件、奥氏体钢等的检测，宜选用较低频率，常用0.5～2.5MHz。若频率过高，则声束在工件中衰减严重，示波屏上出现林状回波，甚至无法检测。

4. 探头 K 值的选择

当工件厚度较小时，应选用较大的 K 值，以便增加一次波的声程，避免近场区检测。当工件厚度较大时，应选用较小的 K 值，以减少声程过大引起的衰减，便于发现深度较大处的缺陷。

二、耦合剂的选择

在探头与工件表面之间施加的一层透声介质称为耦合剂。耦合剂的作用一是排除探头与工件之间的空气，使超声波能有效地进入工件；二是减少探头的摩擦，达到检测的目的。

超声波检测中常用的耦合剂有机油、甘油、水、化学浆糊等。甘油的耦合效果好，常用于重要工件的精确检测，但价格昂贵，对工件有腐蚀作用。水的来源广，价格低，常用于水浸检测，但易使工件生锈。机油和化学浆糊黏度、流动性、附着力适当，对工件无腐蚀，价格也不贵，因此是目前应用最广的耦合剂。

三、检测仪的调节

在实际检测中，为了在确定的探测范围内发现规定大小的缺陷，并对缺陷定位和定量，就必须在探测前调节好仪器的扫描速度和灵敏度。

1. 扫描速度的调节

仪器示波屏上时基扫描线的水平刻度值 τ 与实际声程 x 的比例关系，即 $\tau:x=1:n$ 称为扫描速度。检测前必须调节扫描速度，以便在规定的范围内发现缺陷并对缺陷定位。

直探头进行检测时扫描速度的调节方法：将直探头对准已知尺寸的试块或工件上的底面，使两次不同的底波分别对准相应的水平刻度值。

【例 4-6】 探测厚度400mm工件，扫描速度为1∶4。将探头对准工件的底面，通过仪器上“深度”、“微调”、“水平”旋钮，使底波 B_1、B_2 分别对准示波屏上水平刻度50、100，这时扫描速度正好为1∶4，如图4-22所示。

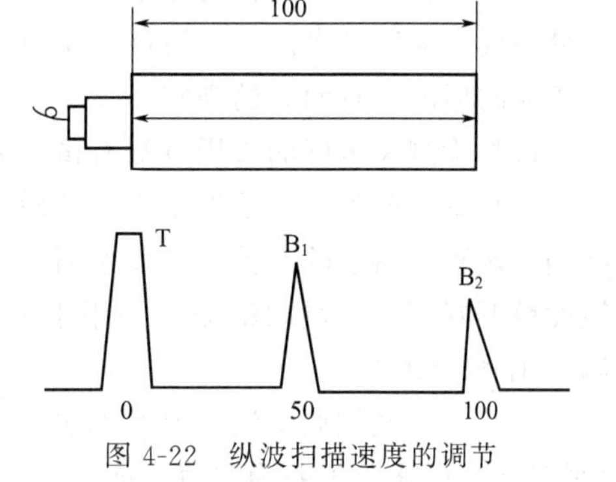

图 4-22 纵波扫描速度的调节

斜探头检测时扫描速度的调节方法有声程、水平、深度三种方法。

(1) 深度调节法 该法是使示波屏上的水平刻度值 τ 与缺陷深度 d 成比例，即 $\tau:d=1:n$，这时示波屏水平刻度值直接显示深度距离。常用于较厚工件的焊缝检测。按深度调节扫描速度可在标准试块CSK-IB和对比试块RB上进行。

【例 4-7】 利用CSK-IB试块调节深度扫描速度为1∶1的方法。

先计算CSK-IB试块上 R50mm、R100mm圆弧面回波 B_1、B_2 对应的深度 d_1、d_2。

$$d_1=\frac{50}{\sqrt{1+K^2}}$$

$$d_2=\frac{100}{\sqrt{1+K^2}}=2d_1$$

然后将斜探头对准 CSK-IB 试块上 $R50$mm、$R100$mm 圆弧面，调节检测仪（“深度”、“微调”、“水平”旋钮），使 B_1、B_2 前沿分别对准示波屏上水平刻度值 d_1、d_2，注意 $d_2=2d_1$，此时深度扫描速度 1∶1 即调好。

（2）水平调节法　此法是使示波屏水平刻度值 τ 与缺陷的水平距离 l 成比例，即 $\tau:l=1:n$，这时示波屏水平刻度值直接显示缺陷的水平投影距离。常用于薄板工件的焊缝检测。按水平距离调节扫描速度可在标准试块 CSK-IB 和对比试块 RB 上进行。

【例 4-8】 利用 CSK-IB 试块调节水平扫描速度为 1∶1 的方法。

先计算 CSK-IB 试块上 $R50$mm、$R100$mm 圆弧反射波 B_1、B_2 对应的水平距离 l_1、l_2：

$$l_1=\frac{50K}{1+K^2}$$

$$l_2=\frac{100K}{1+Kl_1}$$

调节检测仪（“深度”、“微调”、“水平”旋钮），使 B_1、B_2 前沿分别对准示波屏上水平刻度值 l_1、l_2，注意 $l_2=2l_1$，此时水平扫描速度为 1∶1。

（3）声程调节法　此法是使示波屏水平刻度值 τ 与横波声程 x 成比例，即 $\tau:x=1:n$，这时示波屏水平刻度值直接显示横波声程。按声程调节扫描速度一般在标准试块 CSK-IB 上进行。

【例 4-9】 利用 CSK-IB 试块调节声程扫描速度为 1∶1 的方法。

将斜探头直接对准 CSK-IB 试块上 $R50$mm、$R100$mm 圆弧面，调整超声波检测仪，使回波 B_1 对 50、B_2 对 100，于是横波扫描速度为 1∶1。

2. 检测灵敏度的调节

检测灵敏度是指在确定的探测范围内发现规定大小缺陷的能力。一般根据产品技术要求或有关标准确定。可通过调节仪器上的“增益”、“衰减器”等灵敏度旋钮来实现。

调整检测灵敏度的目的在于发现工件中规定大小的缺陷，并对缺陷定量。灵敏度太低，容易漏检，灵敏度太高，示波屏上杂波多，对缺陷的判定困难。因此，对不同材质的工件，在相应的标准中有明确的规定。

调整检测灵敏度的常用方法有试块调整法和工件底波调整法两种。

（1）试块调整法　根据工件对灵敏度的要求选择相应的试块，将探头对准试块上的人工缺陷，调整仪器上的有关灵敏度按钮，使示波屏上人工缺陷的最高回波达基准波高，这时灵敏度就调好了。试块调整法主要用于无底波和厚度小于 $3N$ 的工件，如焊缝检测、钢板检测、钢管检测等。

（2）工件底波调整法　利用公式计算灵敏度。根据工件底面回波与同深度的人工缺陷（平底孔）回波分贝差为定值，即

$$\Delta=20\lg\frac{p_B}{p_f}=20\lg\frac{2\lambda x}{\pi D_f^2} \tag{4-17}$$

式中　x——工件厚度；

D_f——要求探出的最小平底孔尺寸。

【例 4-10】 用 2.5P20Z 的直探头检测厚度 $x=400$mm 的锻件，钢中 $c=5900$m/s，要求检测灵敏度为 400mm/ϕ2mm 平底孔。

解 计算：

$$\Delta=20\lg\frac{p_B}{p_f}=20\lg\frac{2\lambda x}{\pi D_f^2}=20\lg\frac{2\times 2.36\times 400}{3.14\times 2^2}\approx 44\text{dB}$$

调整：将探头对准工件大平底面，“衰减器”衰减 50dB，调“增益”使底波 B_1 达 80%，然后使“衰减器”的衰减量减少 44dB，即“衰减器”保留 6dB，这时 ϕ2mm 灵敏度就调好了。

工件底波调整法主要用于具有平底面或曲底面大型工件的检测，如锻件检测。

四、缺陷位置的测定

测定缺陷在工件中的位置称为缺陷定位。一般可根据示波屏上缺陷波的水平刻度值与扫描速度来对缺陷进行定位。

1. 直探头检测时缺陷定位

用直探头检测法时，缺陷就在直探头的下面，可直接计算缺陷在工件中的深度。

当检测仪按 1∶n 调节纵波扫描速度时，则有

$$d_f=n\tau_f \tag{4-18}$$

式中 d_f——缺陷在工件中的深度，mm；

n——检测仪调节比例系数；

τ_f——示波屏上缺陷波前沿所对水平刻度值。

【例 4-11】 检测仪按 1∶2 调节纵波扫描速度，检测中示波屏上水平刻度“75”处出现一缺陷波，求此缺陷在工件中的深度 d_f。

解 $d_f=n\tau_f=2\times 75=150\text{mm}$

2. 斜探头检测时缺陷定位

斜探头检测法分为直射法和一次波反射法。直射法为超声波不经底面反射而直接对准缺陷的检测方法，如图 4-23(a) 所示；一次波反射法为声波只在底面反射一次而对准缺陷的检测方法，如图 4-23(b) 所示。

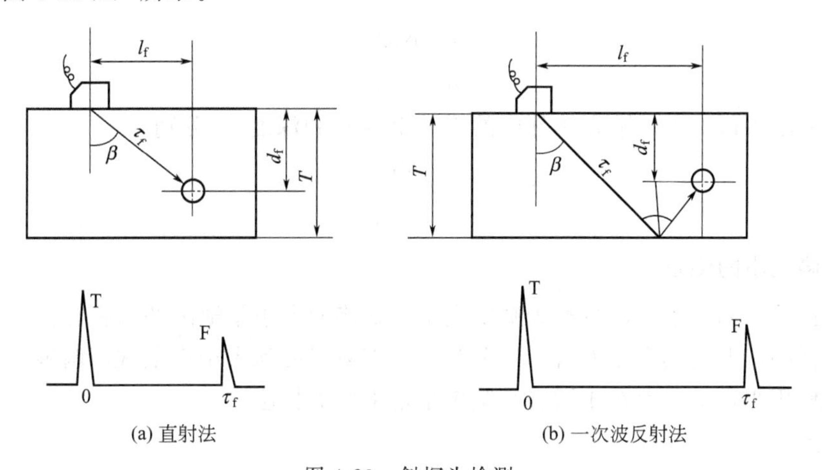

图 4-23 斜探头检测

用斜探头检测时，缺陷在探头前方的下面，其位置可用入射点至缺陷的水平距离 l_f 和缺陷到检测面的垂直距离 d_f 两个参数来描述，如图 4-24 所示。由于斜探头检测时扫描速度可按声程、水平、深度来调节，因此缺陷定位的方法也不一样。

(1) 按水平调节扫描速度 直射法检测时，缺陷在工件中的水平距离 l_f 和深度 d_f 分

别为

$$l_f = n\tau_f$$

$$d_f = \frac{n\tau_f}{K} \tag{4-19}$$

一次反射法检测时，缺陷在工件中的水平距离 l_f 和深度 d_f 分别为

$$l_f = n\tau_f$$

$$d_f = 2\delta - \frac{n\tau_f}{K} \tag{4-20}$$

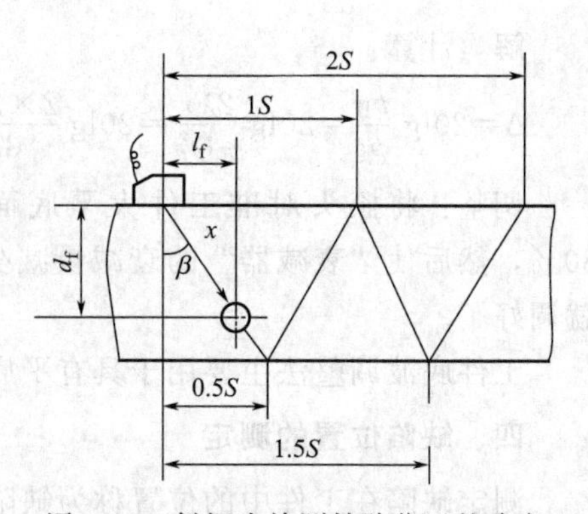

图 4-24　斜探头检测缺陷位置的确定

式中　l_f——缺陷在工件中的水平距离，mm；

d_f——缺陷在工件中的深度，mm；

τ_f——缺陷波前沿所对水平刻度值；

n——检测仪调节比例系数；

δ——检测厚度，mm；

K——探头 K 值。

（2）按深度调节扫描速度　直射法检测时，缺陷在工件中的水平距离 l_f 和深度 d_f 分别为

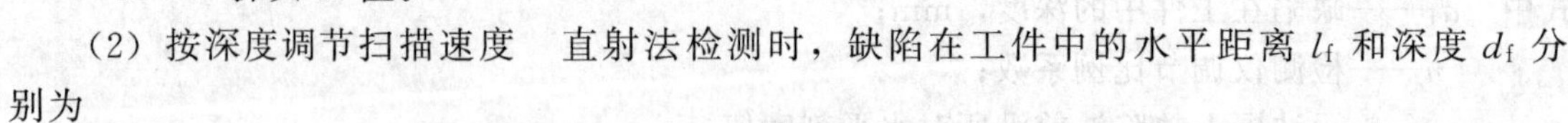

$$l_f = Kn\tau_f$$

$$d_f = n\tau_f \tag{4-21}$$

一次反射法检测时，缺陷在工件中的水平距离 l_f 和深度 d_f 分别为

$$l_f = Kn\tau_f$$

$$d_f = 2\delta - n\tau_f \tag{4-22}$$

（3）按声程调节扫描速度　直射法探伤时，缺陷在工件中的水平距离 l_f 和深度 d_f 分别为

$$l_f = Kn\tau_f$$

$$d_f = n\tau_f \tag{4-23}$$

一次反射法探伤时，缺陷在工件中的水平距离 l_f 和深度 d_f 分别为

$$l_f = Kn\tau_f$$

$$d_f = 2\delta - n\tau_f \tag{4-24}$$

五、缺陷大小的测定

测定工件缺陷的大小和数量称为缺陷定量。缺陷的大小指缺陷的面积和长度。工件中缺陷是多种多样的，但就其大小而言，可分为小于声束截面和大于声束截面两种。对于前者缺陷定量一般使用当量法，而对于后者缺陷定量常采用测长法。

1. 当量法

当缺陷尺寸小于声束截面时，一般采用当量法来确定缺陷的大小。当量法主要有当量曲线法、当量试块比较法、当量计算法等。焊缝的检测一般用当量曲线法，钢板的检测用当量试块比较法，锻件的检测用当量试块比较法或当量计算法。

2. 测长法

对于尺寸或面积大于声束截面的缺陷，一般采用探头移动法来测定其指示长度。测长法

根据缺陷波高与探头移动距离来确定缺陷的尺寸。按规定的方法测定的缺陷长度称为缺陷的指示长度。常用的测长法有端点6dB法和端点峰值法。

（1）端点6dB法　当发现缺陷后，探头沿缺陷方向左右移动，找到缺陷两端的最大反射波，分别以这两个端点反射波高为基准，继续向左、向右移动探头，当端点反射波高降低一半时（或6dB），探头中心线之间的距离即为缺陷的指示长度，如图4-25所示。

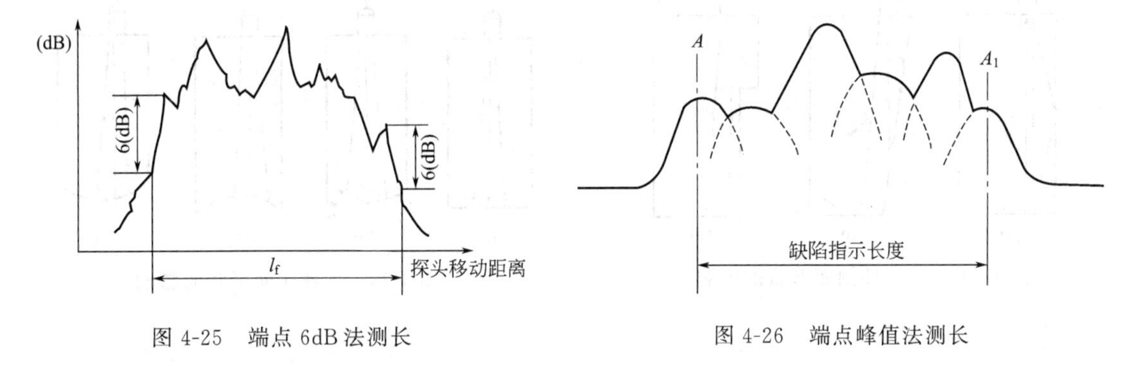

图4-25　端点6dB法测长　　图4-26　端点峰值法测长

（2）端点峰值法　在测长扫查过程中，如发现缺陷反射波峰值起伏变化，有多个高点，则以缺陷两端反射波极大值之间探头的移动长度确定为指示长度，如图4-26所示。

学习任务3　影响超声波检测波形的因素

超声波检测时，工件的内部情况是由检测仪示波屏上的图形来表示的，即通过示波屏上反射波的位置和高度来评价工件内部缺陷的深度和大小，并通过缺陷波特征来估判缺陷性质。然而，检测过程中有许多因素会影响检测波形，为此在判伤时要经常考虑影响检测波形的各项因素，使之与工件内部缺陷信号区别开来，只有这样才能得出正确结果。

1. 耦合剂的影响

耦合剂的作用是将超声波导入工件。由于所选用的耦合剂种类不同，其声阻抗也不同，将产生不同的反射率和透射率。耦合剂的声阻抗与工件的声阻抗愈接近，声能透过率愈好，反射波就愈高。

另外，耦合剂的厚度对声波的透射也有很大影响。当耦合剂层厚为波长的1/2整数倍时，反射波高度达到极大值。

2. 工件的影响

（1）工件表面粗糙度　工件表面愈光洁，探头与工件接触愈好，声波导入工件的能量就愈多。因此光洁表面对声波耦合有利。

（2）工件形状　工件侧面形状对检测波形的影响如图4-27所示。图（a）情况是侧面反射波出现在底波之后，形成迟到波。图（b）侧面是斜面，倾斜侧面对声波的反射降低波的高度。图（c）因侧面为阶梯形，阶梯的反射波便出现在底波之前。

工件底面形状的影响如图4-28所示。图（a）是正常平底面的反射情况；图（b）工件底面是斜面，由于反射而没有底波出现；图（c）工件的凹弧面具有散射作用，故底波高度下降；图（d）工件底面为凸弧面，因有聚声作用而使底波高度增加。

工件探测面形状的影响如图4-29所示。当缺陷大小相同、底面和侧面也相同，但探头与工件接触面不同时，其缺陷波高度与底波高度之比相差很大。

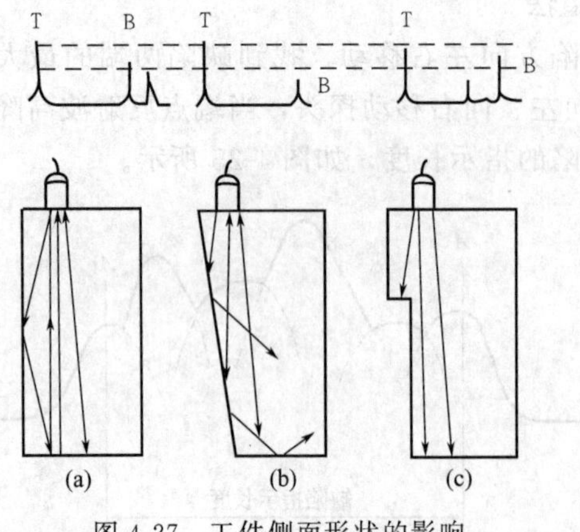

图 4-27　工件侧面形状的影响

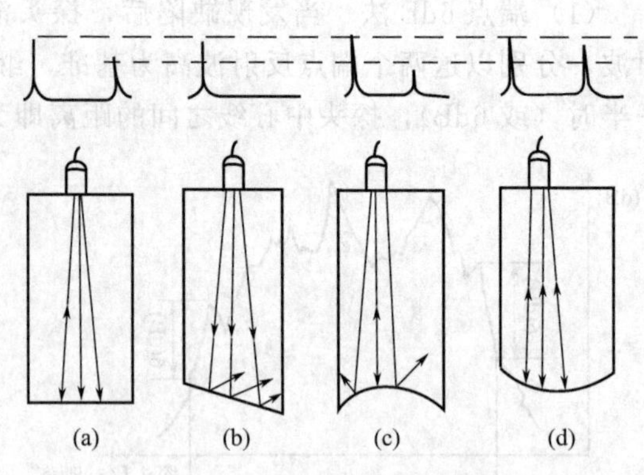

图 4-28　工件底面形状的影响

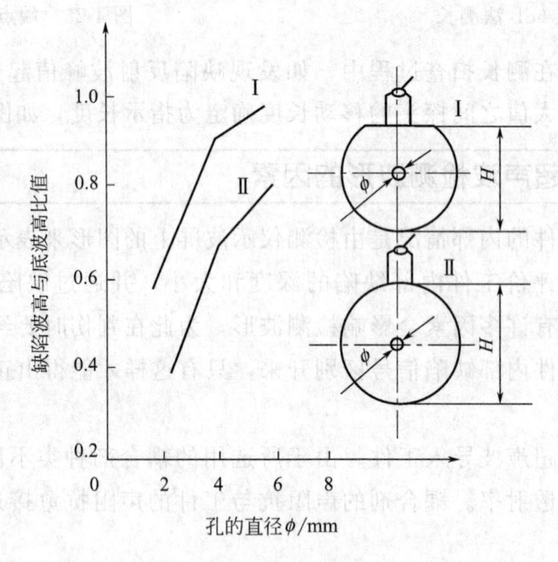

图 4-29　探侧面形状的影响

3. 缺陷的影响

（1）缺陷位置　当探测距离在远场时，随着缺陷探测距离（即缺陷深度）的增加，缺陷反射波高度将随着降低，如图 4-30 所示。

（2）缺陷形状　在缺陷深度相同、投影面积也相同时，平面比柱面的反射波要高，而柱面反射波又高于球面。图 4-31 为不同缺陷深度下，同声程平底孔换算成横孔直径的系数。由此可知，超声波探测裂纹等平面状缺陷的灵敏度要比探测气孔等球状缺陷高。

（3）缺陷大小　在相同的缺陷深度下，不同大小缺陷其反射高度变化如图 4-32 所示，可以看出，当缺陷大到一定值时，反射波的高度便饱和，不再因缺陷增大而增高，这是因为缺陷大于声束或缺陷反射强度高于仪器的显示能力。

（4）缺陷与声束的相对方向　缺陷的反射面与声束垂直时，反射波最高，若倾斜时，反射波下降，当倾斜角度较大时甚至无反射波出现。其关系如图 4-33 所示。

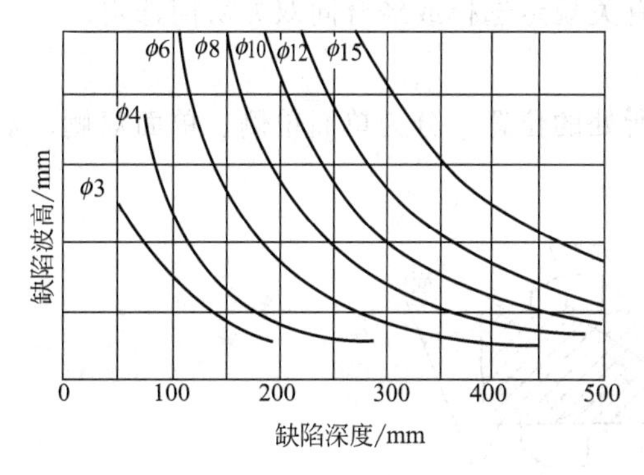

图 4-30 缺陷波高度与缺陷深度的关系

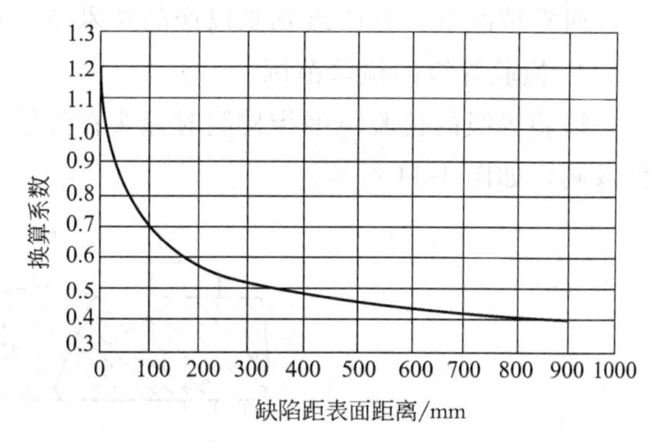

图 4-31 由平底孔换算成横通孔时的系数

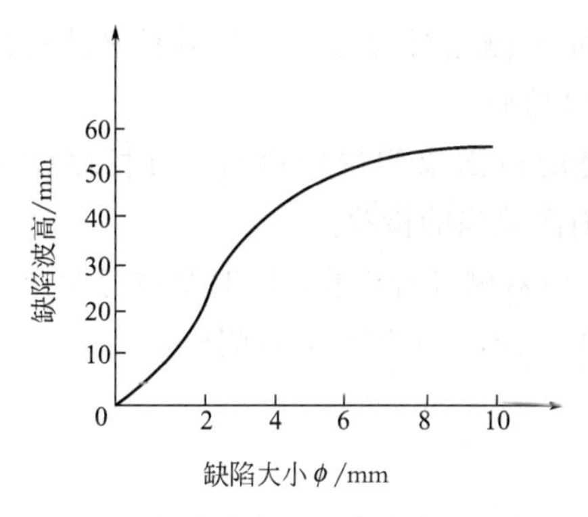

图 4-32 缺陷波高度与缺陷大小的关系

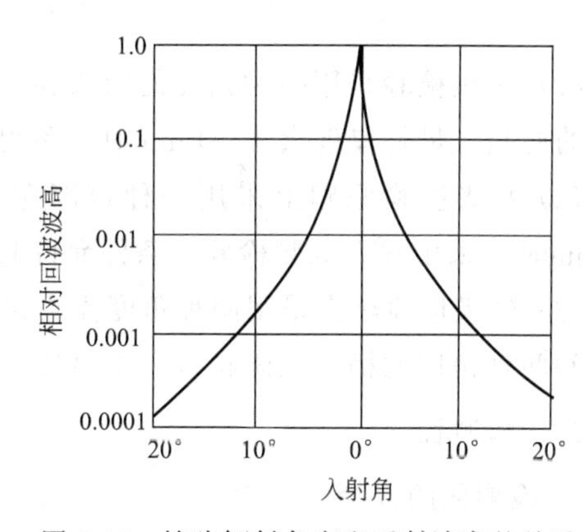

图 4-33 缺陷倾斜角度和反射波高的关系

(5) 缺陷内含物 缺陷包含的物质不同，将会有不同的声阻抗。缺陷的声阻抗与工件的声阻抗差值愈大，则缺陷上的反射率愈大，缺陷波就愈高。因此，气孔、缩孔等因声阻抗较大，故反射波高；而夹渣、非金属夹杂物其声阻抗与工件材料的声阻抗差别较小，故反射波比相同反射面的气孔低。

第四模块 焊缝的超声波检测技术

学习任务1 检测前准备工作

一、检验等级

1. 检验等级的分级

焊缝中缺陷的位置、形状和方向直接影响缺陷的声反射率。超声波探测焊缝的方向愈多，波束垂直于缺陷平面的概率愈大，缺陷的检出率也愈高，评定结果也就愈准确。一般根据对焊缝探测方向的多少，把超声波检测划分为 A、B、C 三个级别：

A 级——检验的完善程度最低，适用于普通钢结构检测；

B 级——检验的完善程度一般，适用于压力容器检测；

C 级——检验的完善程度最高，适用于核容器与管道等的检测。

通常情况下，检验级别是以产品技术条件和有关规定选择或经合同双方协商选定。

2. 检验等级的检验范围

检验等级的检验范围指检测时探头在焊缝上所处的位置。分为单面单侧、单面双侧、双面双侧，如图 4-34 所示。

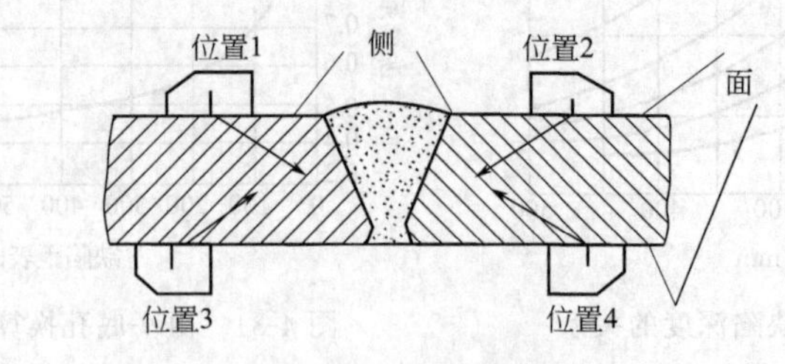

图 4-34　检测面和侧

（1）A 级检验采用一种角度的探头在焊缝的单面单侧进行检验，一般不要求进行横向缺陷的检验。母材厚度大于 50mm 时，不得采用 A 级检验。

（2）B 级检验原则上采用一种角度探头在焊缝的单面双侧进行检验，母材厚度大于 100mm时，采用双面双侧检验。条件允许时应进行横向缺陷的检验。

（3）C 级检验至少采用两种角度探头在焊缝的单面双侧进行检验，同时要进行两个扫查方向和两种角度的横向缺陷检验。母材厚度大于 100mm 时，采用双面双侧检验。

二、检测面

1. 检测面的选择

按不同检验等级要求选择检测面和侧，如表 4-3 所示。

表 4-3　检测面及使用 *K* 值

板厚/mm	检测面			检测方法	*K* 值
	A	B	C		
≤25	单面单侧	单面双侧（1 和 2 或 3 和 4）或双面单侧（1 和 3 或 2 和 4）		直射法及一次反射法	*K*2.5，*K*2.0
＞25～50	单面单侧	单面双侧（1 和 2 或 3 和 4）或双面单侧（1 和 3 或 2 和 4）		直射法及一次反射法	*K*2.5，*K*2.0，*K*1.5
＞50～100	无 A 级	双面双侧		直射法	*K*1.0 或 *K*1.5；*K*1.0 和 *K*1.5 并用；*K*1.0 和 *K*2.0 并用
＞100	无 A 级	双面双侧		直射法	*K*1.0 和 *K*1.5 并用；*K*1.0 和 *K*2.0 并用

2. 检测面的修整宽度

选择的检测面在检测前必须对探头接触的焊缝侧进行修整，如清除飞溅、铁屑、油垢及其他外部杂质，便于探头的自由扫查，并保证有良好的声波耦合。修整后的表面粗糙度应不大于 6.3μm。

焊缝侧检测面的修整宽度就是探头移动的长度。为使探头在检测面上移动时声束能扫查到焊缝截面，探头移动的长度 l 根据检测方法确定。

采用一次反射法检测时，探头移动区 l 应满足：

$$l > 1.25P \tag{4-25}$$

采用直射法检测时，探头移动区 l 应满足：

$$l > 0.75P \tag{4-26}$$

式中 P——跨距，mm，$P=2\delta K$；

δ——工件厚度；

K——探头的 K 值。

3. 检验区域的宽度

检验区域的宽度是焊缝本身再加上焊缝两侧各相当于母材厚度 30%的一段区域，这个区域宽度最小为 10mm，最大为 20mm，如图 4-35 所示。

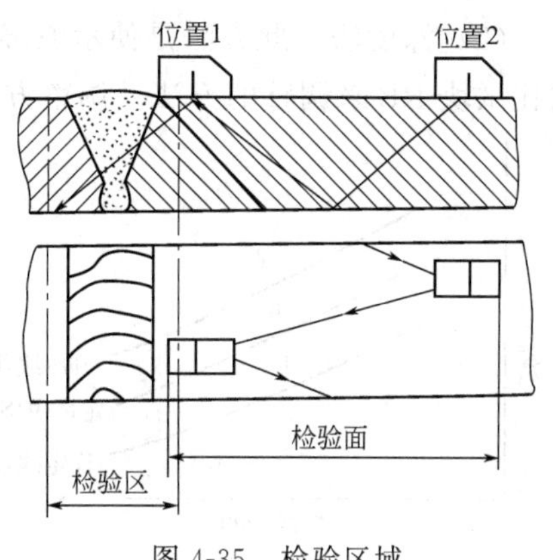

图 4-35 检验区域

三、探头的选择

1. 频率的选择

焊缝的晶粒比较细小，可选择较高的频率检测，一般为 2.5～5.0MHz。

2. 探头 K 值的选择

原则上应根据工件厚度和缺陷方向选择，即尽可能探测到整个焊缝厚度，并使声束尽可能垂直于主要缺陷。

焊缝检测中，薄工件宜采用大 K 值探头，以避免近场区检测，提高分辨力和定位精度。大厚度工件宜采用小 K 值探头，以减小修整面的宽度，有利于缩短声程，减小衰减损失，提高检测灵敏度。实际检测时，可按表 4-3 选取探头 K 值。

检测时要注意，K 值常因探头的磨损而产生变化。因此，检测前必须对探头 K 值进行校验。

四、耦合剂的选择

焊缝检测中，常用的耦合剂有机油、甘油、浆糊和水等。目前实际检测中用得最多的是机油与浆糊。从耦合效果看，浆糊和机油差别不大，不过浆糊有一定的黏性，可用于任意位置焊缝的检测操作，并具有较好的水洗性。

五、检测仪的调节

1. 扫描速度的调节

焊缝检测时，最常用的扫描速度调节方法是水平法和深度法。

(1) 水平法　该方法是使示波屏水平刻度值直接显示反射体的水平投影距离。焊缝检测中常用对比试块 RB 来调整。调整方法如下。

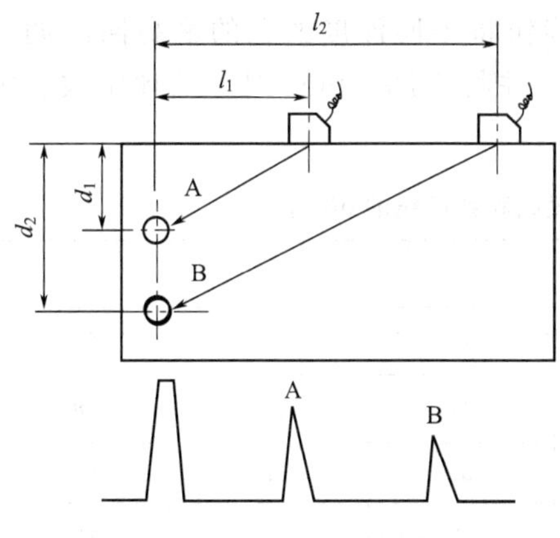

图 4-36 对比试块 RB 调整法

① 测出探头的入射点和 K 值。

② 把示波屏上的始脉冲先左移约 10mm。

③ 探头对准孔 A（见图 4-36），找到最高回波 A，量出水平距离 l_1，调“微调”旋钮使 A 波前沿对准水平刻度 l_1。

④ 后移探头，找到 B 孔（见图 4-36）最高回波，量出水平距离 l_2。

⑤ 用“脉冲移位”旋钮将 B 波调至 l_2。再前移探头，找到 A 波，若 A 波正对 l_1，这时水平1∶1 就调好了，若 A 波不是正对 l_1，则应利用 A、B 波反复调至与读数相符。

（2）深度法　此方法是使示波屏水平刻度值直接显示反射体的垂直距离。下面介绍利用对比试块 RB 来调整的方法。调整方法如下。

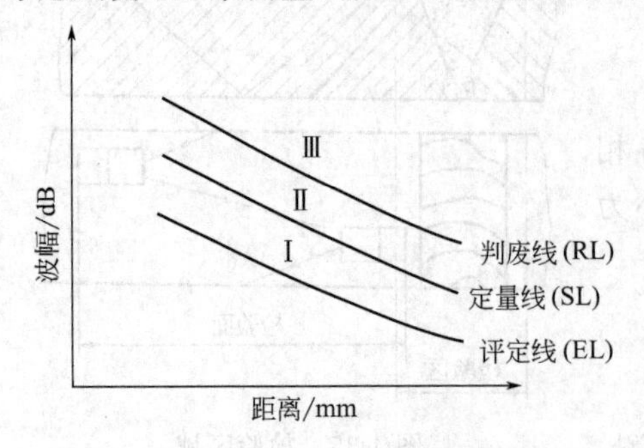

图 4-37　距离-波幅曲线示意

Ⅰ—弱信号评定区；Ⅱ—长度评定区；Ⅲ—判废区

① 测出探头的入射点和 K 值。

② 把示波屏上的始脉冲先左移约 10mm。

③ 探头分别对准孔 A、B，如图 4-36 所示，反复调节"脉冲移位"和"微调"旋钮，使两孔的最高回波分别对准水平刻度 d_1、d_2 即可。

2. 距离-波幅曲线的绘制和应用

缺陷波高与缺陷大小、距离有关，大小相同的缺陷由于声程不同，回波高度也不相同。描述某一确定反射体回波高度随距离变化的关系曲线称为距离-波幅曲线。

距离-波幅曲线由评定线、定量线、判废线组成，如图 4-37 所示。评定线和定量线之间称为Ⅰ区，定量线与判废线之间称为Ⅱ区，判废线以上称为Ⅲ区。不同板厚的距离-波幅曲线的灵敏度见表 4-4。

表 4-4　距离-波幅曲线的灵敏度（GB/T 11345—1989）

DAC ＼ 检验等极与板厚/mm	A 8～50	B 8～300	C 8～300
判废线(RL)	DAC	DAC－4dB	DAC－2dB
定量线(SL)	DAC－10dB	DAC－10dB	DAC－8dB
评定线(EL)	DAC－16dB	DAC－16dB	DAC－14dB

距离-波幅曲线用波幅 dB 值为纵坐标，距离为横坐标。以 RB-2 试块为例介绍距离-波幅曲线的绘制。绘制步骤如下。

① 测定探头的入射点和 K 值，并根据板厚（设板厚 $\delta=30$mm）调节扫描速度，如按深度 1∶1 调节。

② 探头置于 RB-2 试块上，调节"增益"旋钮为最大。调节"衰减器"旋钮，使深度为 10mm 的 ϕ3mm 孔的最高回波达基准波高的 80%，记下此时"衰减器"旋钮读数和孔深。然后分别探测不同深度的 ϕ3mm 孔，用"衰减器"旋钮将不同深度的孔的最高回波调至 80%波高，记下相应的 dB 值和孔深，填入表 4-5 中。并将板厚 30mm 对应的评定线、定量线和判废线的 dB 值填入表 4-5 中。

表 4-5　板厚 30mm 对应的评定线、定量线和判废线的 dB 值

孔深/mm	10	20	30	40	50	60
DAC	52	50	47	44	41	38
DAC(判废线)	52	50	47	44	41	38
DAC－10dB(定量线)	42	40	37	34	31	28
DAC－16dB(评定线)	36	34	31	28	25	22

③ 利用表中所列数据，以孔深为横坐标，以 dB 值为纵坐标，在坐标纸上描点绘出评定线、定量线和判废线，标出Ⅰ区、Ⅱ区和Ⅲ区，并注明所用探头的频率、晶片尺寸和 K 值，如图 4-38 所示。

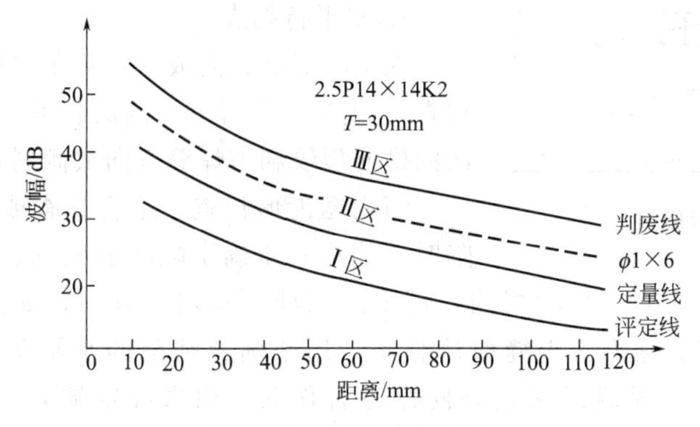

图 4-38 距离-波幅曲线

④ 利用深度不同的两孔校验距离-波幅曲线，若不符，应重新测量。

利用距离-波幅曲线可以完成以下工作。

① 了解反射体波高和距离之间的对应关系。

② 调整检测灵敏度。

【例 4-12】 检测板厚 $\delta=30$mm 的对接焊缝时，一次波检测最大深度为 60mm。由距离-波幅曲线可知，评定线灵敏度为 22dB，因此将“衰减器”旋钮调到 22dB 时灵敏度就调好了。

③ 比较缺陷大小。

【例 4-13】 检测中发现两缺陷，缺陷 1：$\tau_{f1}=30$mm，波高为 45dB；缺陷 2：$\tau_{f2}=50$mm，波高为 40dB，比较两者的大小。

由距离-波幅曲线可知，孔深 30mm，ϕ3mm 孔波高为 47dB，所以缺陷 1 当量为 $\phi3+45-47=\phi3-2$dB；孔深 50mm，ϕ3mm 孔波高为 41dB，所以缺陷 2 当量为 $\phi3+40-41=\phi3-1$dB。因此缺陷 1 大于缺陷 2。

④ 确定缺陷所处区域。

【例 4-14】 检测中发现一缺陷的 $\tau_{f1}=20$mm，波高为 45dB；另一缺陷 $\tau_{f2}=60$mm，波高为 40dB。由距离-波幅曲线可知，孔深 20mm，定量线为 40dB，判废线为 50dB。缺陷 1 波高为 45dB(50dB＞45dB＞40dB)，在定量线以上，即Ⅱ区，应测定缺陷长度。孔深 60mm，判废线为 38dB。缺陷 2 波高为 40dB(＞38dB)，在判废线以上，即Ⅲ区，应判废。

学习任务 2 扫查方法

为了发现缺陷及对缺陷进行准确定位，必须正确移动探头。常用的扫查方法有以下几种。

1. 锯齿形扫查

探头以锯齿形轨迹作往复移动扫查，同时探头还应在垂直于焊缝中心线位置上作±(10°～15°) 的左右转动，以便使声束尽可能垂直于缺陷，如图 4-39 所示。该扫查方法常用于发现焊缝的纵向缺陷。

2. 平行扫查

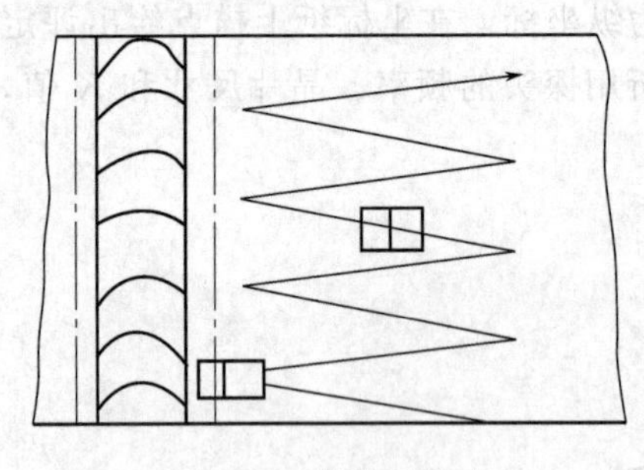
图 4-39　锯齿形扫查

探头在焊缝边缘或焊缝上（C 级检验，焊缝余高已磨平）作平行于焊缝的移动扫查，如图 4-40 所示。此法可探测焊缝及热影响区的横向缺陷。

3. 斜平行扫查

探头与焊缝方向成一定夹角（10°～45°）的斜平行扫查，如图 4-40 所示。该法有助于发现焊缝及热影响区的横向裂纹和与焊缝方向成倾斜角度的缺陷。

当用锯齿形扫查、平行扫查或斜平行扫查发现缺陷时，为进一步确定缺陷的位置、方向、形状及观察缺陷动态波形或区分缺陷信号的真伪，可采用四种基本扫查方式，如图4-41所示。其中，前后扫查的方式是探头垂直于焊缝前后移动，用来确定缺陷的水平距离或深度；左右扫查的方式是探头平行于焊缝或缺陷方向作左右移动，用来确定缺陷沿焊缝方向的长度；环绕扫查的方式是以缺陷为中心，变换探头位置，用来估判缺陷形状，尤其是对点状缺陷的判断；转角扫查的方式是探头作定点转动，用于确定缺陷方向并区分点、条状缺陷。

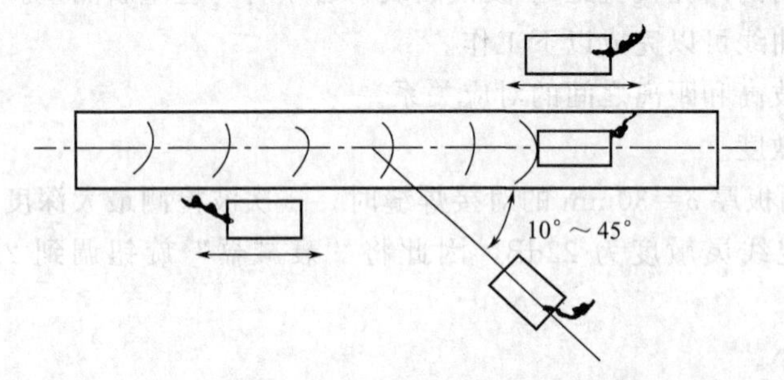

图 4-40　平行扫查和斜平行扫查

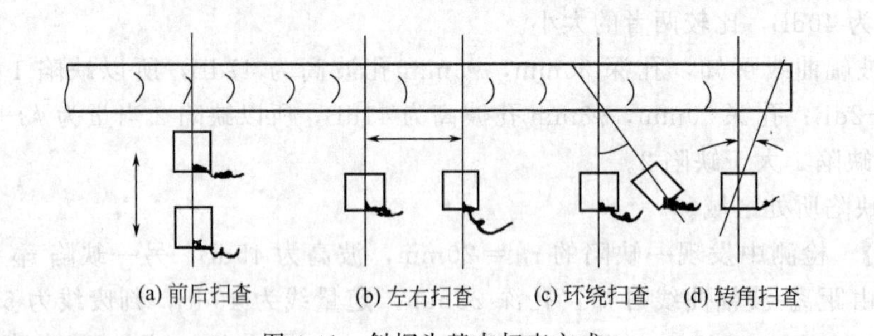

图 4-41　斜探头基本扫查方式

学习任务 3　焊缝中缺陷位置与缺陷大小的测定

一、缺陷位置的测定

检测中发现缺陷波以后，应根据示波屏上缺陷波的位置来确定缺陷在实际焊缝中的位置。缺陷定位的方法按扫描速度调节方法的不同分为水平定位法和深度定位法。

1. 水平定位法

检测仪按水平 1∶n 调节横波扫描速度时，应采用水平定位法来确定缺陷的位置。

用直射法发现缺陷时，缺陷的水平距离 l_f 和深度 d_f 分别为

$$l_f = n\tau_f$$

$$d_f=\frac{n\tau_f}{K}$$

用一次波发现缺陷时，缺陷的水平距离 l_f 和深度 d_f 分别为

$$l_f=n\tau_f$$

$$d_f=2\delta-\frac{n\tau_f}{K}$$

【例 4-15】 $K2$ 斜探头检测厚度 $\delta=15mm$ 的钢板焊缝，仪器按水平 1∶1 调节横波扫描速度，检测中示波屏上水平刻度 $\tau_f=45mm$ 处发现一缺陷波，求此缺陷位置。

解 直射波的水平距离为

$$l_1=K\delta=2\times15=30mm$$

$30mm<\tau_f$，判定此缺陷是一次波发现的，因此

$$l_f=n\tau_f=1\times45=45mm$$

$$d_f=2\delta-\frac{n\tau_f}{K}=2\times15-\frac{1\times45}{2}=7.5mm$$

2. 深度定位法

检测仪按深度 1∶n 调节横波扫描速度时，应采用深度定位法来确定缺陷的位置。

用直射法发现缺陷时，缺陷的水平距离 l_f 和深度 d_f 分别为

$$l_f=Kn\tau_f$$

$$d_f=n\tau_f$$

用一次波发现缺陷时，缺陷的水平距离 l_f 和深度 d_f 分别为

$$l_f=Kn\tau_f$$

$$d_f=2\delta-n\tau_f$$

【例 4-16】 $K2$ 斜探头检测厚度 $\delta=40mm$ 的对接焊缝，仪器按深度 1∶1 调节扫描速度，检测中在示波屏水平刻度 $\tau_{f1}=30mm$ 和 $\tau_{f2}=60mm$ 处各发现一缺陷波，求这两个缺陷的位置。

解 由于 $\tau_{f1}=30mm<40mm$，可以判定缺陷 1 是直射波发现的，因此

$$l_{f1}=Kn\tau_f=2\times1\times30=60mm$$

$$d_{f1}=n\tau_f=1\times30=30mm$$

由于 $40mm<\tau_{f2}=60mm<80mm$，可以判定缺陷 2 是一次波发现的，因此

$$l_{f2}=Kn\tau_{f2}=2\times1\times60=120mm$$

$$d_{f2}=2\delta-n\tau_{f2}=2\times40-1\times60=20mm$$

二、缺陷大小的测定

1. 缺陷幅度与指示长度的测定

检测中发现位于定量线或定量线以上的缺陷要测定缺陷波的幅度和指示长度。

缺陷波幅的测定：首先找到缺陷的最高波，测出缺陷波达到基准波高时的 dB 值，然后确定该缺陷波所在的区域。

缺陷指示长度的测定：GB/T 11345—1989 标准规定，当缺陷反射波只有一个高点时，用降低 6dB 相对灵敏度法测长；当缺陷反射波有多个高点时，用端点峰值法测长。

2. 缺陷长度的计算

当焊缝中存在两个或两个以上的相邻缺陷时，要计算缺陷的总长。

GB/T 11345—1989 标准规定：当相邻两缺陷间距不大于 8mm 时，以两缺陷指示长度之和作为一个缺陷的指示长度，缺陷指示长度小于 10mm 时，按 5mm 计。

【例 4-17】 用 $K2$ 探头探测 $\delta=40$mm 的焊缝，仪器按深度 1∶1 调节，在 RB-2 试块上测得不同深度处 ϕ3mm 孔的 dB 值见表 4-6。

表 4-6 不同深度处 ϕ3mm 的 dB 值

d_f/mm	10	20	30	40	50	60	70	80	90
dB 值	41	39	36	33	31	29	27	25	23

（1）如何利用 RB-2 试块调节检测灵敏度？

（2）检测时在 $\tau_f=40$mm 处发现一缺陷，其回波高达基准高时衰减器读数为 25dB，求此缺陷的当量和深度。

解 （1）调节灵敏度　评定线的灵敏度为 ϕ3－16dB，则深度 80mm 的灵敏度为 ϕ3－9dB。探头对准 RB-2 试块 80mm 处，衰减 25dB，达基准波高。然后用“衰减器”旋钮增益 16dB，这时灵敏度就调好了。

（2）缺陷的当量和深度　定量线灵敏度为 ϕ3－10dB，40mm 处定量线灵敏度为 33dB－10dB＝23dB，缺陷的波幅 25dB＞23dB，则此缺陷位于Ⅱ区，缺陷当量为 ϕ3＋2dB，深度为 40mm。

学习任务 4　焊缝中缺陷性质的判别

一、缺陷性质的判别

判定工件或焊接接头中缺陷的性质称为缺陷定性。在超声波检测中，不同性质的缺陷其反射回波的波形区别不大，往往难于区分。因此，缺陷定性一般采取综合分析方法，即根据缺陷波的大小、位置及探头运动时波幅的变化特点，并结合焊接工艺情况对缺陷性质进行综合判断。这在很大程度上要依靠检验人员的实际经验和操作技能，因而存在着较大误差。到目前为止，超声波检测在缺陷定性方面还没有一个成熟的方法，这里仅简单介绍焊缝中常见缺陷的波形特征。

1. 气孔

气孔分为单个气孔和密集气孔。单个气孔回波高度低，波形为单峰，较稳定，当探头绕缺陷转动时，缺陷波高大致不变，但探头定点转动时，反射波立即消失。密集气孔会出现一簇反射波，其波高随气孔大小而不同，当探头定点转动时，会出现此起彼伏的现象。

2. 裂纹

缺陷回波高度大，波幅宽，常出现多峰。探头平移时，反射波连续出现，波幅有变动；探头转动时，波峰有上下错动的现象。

3. 夹渣

夹渣分为点状夹渣和条状夹渣。点状夹渣的回波信号类似于点状气孔。条状夹渣回波信号呈锯齿状，由于其反射率低，波幅不高且形状多呈树枝状，主峰边上有小峰。探头平移时，波幅有变动。探头绕缺陷移动时，波幅不相同。

4. 未焊透

未焊透一般位于焊缝中心线上，有一定长度。由于未焊透反射率高，波幅均较高。探头平移时，波形较稳定。在焊缝两侧检测时，均能得到大致相同的反射波幅。

5. 未熔合

当声波垂直入射该缺陷表面时，回波高度大。探头平移时，波形稳定。焊缝两侧检测时，反射波幅不同，有时只能从一侧探测到。

6. 咬边

一般情况下咬边反射波的位置出现在直射波和一次波的前边。当探头在焊缝两侧检测时，一般都能发现。

咬边的判别方法有两种：测量信号的部位是否在焊缝边缘处，如能用肉眼直接观察到咬边存在，即可判断；另外，探头移动出现最高波处固定探头，适当降低仪器灵敏度，用手指沾油轻轻敲打焊缝边缘咬边处，观察反射信号是否有明显的跳动现象，若信号跳动，则证明是咬边反射信号。

二、伪缺陷波的判别

焊缝超声波检测中，荧光屏上除了缺陷波以外，还会出现伪缺陷波。伪缺陷波是指荧光屏上出现的并非焊缝中缺陷造成的反射信号。

1. 仪器杂波

在不接探头的情况下，由于仪器性能不良，检测灵敏度调节过高时，荧光屏上出现单峰的或者多峰的波形。接上探头工作时，此波在荧光屏上的位置固定不变。一般情况下，降低灵敏度后，此波就消失。

2. 探头杂波

仪器接上探头后，即在荧光屏上显示出脉冲幅度很高、很宽的信号。无论探头是否接触工件，信号都存在，且位置不随探头移动而移动，即固定不变，此种假信号容易识别。产生的原因主要有：探头吸收块的作用降低或失灵，探头卡子位置装配不合适，有机玻璃斜楔设计不合理，探头磨损过大等。

3. 耦合剂反射波

如果探头的折射角较大，而检测灵敏度又调得较高，则有一部分能量转换成表面波，这种表面波传播到探头前沿耦合剂堆积处，也造成反射波。遇到这种信号，只要探头固定不动，随着耦合剂的流失，波幅慢慢降低，很不稳定。用手擦掉探头前面耦合剂时，信号就消失。

4. 焊缝表面沟槽反射波

在多道焊的焊缝表面形成一道道沟槽，当超声波扫查到沟槽时，会引起沟槽反射，鉴别的方法是，一般出现在直射波、一次波处或稍偏后的位置。这种反射信号的特点是不强烈、迟钝。

5. 焊缝上下错位引起的反射波

由于板材在加工坡口时，上下刨得不对称或焊接时焊偏造成上下层焊缝错位，如图4-42所示，由于焊缝上下焊偏，在A侧检测时，焊脚反射波很像焊缝内的缺陷，当探头移动到B侧检测时，在直射波前没有反射波或测得探头的水平距离在焊缝的母材上，则说明是焊偏。

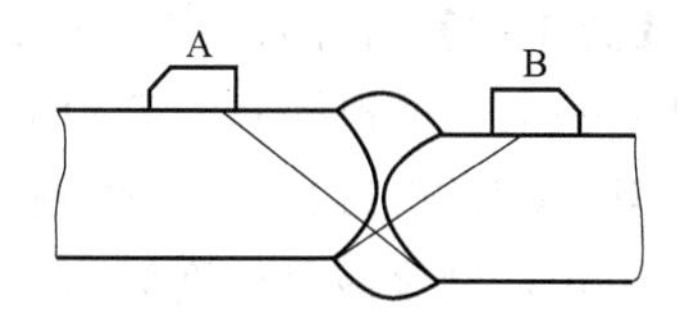

图 4-42 焊偏在超声检测中的辨别

通过示波屏上的反射波位置也可判断是否焊缝上下错位引起反射波，即在焊缝两侧进行检测时，发现焊脚反射波在示波屏上出现的位置不同，比正常的焊脚反射波位置超前或延后（在B侧检测时超前，在A侧检测时延后），且超前和延后的格数相同时，则认为该回波是焊缝上下错位所致。

学习任务5 焊缝质量的评定

缺陷的大小测定以后，要根据缺陷的当量和指示长度结合标准的规定评定焊缝的质量级别。

GB/T 11345—1989 标准将焊缝质量分为Ⅰ、Ⅱ、Ⅲ、Ⅳ四级，其中Ⅰ级质量最高，Ⅳ级质量最低。

具体的等级分类如下。

（1）最大反射波幅位于Ⅱ区的缺陷，根据缺陷的指示长度按表 4-7 的规定予以评级。

表 4-7 缺陷的等级分类

检验等级与板厚		A	B	C
		8～50mm	8～300mm	8～300mm
评定等级	Ⅰ	$\frac{2}{3}\delta$；最小 12mm	$\frac{\delta}{3}$；最小 10mm，最大 30mm	$\frac{\delta}{3}$；最小 10mm，最大 20mm
	Ⅱ	$\frac{3}{4}\delta$；最小 12mm	$\frac{2}{3}\delta$；最小 12mm，最大 50mm	$\frac{\delta}{2}$；最小 10mm，最大 30mm
	Ⅲ	$<\delta$；最小 20mm	$\frac{3}{4}\delta$；最小 16mm，最大 75mm	$\frac{2}{3}\delta$；最小 12mm，最大 50mm
	Ⅳ	超过Ⅲ级者		

（2）最大反射波幅不超过评定线的缺陷，均评为Ⅰ级。

（3）最大反射波幅超过评定线的缺陷，检验者判定为裂纹等危害性缺陷时，无论其波幅和尺寸如何，均评为Ⅳ级。

（4）反射波幅位于Ⅰ区的非裂纹性缺陷，均评为Ⅰ级。

（5）反射波幅超过判废线进入Ⅲ区的缺陷，无论其指示长度如何，均评定为Ⅳ级。

（6）最大反射波幅位于Ⅱ区的缺陷，其指示长度小于 10mm 时按 5mm 计。

（7）相邻两缺陷各向间距小于 8mm 时，两缺陷指示长度之和作为单个缺陷的指示长度。

根据评定结果，对照产品验收标准，对产品给出合格与否的结论。不合格缺陷应予返修，返修区域修补后，应按原检测条件进行复验。复验部位的缺陷也应按上述方法及等级标准评定。

【例 4-18】 检测 $\delta=20$mm 的对接焊缝，发现波幅为 $\phi3+8$dB，试根据 GB/T 11345—1989 标准评定该焊缝质量级别。

解 GB/T 11345—1989 标准 A 级检验评定线灵敏度为 $\phi3-16$dB，定量线灵敏度为 $\phi3-10$dB，判废线灵敏度为 $\phi3$，该缺陷当量为 $\phi3+8$dB，位于Ⅲ区，所以该焊缝评为Ⅳ级。

【例 4-19】 检测 $\delta=14$mm 的对接焊缝，发现波幅为 $\phi3-20$dB、指示长度为 9mm 的条状缺陷一个，试根据 GB/T 11345—1989 标准评定该焊缝质量级别。

解 GB/T 11345—1989 标准 A 级检验评定线灵敏度为 $\phi3-16$dB，定量线灵敏度为 $\phi3-10$dB，判废线灵敏度为 $\phi3$，该缺陷当量为 $\phi3-20$dB，位于评定线以下，所以该焊缝评为Ⅰ级。

【例 4-20】 检测 $\delta=45$mm 的对接焊缝，发现波幅为 $\phi3-8$dB、指示长度为 9mm 的条状缺陷三个，其间距均为 7mm，试根据 GB/T 11345—1989 标准评定该焊缝质量级别。

解 GB/T 11345—1989 标准 A 级检验评定线灵敏度为 $\phi 3-16$dB，定量线灵敏度为 $\phi 3-10$dB，判废线灵敏度为 $\phi 3$，该缺陷当量为 $\phi 3-8$dB，位于Ⅱ区，应根据缺陷指示长度评级。

标准规定间距小于 8mm 时，以缺陷之和作为单个缺陷，因此缺陷总长为 $9\times 3=27$mm。

因为 $2/3\ \delta=30\text{mm}>27\text{mm}$，所以该焊缝评为Ⅰ级。

【例 4-21】 检测 $\delta=90$mm 的对接焊缝，在一段焊缝内发现依次间距大于 8mm 的缺陷三个。缺陷 1 波幅为 $\phi 3-6$dB，指示长度为 25mm；缺陷 2 波幅为 $\phi 3-9$dB，指示长度为 8mm；缺陷 3 波幅为 $\phi 3-12$dB，指示长度为 5mm。试根据 GB/T 11345—1989 标准评定该焊缝质量级别。

解 GB/T 11345—1989 标准规定间距大于 8mm 时，应单独评定，所以缺陷 1、2、3 单独评定。

因板厚为 90mm，依据标准规定其检验等级为 B 级。B 级检验的评定线灵敏度为 ϕ3-16dB，定量线灵敏度为 ϕ3-10dB，判废线灵敏度为 ϕ3-4dB。缺陷 1 当量为 ϕ3-6dB，位于Ⅱ区，缺陷 2 当量为 ϕ3-9dB，位于Ⅱ区，缺陷 3 当量为 ϕ3-12dB，位于Ⅰ区。

缺陷 1 位于Ⅱ区，长度为 25mm，小于 $1/3\delta$，评定等级为Ⅰ级。缺陷 2 位于Ⅱ区，长度为 8mm，小于 10mm，评定等级为Ⅰ级。缺陷 3 位于Ⅰ区，长度为 5mm，评定等级为Ⅰ级。

该焊缝质量级别为Ⅰ级。

学习任务 6 超声波检测记录与报告

焊缝超声波检测后，应将检测数据、工件及工艺概况归纳在检测的原始记录中（见图 4-43），并签发检验报告（见图 4-44）。检验报告是焊缝超声波检验的存档文件，经质量管理人员审核后，副本发送委托部门，其正本由检测部门归档，一般应保存 7 年以上。

工件名称		工件编号		检验次序	○首次检验○一次复验○二次复验
探测条件：					

探头			反　射　体			基准波高满幅/%	反射体波幅/dB	检测灵敏度/dB	探深/mm
K 值	频率/MHz	尺寸	形状	深度/mm	试块				

焊缝序号	缺陷编号	缺陷位置/mm	深度/mm	指示长度/mm	波幅/dB	检验人	备注

图 4-43 焊缝超声波检测记录

报告编号

报告日期　　年　月　日

<table>
<tr><td>产品名称</td><td colspan="2"></td><td colspan="2">工件名称</td><td></td></tr>
<tr><td>工件编号</td><td></td><td>材料</td><td></td><td>厚度</td><td>mm</td></tr>
<tr><td colspan="6">焊缝种类：○平板　○环缝　○纵缝　○T形　○管座</td></tr>
<tr><td colspan="2">焊缝数量：</td><td colspan="2">检测面：</td><td colspan="2">检验范围：　%</td></tr>
<tr><td colspan="6">检测面状态：○修整　○轧制　○机加</td></tr>
<tr><td colspan="3">检验规程：</td><td colspan="3">验收标准：</td></tr>
<tr><td colspan="6">检测时机：○焊后　○热处理后　○水压试验后</td></tr>
<tr><td colspan="2">仪器型号：</td><td colspan="4">耦合剂：○机油　○甘油　○浆糊</td></tr>
<tr><td colspan="6">检测方式：○垂直　○斜角　○单探头　○双探头　○串列探头</td></tr>
<tr><td colspan="3">扫描调节：○深度　○水平　○声程</td><td>比例：</td><td colspan="2">试块：</td></tr>
<tr><td colspan="6">检测部位示意图：</td></tr>
<tr><td rowspan="4">检测结果及返修情况</td><td>焊缝编号</td><td>检验长度</td><td>显示情况</td><td>一次返修编号</td><td>二次返修编号</td></tr>
<tr><td></td><td></td><td></td><td></td><td></td></tr>
<tr><td></td><td></td><td></td><td></td><td></td></tr>
<tr><td colspan="5">检验焊缝总长：　mm，一次返修总长：　mm。
二次返修总长：　mm，同一部位经　次返修后合格。</td></tr>
<tr><td colspan="6">备注：</td></tr>
<tr><td colspan="6">结论：　○　合格　　○不合格
检验：　UT　级　　审核：　UT　级</td></tr>
</table>

图 4-44　焊缝超声波检测报告

学习任务 7　焊缝超声波检测的一般程序

焊缝超声波检测可分为检测准备和现场检测两部分，其一般程序如图 4-45 所示。

1. 接受委托

委托单内容应有工件编号、材料、尺寸、规格、焊接种类、坡口形式等，同时也应注明检测部位、检测百分比、验收标准、质量等级，并附有工件简图。

2. 指定检验人员

超声波检测一般安排两人以上同时工作，至少应有一名Ⅱ级超声波检测人员。

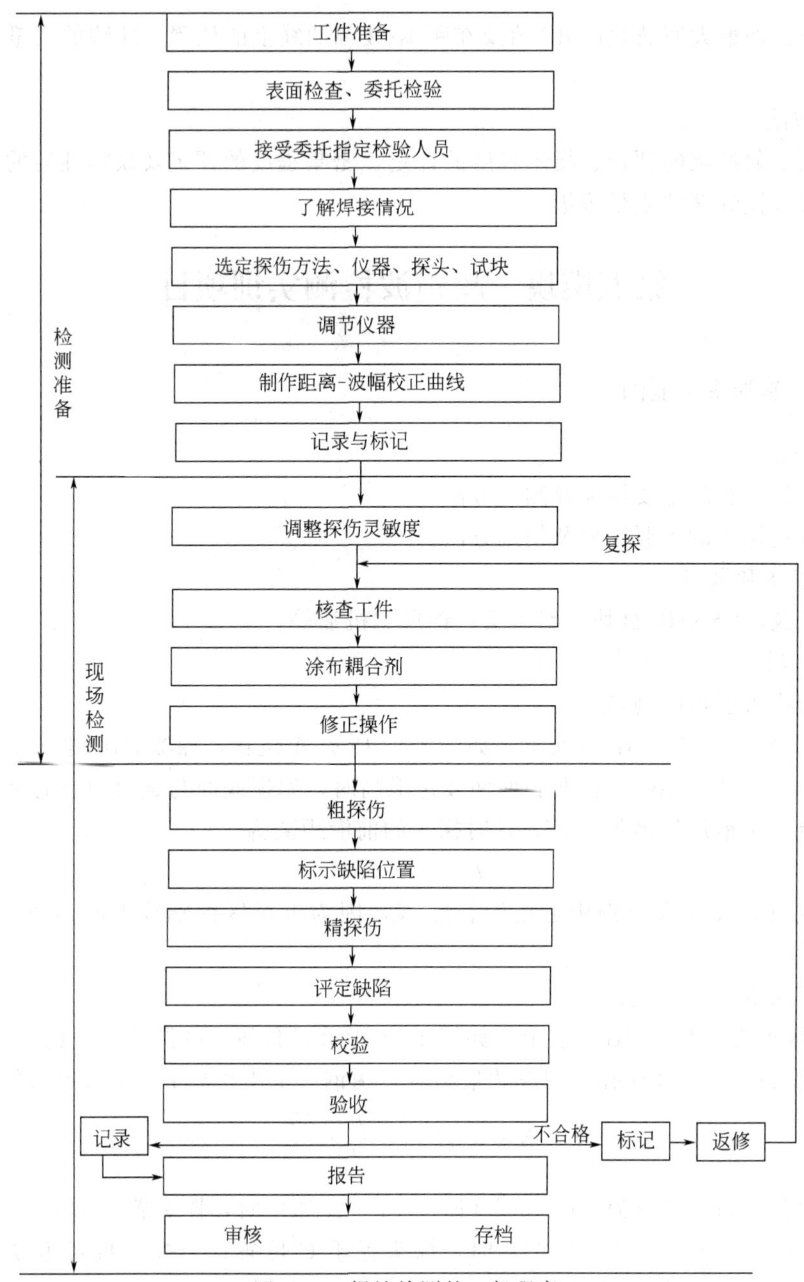

图 4-45 焊缝检测的一般程序

3. 了解焊接情况

检测人员了解工件和焊接工艺情况，以便根据材质和工艺特征，预先清楚可能出现的缺陷及分布规律。同时，向焊工了解在焊接过程中偶然出现的一些问题及修补等详细情况，可有助于可疑信号的分析和判断。

4. 粗检测

以发现缺陷为主要目的，包括探测纵向、横向缺陷和其他取向缺陷，以及鉴别结构的假信号等。

5. 精检测

针对粗检测中发现的缺陷，进一步确切地测定缺陷的有关参数，如缺陷的位置参数、缺陷的尺寸参数，如最大回波幅度 dB 值及在距离-波幅曲线上的位置、缺陷的当量或缺陷指示长度等。

6. 评定缺陷

指对缺陷反射波幅的评定、指示长度的评定、密集程度的评定及缺陷性质的估判。根据评定结果给出被检焊缝的质量等级。

第五模块　超声波检测实训项目

实训项目1　斜探头性能测试

1. 实训目的

(1) 掌握斜探头的主要性能及测试方法。

(2) 了解斜探头的主要结构及使用方法。

2. 实训设备和器材

超声检测仪、CSK-IB 试块、斜探头、钢尺、机油等。

3. 实训步骤

(1) 斜探头入射点的测定

① 将斜探头放在 CSK-IB 试块上，如图 4-17 所示 A 位置，探测 $R100$ 圆柱曲底面。

② 移动探头，当 $R100$ 圆柱曲底面回波达最高时，斜楔底面与试块圆心的重合点就是该探头的入射点。用钢尺量出距离 M，这时探头的前沿距离为

$$l_0=100-M$$

注意：试块上 R 应大于钢中近场区长度 N，因为近场区内轴线上的声压不一定最高，测试误差较大。

(2) 斜探头 K 值的测定

① 将斜探头放在 CSK-IB 试块上，如图 4-17 所示 C 位置，探测 $\phi50$ 通孔。

② 移动探头，当 $\phi50$ 通孔的回波达最高时，用钢尺量出距离 L，这时探头的 K 值为

$$K=\tan\beta=\frac{L+l_0-35}{30}$$

注意：当探头折射角 β 为 35°～60°（$K=0.7\sim1.73$）时，探头置于 B 位置；当探头折射角 β 为 60°～75°（$K=1.73\sim3.73$）时，探头置于 C 位置；当探头折射角 β 为 75°～80°（$K=3.73\sim5.67$）时，探头置于 D 位置。

测定探头 K 值或 β 也应在近场区以外进行。因为近场区内，声压最高点不一定在声束轴线上，测试误差较大。

(3) 斜探头声轴偏离角的测定　如图 4-18 所示，探头对准试块棱边，移动并转动探头，找到棱边最高回波，这时探头侧面平行线与棱边法线夹角 θ 就是主声束偏离角。当 $K>1$ 时，用一次波测定。当 $K\leqslant1$ 时，一次波声程短，往往在近场区内，测试误差大，必须用二次波测定。

4. 分析与讨论

(1) 斜探头的 K 值在使用过程中有变化吗？引起变化的原因是什么？

(2) 斜探头的 K 值、声轴偏离角、入射点有误差时，对超声波检测有何影响？

实训项目2 超声波检测距离-波幅曲线（DAC）的制作

超声波检测时，缺陷回波高度与缺陷的大小、距离有关，大小相同的缺陷由于声程不同，回波高度也不相同。要根据回波高度判断缺陷，必须按不同声程对回波高度进行修正，把不同回波高度连为一条曲线，这条曲线称为距离-波幅曲线。GB/T 11345—1989 标准规定，用实际检测用探头和仪器在 RB-2 试块上绘制距离-波幅曲线，曲线由评定线、定量线、判废线组成。不同板厚范围的距离-波幅曲线的灵敏度不同，应根据实际检测工件厚度范围按规定选用。

1. 实训目的

(1) 掌握 DAC 曲线的绘制方法。

(2) 熟悉 DAC 曲线的实际应用。

2. 实训设备和器材

超声检测仪、RB-2 试块、2.5MHz 及 *K*2 斜探头、耦合剂机油、坐标纸等。

3. 实训步骤

(1) 测定探头的入射点和 *K* 值。

(2) 探头置于 RB-2 试块上，检测深度为 10mm 的 $\phi 3$ 孔，调节仪器使最高回波为基准波高的 80%，记下此时衰减器的读数和孔深。然后用同样的方法分别检测不同深度 $\phi 3$ 孔，记下相应的 dB 值和孔深，填入表 4-8 中，并将板厚 30mm 对应的评定线、定量线和判废线的 dB 值填入表 4-8 中。

表 4-8 板厚 30mm 对应的评定线、定量线和判废线的 dB 值

孔深/mm	10	20	30	40	50	60
DAC						
DAC(判废线)						
DAC－10dB(定量线)						
DAC－16dB(评定线)						

(3) 利用表中所列数据，以孔深为横坐标，以 dB 值为纵坐标，在坐标纸上描点绘出评定线、定量线和判废线，标出Ⅰ区、Ⅱ区和Ⅲ区，并注明所用仪器型号以及探头的频率、晶片尺寸和 *K* 值。

4. 分析与讨论

(1) 为什么在 DAC 曲线上要标明所用仪器和探头型号？

(2) DAC 曲线的用途是什么？

实训项目3 对接焊缝超声波检测

对接焊缝超声波检测主要用于检测焊缝中的未焊透、未熔合、夹渣、气孔、裂纹等缺陷。由于焊缝余高的影响及焊缝中存在缺陷往往是与检测面近于垂直或形成一定角度，所以一般采用超声波倾斜入射到工件内部的检测方法，即横波检测法。

1. 实训目的

(1) 熟悉横波检测时灵敏度的调节方法。

(2) 掌握对接焊缝检测时缺陷定位和定量方法。

2. 实训设备和器材

超声检测仪、斜探头、CSK-IB、RB-2 试块、耦合剂甘油、机油或浆糊及对接焊板等。

3. 实训步骤

（1）清理焊缝的检测区域。

（2）按深度 1∶10 调节扫描速度。

（3）检测灵敏度的确定和调整：在 RB 试块上对距离-波幅曲线进行校验，校验不少于两点，检测灵敏度不应低于测长线。

（4）扫查探测：探头分别置于焊缝两侧进行锯齿形扫查，找出缺陷回波。

（5）将缺陷波高调节至基准波高，记录此时的缺陷波前沿刻度值 τ 和衰减器读数 Δ。

（6）利用扫描速度和 τ 值计算缺陷的位置。

（7）利用求出的缺陷位置和 Δ 值，查找缺陷在距离-波幅曲线图中的位置。

（8）将检测记录全部填入测试报告，并根据检测结果，按 GB/T 11345—1989 标准对被检测工件进行质量评定。

4. 分析与讨论

（1）如何按水平距离法调节扫描速度？

（2）分析本实训过程，总结影响缺陷定位和定量的因素。

【单元综合练习】

一、选择题

1. 超声波的波长________。

A. 与介质的声速和频率成正比　　B. 等于声速与频率的乘积

C. 等于声速与周期的乘积　　D. 与声速和频率无关

2. 在同种固体材料中，纵波声速 c_L，横波声速 c_S，表面波声速 c_R 之间的关系是________。

A. $c_R > c_S > c_L$　　B. $c_S > c_L > c_R$　　C. $c_L > c_S > c_R$　　D. 以上都不对

3. 超声波传播过程中，遇到尺寸与波长相当的障碍物时，将发生________。

A. 只绕射无反射　　B. 既反射又绕射　　C. 只反射无绕射　　D. 以上都可能

4. 下列直探头，在钢中指向性最好的是________。

A. 2.5P20Z　　B. 3P14Z　　C. 4P20Z　　D. 5P14Z

5. 一种超声波检测仪可直观显示出被检工件在入射截面上的缺陷分布和缺陷深度，这种仪器是______。

A. A 型显示　　B. B 型显示　　C. C 型显示　　D. 以上都不是

6. A 型显示检测仪，从荧光屏上可获得的信息是________。

A. 缺陷取向　　B. 缺陷指示长度　　C. 缺陷波幅和传播时间　　D. 以上都是

7. 超声波检验中，当检测面比较粗糙时，宜选用________。

A. 较低频探头　　B. 较黏的耦合剂　　C. 软保护膜探头　　D. 以上都对

8. 检测时采用较高的探测频率，可有利于________。

A. 发现较小的缺陷　　B. 区分开相邻的缺陷　　C. 改善声束指向性　　D. 以上全部

9. 焊缝检测时，正确调节仪器扫描速度是为了________。

A. 缺陷定位　　B. 判定缺陷波幅

C. 判定结构反射波和缺陷波　　D. 以上 A 和 C

10. 焊缝检测时，荧光屏上的反射波来自________。

A. 焊道　　B. 缺陷　　C. 结构　　D. 以上全部

11. GB/T 11345—1989 标准规定，需要进行波幅和指示长度测定的缺陷是________。

A. Ⅲ区的缺陷　　B. Ⅱ区的缺陷

C. 定量线及定量线以上的缺陷　　D. Ⅰ区的缺陷

12. 厚板焊缝斜角检测时，时常会漏掉________。

A. 与表面垂直的裂纹　　B. 方向无规律的夹渣

C. 根部未焊透　　D. 与表面平行的未熔合

13. 在探测条件相同的情况下，面积比为 2 的两个平底孔，其反射波高相差________。

A. 6dB　　B. 12dB　　C. 9dB　　D. 3dB

14. 超声波垂直入射到异质界面时，反射波与透射波声能的分配比例取决于________。

A. 界面两侧介质的声速　　B. 界面两侧介质的衰减系数

C. 界面两侧介质的声阻抗　　D. 以上全部

二、判断题（正确的打“√”，错误的打“×”）

（　）1. 超声波在介质中的传播速度与频率成正比。

（　）2. 声阻抗是衡量介质声学特性的重要参数，温度变化对材料的声阻抗无任何影响。

（　）3. 当钢中的气隙（如裂纹）厚度一定时，超声波频率增加，反射波高也随着增加。

（　）4. 超声波倾斜入射到异质界面时，同种波型的折射角总大于入射角。

（　）5. 第二介质中折射的横波平行于界面时的纵波入射角为第一临界角。

（　）6. 面积相同，频率相同的圆晶片和方晶片，超声场的近场长度一样长。

（　）7. 超声场中不同横截面上的声压分布规律是一致的。

（　）8. 采用当量法确定的缺陷尺寸一般小于缺陷的实际尺寸。

（　）9. 只有当工件中缺陷在各个方向的尺寸均大于声束截面时，才能采用测长法确定缺陷长度。

（　）10. 超声波倾斜入射至缺陷表面时，缺陷反射波高随入射角的增大而增高。

（　）11. 焊缝斜角检测中，裂纹等危害性缺陷的反射波幅总是很高的。

（　）12. 焊缝检测所用斜探头，当楔块底面前部磨损较大时，其 K 值将变小。

三、简答题

1. 什么是超声波？在超声波检测中应用了超声波的哪些主要性质？

2. 什么是纵波、横波和表面波？在固体和液体介质中各可以传播何种类型的波？

3. 什么是超声场？描述超声场的物理量有哪些？

4. 什么是波型转换？产生波型转换的条件是什么？

5. 画图说明纵波倾斜入射到固/固界面时的反射波和折射波。

6. 已知超声波检测仪示波屏上有 A、B、C 三个波。其中 A 波高为满刻度的 80%，B 波为 50%，C 波为 20%。

（1）设 A 波为基准（0dB），那么 B、C 波高各为多少分贝？

（2）设 B 波为基准（10dB），那么 A、C 波高各为多少分贝？

（3）设 C 波为基准（−8dB），那么 A、B 波高各为多少分贝？

7. 超声波探头的主要作用是什么？简述超声波探头发射和接收超声波的原理。

8. 什么是试块？我国常用试块有哪几种？

9. 超声波检测仪和探头的主要性能指标有哪些？

10. 试分析超声波频率对探头的影响。

11. 什么是耦合剂？耦合剂的作用是什么？

12. 什么是扫描速度？检测前为什么要调节仪器的扫描速度？调节扫描速度时，为什么要用二次不同的反射波，而不用始波和一次反射波？

13. 横波检测时调节扫描速度的方法有哪三种？

14. 画图说明横波检测时缺陷定位的方法。

15. 什么是缺陷的当量尺寸和指示长度？缺陷的指示长度和当量尺寸与缺陷的实际尺寸有何关系？

16. 焊缝超声波检测中，为什么常采用横波检测？

17. 什么是距离-波幅曲线？距离-波幅曲线有何用途？

18. 焊缝检测中，测定缺陷指示长度的方法有哪几种？

19. GB/T 11345—1989 适用于什么范围？不适用于何种情况？

20. 用 $K2$ 探头探测厚度 $\delta=40$mm 的焊缝，仪器按深度 1∶1 调节扫描速度，检测时在示波屏水平刻度 30 和 60 处出现两缺陷波，求此两缺陷的位置。

21. 超声波检测厚度 $\delta=40$mm 的对接焊缝，检测中发现位于Ⅱ区的缺陷情况为：14mm 长一个，8mm 长一个。以上缺陷间距均在 8mm 范围内。试根据 GB/T 11345—1989 标准评定该焊缝的级别。

第五单元　磁粉检测

学习目标

通过本单元的学习，第一，了解磁粉检测原理和影响漏磁场强度的因素；第二，了解各种磁化方法及磁化电流，能够选择和确定常用磁化方法的磁化规范；第三，了解磁粉检测设备的分类、组成及其相关器材，掌握磁粉检测的一般工艺过程，并能够按照相关磁粉检验标准判别缺陷和质量评定。

第一模块　磁粉检测原理

学习任务1　磁粉检测的原理及其特点

铁磁性材料制成的工件被磁化，工件就有磁力线通过。如果工件本身没有缺陷，磁力线在其内部是均匀连续分布的。但是，当工件内部存在缺陷时，如裂纹、夹杂、气孔等非铁磁性物质，其磁阻非常大，磁导率低，必将引起磁力线的分布发生变化。缺陷处的磁力线不能通过，将产生一定程度的弯曲。当缺陷位于或接近工件表面时，则磁力线不但在工件内部产生弯曲，而且还会穿过工件表面漏到空气中形成一个微小的局部磁场，如图5-1所示。这种由于介质磁导率的变化而使磁通泄漏到缺陷附近空气中所形成的磁场，称为漏磁场。这时如果把磁粉喷洒在工件表面上，磁粉将在缺陷处被吸附，形成与缺陷形状相应的磁粉聚集线，称为磁粉痕迹，简称磁痕。通过磁痕就可将漏磁场检测出来，并能确定缺陷的位置（有时包括缺陷的大小、形状和性质等）。磁痕的大小是实际缺陷的几倍或几十倍，如图5-2所示，从而容易被肉眼察觉。

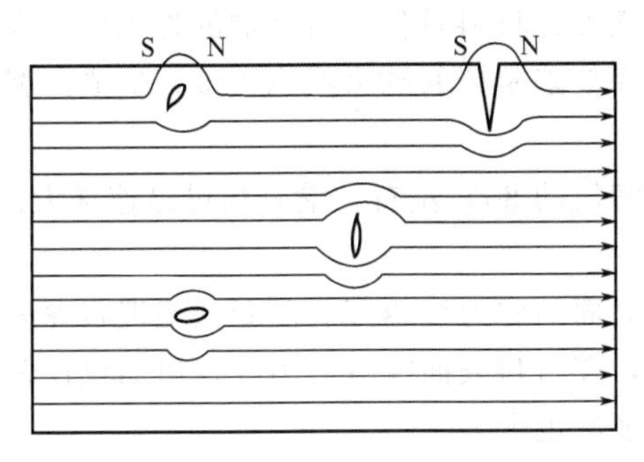

图5-1　缺陷附近的磁通分布

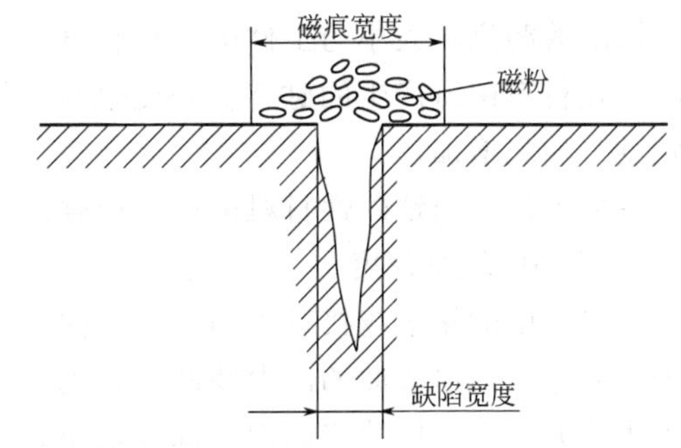

图5-2　表面缺陷上的磁粉聚集

当工件在相同的磁化条件下，表面磁粉聚集越明显，则反映此处的缺陷离表面越近和越严重。但是，缺陷距表面一定深度或者在工件内部时，在工件表面处难以形成漏磁场而被漏检。因此这种方法只适合于检查工件表面和近表面缺陷。

磁粉检测的优点：

(1) 能直观显示缺陷的形状、位置、大小，并可大致确定其性质；

（2）具有高的灵敏度，可检出缺陷最小宽度为1μm；
（3）几乎不受试件大小和形状限制；
（4）检测速度快，工艺简单，费用低廉。
磁粉检测的局限性：
（1）只能用于铁磁性材料；
（2）只能发现表面和近表面缺陷，可探测的深度一般在1～2mm；
（3）不能确定缺陷的埋深和自身高度；
（4）宽而浅的缺陷难以检出；
（5）检测后常需退磁和清洗；
（6）试件表面不得有油脂或其他能粘附磁粉的物质。

相关链接

铁磁性材料具有很强的被磁化特性。在外磁场的作用下，能产生远大于外磁场的附加磁场，并且此附加磁场与外磁场方向相同。例如，铁、钴、镍和它们的许多合金属属于典型铁磁性材料。铁磁性材料具有如下磁性能：
（1）高导磁性；
（2）剩磁性；
（3）磁饱和性；
（4）磁滞性。

学习任务2 漏磁场强度的影响因素

漏磁场的大小，对检验缺陷的灵敏度至关重要。由于真实的缺陷具有复杂的几何形状，准确计算漏磁场大小是难以实现的，测量又受到试验条件的影响，所以定性地讨论影响漏磁场的规律和因素，具有很大的意义。

1. 外加磁场强度

缺陷的漏磁场大小与工件的磁化程度有关。对铁磁性材料磁化时所施加的外加磁场强度高时，在材料中所产生的磁感应强度也高，处于表面缺陷阻挡的磁力线也较多，形成的漏磁场强度也随之增加。

一般来说，当铁磁性材料的磁感应强度达到饱和值的80%左右，漏磁场可迅速增大。

2. 缺陷的埋藏深度

当材料中的缺陷越接近表面，被弯曲逸出材料表面的磁力线越多。随着缺陷埋藏深度的增加，被弯曲逸出表面的磁力线减少，到一定深度，在材料表面没有磁力线逸出而仅仅改变了磁力线方向，所以缺陷的埋藏深度愈小，漏磁场强度也愈大。

3. 缺陷方向

缺陷垂直于磁场方向，漏磁场最大，也最有利于缺陷的检出；若与磁场方向平行则几乎不产生漏磁场；当缺陷与工件表面由垂直逐渐倾斜成某一角度，而最终变为平行，即倾角等于零时，漏磁场也由最大下降至零，即在材料表面不能形成漏磁场。下降曲线类似于正弦曲线由最大值降至零值的部分，如图5-3所示，图中设缺陷与工件表面垂直时的漏磁场为100%，虚线为正弦曲线。

以裂纹为例，开裂面垂直于工件表面，则漏磁场最强也最有利于检出，若与工件表面平行则几乎不产生漏磁场。

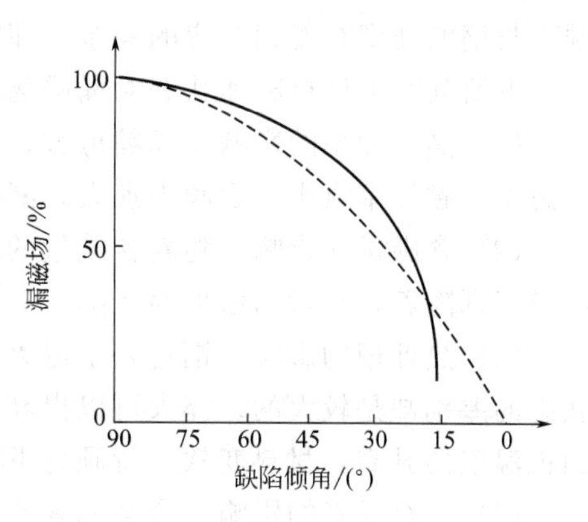

图 5-3 漏磁场与缺陷倾角的关系

4. 缺陷的磁导率、大小和形状

如材料的缺陷内部含有铁磁性材料（如 Ni、Fe）的成分，即使缺陷在理想的方向和位置上时，也会在磁场的作用下被磁化。那么缺陷形不成漏磁场。缺陷的磁导率与材料的磁导率对漏磁场的影响正好相反，即缺陷的磁导率愈高，产生的漏磁场强度愈低。

缺陷在垂直磁力线方向上的尺寸愈大，阻挡的磁力线愈多，容易形成漏磁场且其强度愈大。

缺陷的形状为圆形时（如气孔等），漏磁场强度小，当缺陷为线形（如裂纹等）时，容易形成较大的漏磁场。

5. 工件表面覆盖层

工件表面的覆盖层会影响磁痕显示，图 5-4 揭示了工件表面覆盖层对漏磁场和磁痕显示的影响。图中有三个深宽比一样的横向裂纹，纵向磁化后产生同样大小的漏磁场，裂纹 a 上没有覆盖层，磁痕显示浓密清晰；裂纹 b 上覆盖着较薄的一层，有磁痕显示，不如裂纹 a 清晰；裂纹 c 上有较厚的表面覆盖层，如漆层，漏磁场不能泄漏到覆盖层之上，所以不吸附磁粉，没有磁痕显示，磁粉检测就会漏检。漆层厚度对漏磁场的影响如图 5-5 所示。

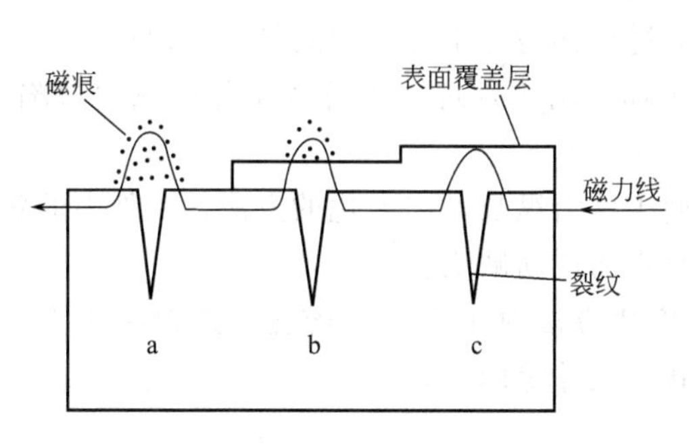

图 5-4 表面覆盖层对磁痕显示的影响

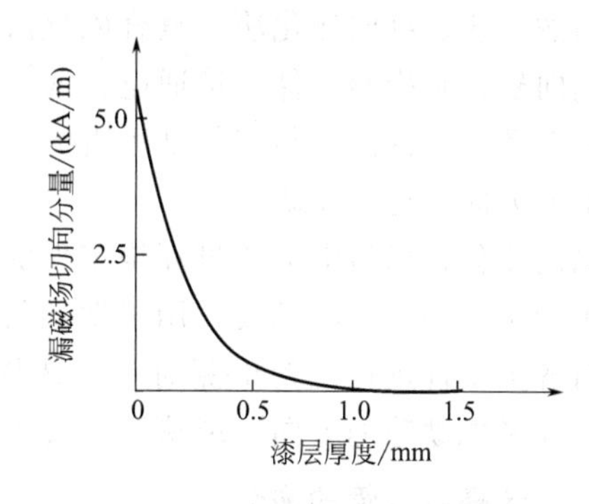

图 5-5 漆层厚度对漏磁场的影响

6. 工件材料及状态

碳素钢的主要组织是铁素体、珠光体、渗碳体、马氏体和残余奥氏体。铁素体和马氏体是铁磁性的；渗碳体呈弱磁性；珠光体是铁素体与渗碳体的混合物，具有一定的磁性；奥氏体不呈现磁性。

钢的主要成分是铁，因而具有铁磁性。但 1Cr18Ni9 和 1Cr18Ni9Ti 室温下属奥氏体不锈钢，没有磁性，不能进行磁粉检测。高铬不锈钢如 1Cr13、Cr17Ni2，室温下的主要成分为铁素体和马氏体，具有一定的磁性，能够进行磁粉检测。

钢铁材料的晶格结构不同，磁特性便有所变化。面心立方晶格的材料是非磁性材料，而体心立方晶格的材料是铁磁性材料。但体心立方晶格如果发生变形，其磁性也将发生很大变化。例如，当合金成分进入晶格以及冷加工或热处理使晶格发生畸变时，都会改变磁性。矫顽力与钢的硬度有着相对应的关系，即随着硬度的增大而增大，漏磁场也增大。

下面列举工件材料和状态对漏磁场的影响。

（1）晶粒大小的影响　晶粒愈大，磁导率愈大，矫顽力愈小，漏磁场就愈小；相反，晶粒愈小，磁导率愈小，矫顽力愈大，漏磁场也愈大。

（2）含碳量的影响　随着含碳量的增加，矫顽力几乎成线性增加，漏磁场也增大，最大磁导率则随着含碳量的增加而下降。

（3）热处理的影响　钢材处于退火与正火状态时，其磁性差别不是很大，而退火与淬火状态的差别却是较大的。淬火可以提高钢材的矫顽力和剩磁，使漏磁场增大。但淬火后随着回火温度的升高，材料变软，矫顽力下降，漏磁场也降低。

（4）合金元素的影响　合金元素的加入和压缩变形率的增加，矫顽力和剩磁均增加，漏磁场也增大。

（5）冷加工的影响　随着压缩变形率增加，矫顽力和剩磁均增加，漏磁场也增大。

第二模块　焊缝磁化过程

学习任务1　磁化方法

在磁粉检测中，通过外加磁场使工件磁化的过程称为工件磁化。由于其磁化方式不同，工件磁化有不同的方法，如：按采用磁化电流不同，可分为直流电磁化法和交流电磁化法；按通电方式不同，可分为直接通电磁化法和间接通电磁化法；按工件磁化方向的不同，可分为周向磁化法、纵向磁化法、复合磁化法和旋转磁场磁化法。

周向磁化是指给工件直接通电，或者使电流流过贯穿空心工件孔中的导体，旨在工件中建立一个环绕工件的并与工件轴垂直的周向闭合磁场，用于发现与工件轴平行的纵向缺陷，即与电流方向平行的缺陷。

纵向磁化是指将电流通过环绕工件的线圈，使工件沿纵长方向磁化的方法，工件中的磁力线平行于线圈的中心轴线，用于发现与工件轴垂直的周向缺陷。

对各类工件进行磁粉检测时，应选择合适的磁化方法对工件进行磁化。选择磁化方法时，主要考虑缺陷的方向、埋藏深度及工件的形状、尺寸等因素。

一、长棒或长管的磁化

针对不同的缺陷方向可选择直接通电磁化法、交流线圈磁化法或分段磁化法、复合磁化法等磁化方法。

1. 纵向缺陷

对于长棒或长管的纵向缺陷，可选择直接通电磁化法，如图5-6所示。直接通电磁化法是将工件直接通以电流，使工件周围和内部产生周向磁场，适合于检测长条形如棒材或管材等工件。直接通电磁化法的设备比较简单，方法也简便。但由于对工件直接通以大电流，所以容易在电极处产生大量的热量使工件局部过热，导致工件材料的内部组织发生变化，影响材料性能或在过热的部位把工件表面烧伤，所以操作时应注意以下三点：

（1）保证工件与电极之间接触良好；

（2）在工件与电极之间垫衬低熔点金属材料（如铅），防止工件被烧伤；

（3）通电时间不宜过长。

由图 5-6 可见，工件磁化后所产生的磁力线在与工件轴向垂直的平面内沿着工件圆周表面分布，磁力线是相互平行的同心圆，获得了周向磁场。因此，直接通电磁化法也是一种周向磁化法，常用来检验与工件（或纵焊缝）轴线平行的缺陷。

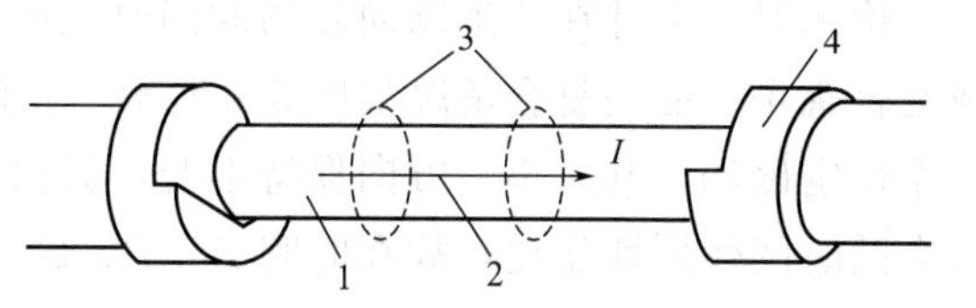

图 5-6 直接通电磁化法
1—工件；2—电流；3—磁力线；4—电极

2. 横向缺陷

对于长棒或长管的横向缺陷，可选择交流线圈磁化法。用交流线圈磁化法对工件进行磁化后，所产生的磁力线与工件的轴线平行，常用来检验与工件或焊缝轴线垂直的缺陷。磁化方法如图 5-7 所示，把工件放在通电的螺线管线圈里，这时工件就是线圈的铁芯，磁力线沿工件轴线分布，故可检验工件横向缺陷，在操作时应注意以下几点：

（1）由于螺线管内磁场不是均匀的，距螺线管中心越近，磁场越弱，因此，工件磁化时应将工件放进靠近其内壁的地点；

（2）由于螺线管所产生的磁场有一定的有效长度，所以对较长的（大于两倍线圈长度）工件应进行分段磁化；

（3）短小的工件在线圈内磁化以后所产生工件的磁场易与线圈产生的磁场干扰，从而减小磁场强度，降低灵敏度，所以不宜将短小的工件用大尺寸的线圈进行磁化；

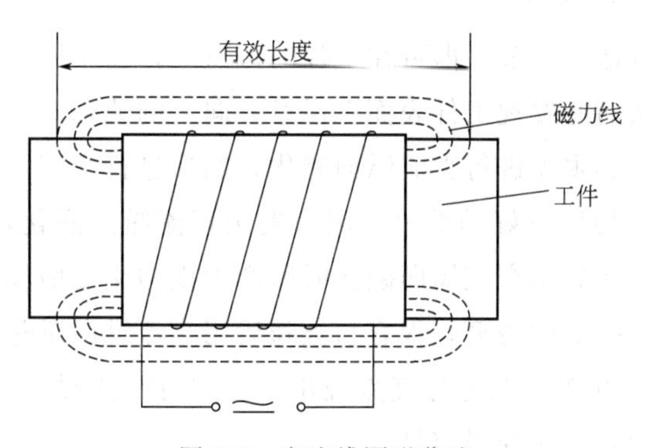

图 5-7 交流线圈磁化法

（4）用直流电磁化的线圈与用交流电磁化的是不同的，直流线圈的匝数很多（几千匝），而通过的电流很小（几安培），如果用直流线圈通以交流电，由于它的电感太大而不能产生合适的磁化磁场，用交流电磁化的线圈只有几匝（一般只有 3～6 匝），但却能通过很大的电流，所以在采用线圈磁化技术时，用安匝数来调节和控制磁场强度，而不用电流大小来表示。

3. 多方向缺陷

对于长棒或长管不同角度的缺陷，最理想的磁化方法为复合磁化法。复合磁化法是纵向和周向磁化同时作用在工件上，使工件得到由两个互相垂直的磁力线作用而产生的合成磁场，以检查各种不同角度的缺陷，如图 5-8 所示。采用直流电使磁轭产生纵向磁场，用交流电直接向工件通电产生周向磁场。磁轭中部嵌入一片不导电的绝缘片把磁轭分开。

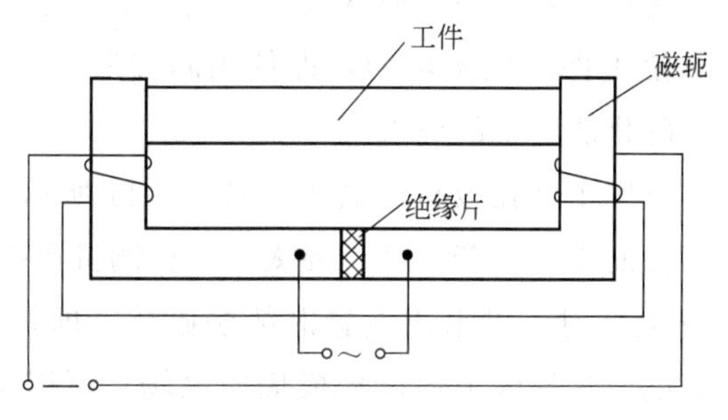

图 5-8 复合磁化法

检测时，工件在产生纵向磁场的同时也产生周向磁场，从而这两个磁场在工件中结合组成复合磁场。磁场复合情况如图 5-9 所示。在图 5-9(a) 中，由于直流电产生的纵向磁场是一个恒定磁场，其大小、方向保持不变，而由交流电产生的磁场是一个交变磁场，其大小、方向随时间作周期变化，故在时间 A、B、C、D 时，它们的磁场叠加情况为图5-9(b) 所示矢量合成图，从图中可以看出复合磁场的方向、大小随着时间作周期性变化，表现为一种方向不断摆动的磁场。

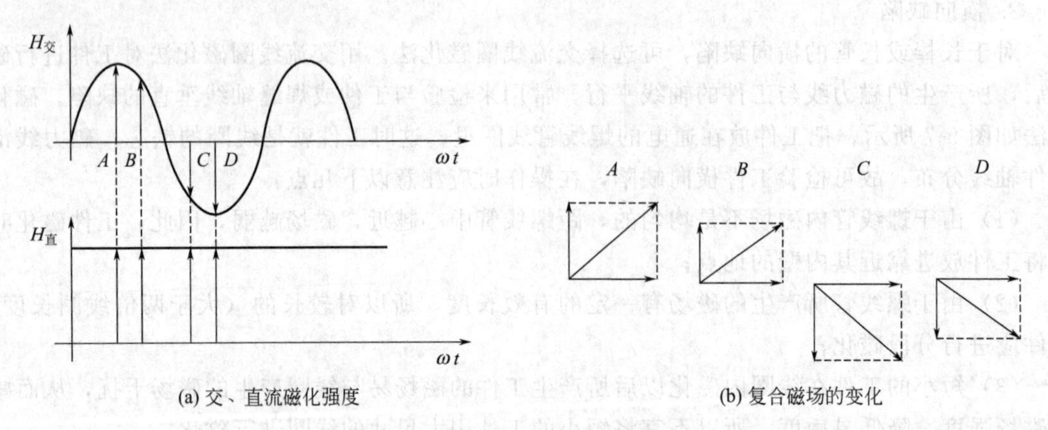

(a) 交、直流磁化强度　　(b) 复合磁场的变化

图 5-9　复合磁化中复合磁场的变化

由此可知，只要对直流和交流电流强度进行适当调节，即可在工件的每点上，在不同的时间里，得到大小和方向都变化的磁场强度，从而能发现工件表面上任意方向上的缺陷。

在采用直流、交流先后充磁的复合磁化时，必须先进行直流纵向磁化，然后进行交流周向磁化，这样可以充分发挥两种磁化的优点，获得比较好的效果。因为先用直流纵向磁化，所获得的横向缺陷的漏磁形成的磁痕，不会受到随后用交流周向磁化时所产生横向交变磁场的影响；如果先进行交流周向磁化，则在纵向缺陷处的磁痕，很容易被随后用直流纵向磁化时产生的纵向直流磁场的单向吸引所消除。另一方面，先进行直流磁化，后进行交流磁化，对直流纵向剩磁的消除有利，使工件磁化后的退磁操作变得容易。

二、环形工件的磁化

1. 纵向缺陷

对于环形工件的纵向缺陷，可采用中心导体法，如图 5-10 所示。它是用非铁磁性的导电材料（如铜棒）作芯棒，穿过环形工件，电流从芯棒上通过，并在其周围产生周向磁场，用来检验工件的纵向缺陷。它具有效率高、速度快、不损伤工件等优点。

中心导体法是利用芯棒使工件产生磁场的，即使用间接通电的方法完成工件的磁化过程，这样可以避免直接通电磁化法产生的弊端。

另外，中心导体法还可以用于带孔板材的磁化，如图 5-11 所示。

导体应尽量置于空心工件的中心。若工件直径太大，检测机所提供的磁化电流不足以使工件表面达到所要求的磁场强度时，可采用偏置芯棒法磁化，即将导体穿入空心工件的孔中，并贴近工件内壁放置，电流从导体上通过形成周向磁场。可用于局部检验空心工件内、外表面与电流方向平行和端面的径向不连续性。

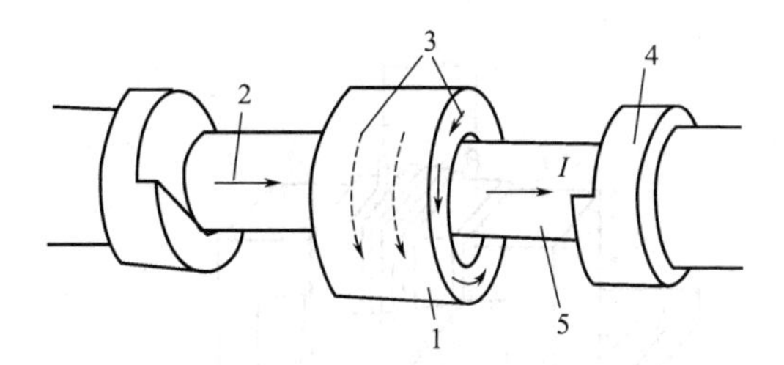

图 5-10 环形工件的中心导体法

1—工件；2—电流；3—磁力线；
4—电极；5—芯棒

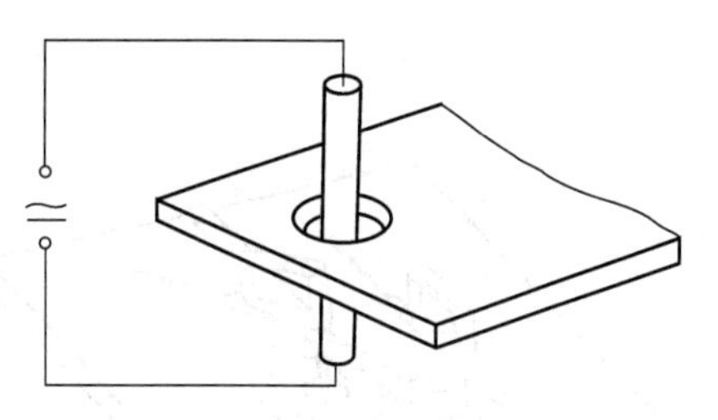

图 5-11 带孔板材的中心导体法

2. 横向缺陷

对于体积较大的环形工件的横向缺陷，可采用线圈磁化法，如图 5-12 所示，即用电缆绕在铁芯上产生纵向磁化。

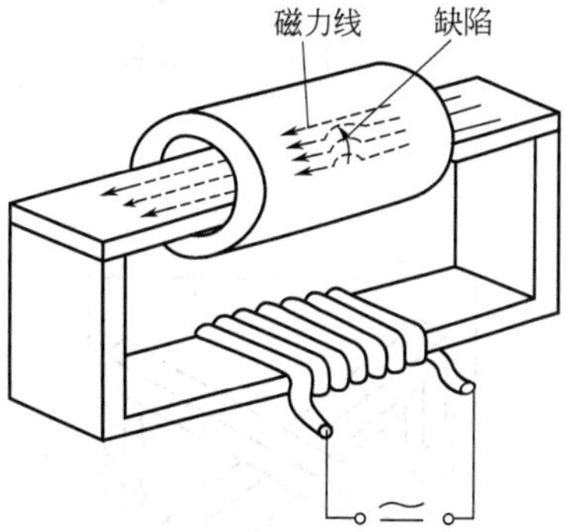

对于体积较大形状又复杂的工件，用线圈磁化法比较困难，可用铜电缆在工件上绕几圈进行纵向磁化。例如，起重天车吊钩的磁粉检测。

图 5-12 环形工件的线圈磁化法

三、焊缝的磁化

1. 纵向缺陷

对于焊缝的纵向缺陷，可采用触头法和磁轭法。触头法是一种局部磁化法，如图 5-13 所示，它使用一对圆锥形的铜棒作为两个通电电极，铜棒的一端通过电缆与电源连接，另一端与工件接触。通电后，电流通过两个触头施加在工件表面，形成以触头为中心的周向磁场（对触头而言）。触头法常用于检验压力容器等焊缝的纵向缺陷。在操作时应注意以下几点：

（1）触头与工件表面相垂直，防止磁场干扰；

（2）两触头间距在 150～200mm 之间，检测效果最好，一般间距不小于 75mm，间距太小，两触头所产生的周向磁场易产生叠加与干扰，影响对缺陷的观察和检验，间距太大则要求较大的电流，易烧伤工件表面；

（3）触头与工件的接触点应在焊缝两侧各取一个点，这样工件表面较平坦易保持良好的接触，另外可以克服缺陷轻微的方向性；

（4）在触头与工件之间应垫铅衬或铜丝编织网，保证良好的电接触，防止工件表面烧伤；

（5）磁锥在接触或离开工件表面时，先切断磁化电流，防止产生电火花。

触头法又称磁锥法、枝干法、尖锥法、刺棒法和手持电极法等。触头材料宜用钢或铝，一般情况下不用铜制作触头电极，因为铜渗入工件表面上，会影响材料的性能。触头法适用于焊接件及各种大中型工件的局部检验。

磁轭法的磁轭就是绕有线圈的 π 形铁芯，如图 5-14 所示。当线圈通电后，处在磁轭两极之间工件的局部区域产生磁场，检测焊缝中的纵向缺陷。磁轭磁化使用安全电压，操作比较安全。并且由于磁化电流不直接通过工件，不会产生局部过热现象。同时还具有设备简单、磁化方向可自由变动等优点。适合于检查板状或其他工件上位于不同方向的表面缺陷。

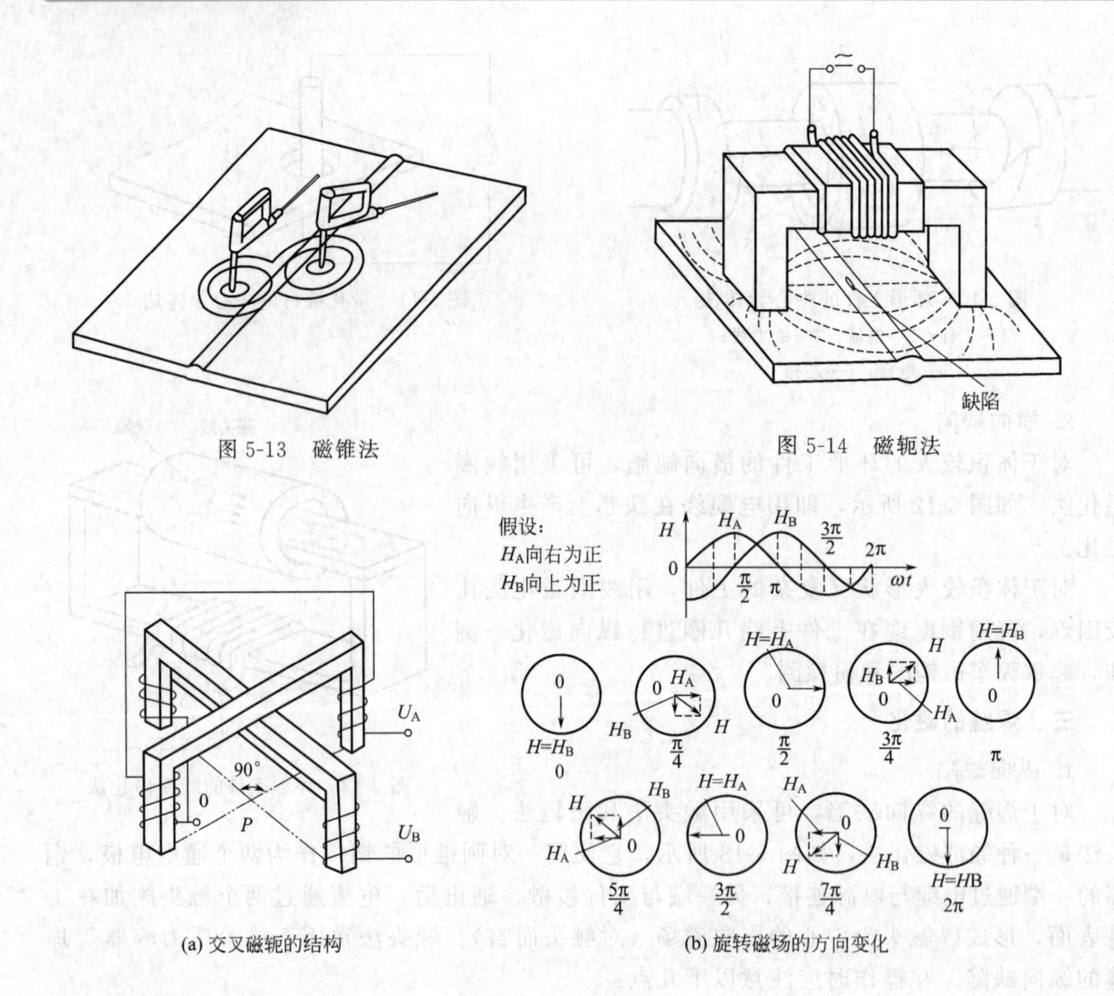

图 5-13　磁锥法

图 5-14　磁轭法

图 5-15　旋转磁化法

2. 横向缺陷

对于焊缝的横向缺陷，可采用旋转磁化法。旋转磁化法采用相位不同的交流电对工件进行周向和纵向磁化，在工件中产生交流周向磁场和交流纵向磁场。这两个磁场在工件中，产生磁场的叠加组成复合磁场。所形成的复合磁场的方向以一个圆形或椭圆形轨迹随时间变化而改变，且磁场强度保持不变，因此称为旋转磁场。它可以检测工件各种任意方向分布的缺陷。典型的结构如图 5-15(a) 所示，这是一种采用十字相交的磁轭制成手提式旋转磁场磁轭进行磁化的方法，简称旋转磁化法。它所形成的复合磁场如图 5-15(b) 所示，图中 H_A 表示交流周向交变磁场，H_B 表示交流纵向交变磁场，这两个磁场的相位差为 $\pi/2$。这样就可得到在不同时刻合成磁场 H，它是大小不变、方向随时间沿圆形轨迹变化的旋转磁场。因此，旋转磁化法不但可以发现焊缝的横向缺陷，还可以发现其他方向缺陷。

3. 表面缺陷

对于焊缝表面缺陷的检测，适合采用交流磁化法。交流磁化时，采用低电压大电流交流电源。由于充磁电流采用频率可变的交流电，所以供电比较方便，而且磁化电流的调整也较容易。另外，发现表面缺陷的灵敏度比直流磁化法要高，而且退磁也比较容易，应用比较普遍。

4. 近表面缺陷

对于焊缝近表面缺陷的检测，适合采用直流磁化法。直流磁化时，采用低电压大电流的直流电源，使工件产生方向恒定的电磁场。由于这种磁化方式所获得的磁力线能穿透工件表面一定深度，故能发现近表面区较深的缺陷，故其效果比较好，但退磁困难。

常见工件磁粉检测磁化方法的选择见表 5-1。

表 5-1 常见工件磁粉检测磁化方法的选择

工件形状	缺陷方向	磁化方法	示意图	备注
长棒或长管(包括长条方钢)	纵向	直接通电磁化法	图 5-6	
	横向	交流线圈法或分段磁化法		交流线圈法适合于自动检测,分段磁化法适合于手工检测
	多方向	复合磁化法	图 5-8	可以一次磁化完成检验,易实现自动检测
环形	纵向	中心导体法	图 5-10	
	横向	线圈磁化法	图 5-12	
	多方向	旋转磁化法	图 5-15	最理想的磁化方法
焊缝	纵向	磁锥法	图 5-13	
	纵向	磁轭法	图 5-14	
	横向	旋转磁化法	图 5-15	不但可以发现横向缺陷,还可以发现其他方向缺陷
	表面缺陷	交流磁化法		磁化电源采用交流电
	近表面缺陷	直流磁化法		磁化电源采用直流电(干法尤好)
轴类	纵向	直接通电磁化法	图 5-6	
	横向	交流线圈磁化法	图 5-7	
	多方向	复合磁化法	图 5-8	纵向、横向缺陷同时检测

学习任务 2 磁化电流的选择

为了在工件上产生磁场而采用的电流称为磁化电流。磁粉检测采用的磁化电流类型有交流电、整流电（包括单相半波整流电、单相全波整流电、三相半波整流电和三相全波整流电）、直流电和脉冲电流等。其中最常用的磁化电流是交流电、单相半波整流电、三相全波整流电三种。

一、交流电

大小和方向随时间按正弦规律变化的电流称为正弦交流电，简称交流电。

1. 交流电的优点

在我国磁粉检测中，交流电被广泛应用，是由于它具有以下优点。

（1）对表面缺陷检测灵敏度高，由于趋肤效应在工件表面电流密度最大，所以磁通密度也最大，提高了工件表面缺陷的检测灵敏度。

（2）容易退磁。

（3）能够实现多向磁化。

（4）磁化变截面工件磁场分布较均匀。

（5）有利于磁粉迁移等。

2. 交流电的局限性

（1）剩磁法检验时，受交流电断电相位的影响，剩磁大小不稳定或偏小，易造成质量隐患，所以使用剩磁法检验的交流检测设备，应配备断电相位控制器。

（2）探测缺陷的深度小，对于钢件 ϕ1mm 人工孔，交流电的探测深度，剩磁法约为 1mm，连续法约为 2mm。

二、整流电

1. 单相半波整流电

单相半波整流电是磁粉检测最常用的磁化电流类型之一，它有以下优点。

（1）具有直流电的性质，可检测距表面较深处的缺陷。

（2）交流分量大，有利于干粉的扰动和迁移，对工件近表面缺陷检测灵敏度高。

（3）由于不存在反方向的磁化场，剩磁比较稳定。

单相半波整流电的缺点是因为电流不能反向而不能用于退磁，而其渗入深度较大也使退磁比较困难。

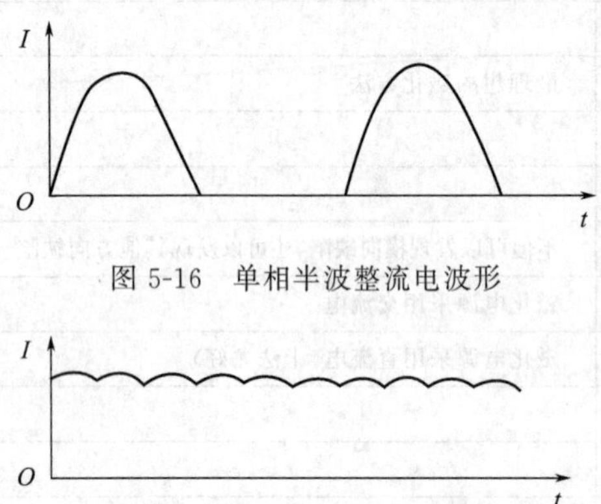

图 5-16　单相半波整流电波形

图 5-17　三相全波整流电波形

图 5-16 为单相半波整流电的波形。

2. 三相全波整流电

三相全波整流电是磁粉检测最常用的磁化电流类型之一，因为它具有很大的磁场渗透性和很小的脉动性，且剩磁稳定等优点。其局限性是退磁困难，且对变截面工件的磁化不均匀。

图 5-17 为三相全波整流电的波形。

三、直流电

直流电是磁粉检测应用最早的磁化电流，它的大小和方向都不变。直流电是通过蓄电池组或直流发电机供电的。使用蓄电池组，需要经常充电，电流大小调节也不方便，所以现在几乎不用于磁粉检测。

四、脉冲电流

脉冲电流一般是由电容器充放电而获得的电流，其波形如图 5-18 所示。脉冲电流的优点是检测机可做得很小，但磁化电流值可达到 10～30kA，其局限性是只适用于剩磁法，因为通电时间很短，在 1/100s 内，所以在通电时间内完成施加磁粉并向缺陷处的迁移是困难的。该磁化电流仅适用于需要电流值特别大而常规设备又不能满足时，根据工件要求制作专用设备。

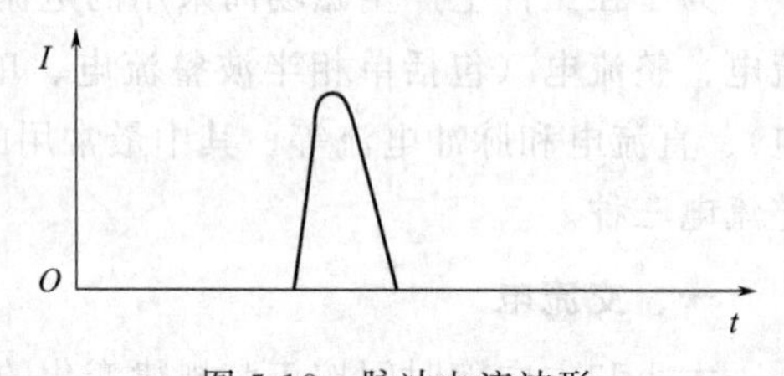

图 5-18　脉冲电流波形

学习任务 3　磁化规范的选择

一、规范的选择

对工件磁化选择磁化电流值或磁场强度值所遵循的规则，称为磁化规范。磁粉检测应使用既能检测出所有的有害缺陷，又能区分磁痕级别的最小磁场强度进行检验，因磁场强度过大易产生过度背景，会掩盖相关显示，影响磁痕分析。

1. 选择磁化规范应考虑的因素

（1）根据工件的材料、热处理状态和磁特性，确定采用连续法还是剩磁法检验及相应的磁化规范。

（2）根据工件的尺寸、形状、表面状态和欲检出缺陷的种类、位置、形状及大小，确定磁化方法、磁化电流种类、有效检测范围及相应的磁化规范。

2. 选择磁化规范的方法

（1）用经验公式计算　对于工件形状规则的磁化规范可用经验公式计算，如直接通电磁化法和中心导体法（又称芯棒磁化法），连续法磁化规范常选用 $\delta=8D$，剩磁法磁化规范常选用 $I=25D$。触头法磁化时，当工件厚度 $\delta\geqslant 20$mm，$I=(4\sim5)L$，都属于经验公式。

（2）用仪器测量工件表面的磁场强度　在实际应用中，由于工件形状复杂，很难用经验公式计算出每个工件各个部位的磁场强度，可以采用测量磁场强度的仪器，如特斯拉计（高斯计），测量被磁化工件表面的切向磁场强度，较用经验公式计算更为可靠。

无论采用何种磁化方法磁化，用连续法检验，工件表面的切向磁场强度至少为 2.4kA/m；用剩磁法检验，工件表面的切向磁场强度至少为 8.0kA/m。

（3）测绘钢材磁特性曲线　上述制定磁化规范的方法，只考虑了工件的尺寸和形状，而未将材料的磁特性包括进去，这是因为大多数工程用钢，在相应的磁场强度下，其相对磁导率均可在 240 以上，用上述规范磁化均可得到所要求的检测灵敏度。再者，钢材的品种很多，要测绘各种钢材在不同热处理状态下的磁特性曲线暂时还做不到。原兵器工业部新技术推广所编写的《常用钢种磁特性曲线汇编》中，列举了 90 种钢材的 246 个不同热处理状态下的磁特性参数，并绘出磁特性曲线，是一本很有参考价值的资料，是制定磁化规范最理想的方法。但它远远没有把所有钢种包括进去。因此，对于那些与普通结构钢的磁特性差别较大的钢材，最好是在测绘它的磁特性曲线后制定磁化规范，方可获得理想的检测灵敏度。

在制定周向磁化规范时，可将磁特性曲线分为五个区域。Ⅰ区为初始磁化区，Ⅱ区为激烈磁化区，Ⅲ区为近饱和区，Ⅳ区为基本饱和区，Ⅴ区为饱和区，如图 5-19 所示。对于标准磁化规范，磁特性曲线剩磁法要磁化到基本饱和，连续法所需的磁场强度，一定要大于出现最大相对磁导率的磁场强度 $H_{\mu m}$。对于严格规范，剩磁法要磁化到饱和，连续法要磁化到近饱和。一般来说，无论标准规范或严格规范，周向磁化连续法所用的磁场强度约为剩磁法的 1/3。国外也有标准要求将材料磁化到饱和磁感应强度的 80%。

（4）用标准试片确定大致的磁化规范　对于形状复杂的工件，当难以用计算法求得磁化规范时，使用标准试片贴在工件不同部位，根据标准试片上的磁痕显示情况来确定大致的磁化规范，也是可行的。

二、周向磁化规范

1. 直接通电磁化法和中心导体法

圆柱形或圆筒形工件用直接通电磁化法或中心导体法进行周向磁化时，一般推荐按下式计算磁化电流值：

$$I=HD/320 \tag{5-1}$$

式中　I——磁化电流，A；

H——磁场强度，A/m；

D——工件直径，mm。

我国几十年来普遍采用周向磁化标准规范，将磁

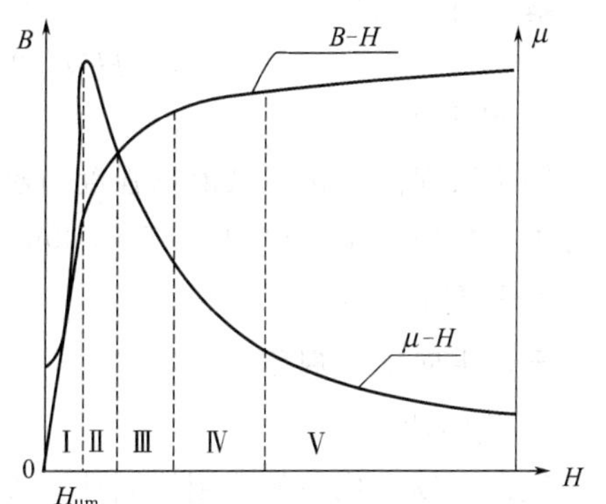

图 5-19　按磁特性曲线制定磁化规范

场强度连续法至少为2.4kA/m，剩磁法至少为8.0kA/m，代入$I=HD/320$中，即得出连续法和剩磁法磁化的经验公式$I=8D$和$I=25D$，式中交流电流（AC）值用有效值表示，单相半波整流电（HW）和三相全波整流电（FWDC）用平均值表示，直接通电磁化法和中心导体法的磁化规范可按表5-2公式计算。

表5-2 直接通电磁化法和中心导体法磁化规范

规范	适用范围	检验方法	零件表面磁场强度	磁化电流计算公式		
				AC	HW	FWDC
标准规范	适用于除特殊要求以外的工件检验	连续法	≤2.4kA/m	$I=8D$	$I=6D$	$I=12D$
		剩磁法	2.4～8.0kA/m	$I=25D$	$I=16D$	$I=32D$
严格规范	适用于有特殊要求的工件检验，如检验低磁导率沉淀类钢的夹杂以及弹簧、喷嘴管等特殊工件	连续法	≤4.8kA/m	$I=15D$	$I=12D$	$I=24D$
		剩磁法	4.8～14.4kA/m	$I=45D$	$I=30D$	$I=60D$

注：I—磁化电流，A；D—工件直径，mm。

对锅炉压力容器磁粉检测，按JB/T 4730.4—2005《承压设备无损检测第4部分：磁粉检测》计算磁化规范。

如直接通电法和中心导体法磁化规范，磁化电流值按下式进行计算：

直流电（整流电）连续法：$I=(12\sim32)D$

直流电（整流电）剩磁法：$I=(25\sim45)D$

交流电连续法：$I=(8\sim15)D$

交流电剩磁法：$I=(25\sim45)D$

式中 I——电流值，A；

D——工件横截面上最大尺寸，mm。

【例5-1】 一工件长1000mm，直径80mm，周向磁化要求工件表面磁场强度为2400A/m，应通以多大的磁化电流？

解 $I=HD/320=2400\times80/320=600\text{A}$

对于形状不规则的非圆柱形工件，计算磁化电流值可采用工件的当量直径，当量直径是指与该工件周长相等的圆柱直径，当量直径$D=$周长$/\pi$。

【例5-2】 截面为50mm×50mm、长为1000mm的方钢，要求工件表面磁场强度为8000A/m，所需的磁化电流值应多大？

解 当量直径 $D=50\times4/\pi\approx64\text{mm}$

$$I=HD/320=8000\times64/320=1600\text{A}$$

2. 触头法

触头法周向磁化，其磁场强度与磁化电流大小成正比，并与触头间距和被检工件截面厚度有关。触头间距应控制在75～200mm之间，两次磁化应有10%的重叠。连续法磁化规范按表5-3进行计算。

三、纵向磁化规范

1. 线圈法

纵向磁场磁化一般采用线圈使工件磁化。磁场强度的大小不仅取决于磁化电流，而且还取决于线圈的匝数。所以，工件磁化规范用线圈匝数和通电电流的乘积，即安匝数来表示。此外，工件表面的磁场强度不仅取决于线圈空载时的磁场强度，而且还与工件长度L和直

径 D 的比值有关。对于棒、管类工件进行纵向磁化时，线圈中心磁场强度应达到如下规定：$L/D \geqslant 10$ 时，线圈中心磁场强度大于 1.2×10^4 A/m；$2 \leqslant L/D < 10$ 时，线圈中心磁场强度大于 2.0×10^4 A/m；$L/D < 2$ 时，必须把若干个工件串接起来磁化。

表 5-3 触头法周向磁化规范

厚度 δ/mm	磁化电流计算公式		
	AC	HW	FWDC
$\delta < 20$	$I=(3\sim4)L$	$I=(1.5\sim2.0)L$	$I=(3\sim4)L$
$\delta \geqslant 20$	$I=(4\sim5)L$	$I=(2.0\sim2.5)L$	$I=(4\sim5)L$

注：I—磁化电流，A；L—两触头间距，mm。

用线圈磁化工件可用下面公式选择磁化规范：

当 $L/D \geqslant 4$ 时
$$IN=\frac{35000}{2+L/D} \tag{5-2}$$

当 $2 < L/D < 4$ 时
$$IN=\frac{45000}{L/D} \tag{5-3}$$

式中 L——工件长度，mm；

D——工件直径或厚度，mm；

I——磁化电流，A；

N——线圈匝数。

2. 磁轭法

磁轭法磁化规范的选择主要是对磁轭提升力的选择。一般情况下，当使用磁轭的最大间距时，直流电磁轭至少应有 177N 的提升力，交流电磁轭至少应有 44N 的提升力。且磁轭的磁极间距应控制在 50～200mm 之间，检验的有效范围是磁轭两侧各为磁轭磁级间距的 1/4 面积内，磁轭每次移动应有不少于 25mm 的覆盖区。

第三模块 磁粉检测设备与器材

学习任务 1 磁粉检测设备分类与应用

为了满足各种工件的磁粉检测要求，发展了种类繁多的磁粉检测设备。设备种类按设备可移动性和重量分为固定式、移动式和便携式三种；按设备的组合方式分为一体型和分离型两种。一体型磁粉检测设备，是将磁化电源、磁化线圈、工件夹持装置、磁悬液喷洒装置、观察照明装置和退磁装置等部分组成一体的设备；分离型检测设备，是将磁化电源、磁化线圈、工件夹持装置、磁悬液喷洒装置、观察照明装置和退磁装置等部分分开的设备。分离型设备便于搬动和组合使用，维修也方便；而一体型设备操作方便。

一、便携式磁粉检测机

便携式磁粉检测机具有体积小、重量轻和携带方便等特点。适合于高空、野外等现场的磁粉检测及锅炉、压力容器焊缝的局部检测。它有磁轭式和磁锥式两种。

1. 磁轭式磁粉检测机

磁轭式磁粉检测机可分为永久磁轭和电磁轭。

（1）永久磁轭 采用软磁材料（纯铁）制作的Ⅱ形结构。在磁轭本体的中间镶嵌永久磁铁，并有磁路控制开关。因其不需要电源，更适合远离电源的场所使用。

（2）电磁轭　在用硅钢片制作的铁芯上绕制励磁线圈，当线圈中有电流（交流或直流）通过时，则在铁芯内产生纵向磁场，从而对工件进行磁化。一般的电磁轭手柄都装有控制开关。

2. 磁锥式磁粉检测机

磁锥式磁粉检测机可在工件上任意选择磁化方向，从而检验各个方向的缺陷，但一次磁化只能检验一个方向的缺陷。这种仪器比较小，便于现场使用。

小型便携式磁粉检测机，一般能提供500A、1000A和2000A的磁化电流，磁化电流用交流电和单相半波整流电，带有支杆触头和电缆，可将电缆绕成线圈进行纵向磁化。设备手柄上配有微型开关控制磁化电流的流通，还有自动衰减退磁器，所以磁化和退磁都很方便。其缺点是产生电弧打火是难免的，应特别注意。

二、移动式磁粉检测机

移动式磁粉检测机的主体是磁化电源，可提供交流电和半波整流电的磁化电流，磁化电流输出一般为3～6kA。配合使用的附件有支杆触头、夹钳触头、开合式和闭合式磁化线圈和软电缆等。这类设备一般装有滚轮，或可吊装到车上拉到检验现场，无论是大型结构件的焊接现场，还是大型锻、铸件的生产车间或者机场跑道，检验对象为不易搬动的大型工件。

移动式磁粉检测机可用220V或380V的交流电源工作。若使用软电缆，随着电缆的延伸，检验部位的电流值会显著降低。若采用触头法，应在手柄上安装微型开关，以控制磁化电流的流通。触头端部易遭腐蚀或烧伤，会妨碍与工件的良好接触，是产生裂纹的根源，因而在触头上应包装铜编织网。移动式磁粉检测机还具有自动退磁功能。

三、固定式磁粉检测机

固定式磁粉检测机的体积和重量大，一般安装在固定场合，能进行通电法、中心导体法、感应电流法、线圈法、磁轭法整体磁化或复合磁化等，带有照明装置、退磁装置、磁悬液搅拌和喷洒装置，有夹持工件的磁化夹头和放置工件的工作台及格栅。它适合场地相对固定，中小型工件及需要较大磁化电流的可移动工件的检验。

最常用的固定式磁粉检测机是湿粉法卧式检测机，这种设备采用的是湿粉法检验技术，并为放置工件而设立了水平床身，最大磁化电流为2～12kA。随着电流值的增加，设备的输出功率、外形尺寸和重量都相应增加，它主要用于中小型工件的检测，在国内得到广泛的应用。

这类设备一般可以对被检工件用通电法和中心导体法进行周向磁化，用线圈法或固定式磁轭进行纵向磁化。有些设备还可进行各种形式的多向磁化，并能对工件退磁。工件水平或竖直夹持在磁化夹头之间，磁化电流可在零至最大励磁电流之间进行调节。设备所能检测的工件最大截面受最大励磁电流的限制。

这类设备通常用于湿粉法，带有磁悬液搅拌和喷洒装置。还常常备有支杆触头和电缆，以便对搬上工作台有困难的大型工件进行检测。当用荧光磁粉检测时，配有紫外灯和遮光罩。

锅炉压力容器现场磁粉检测，最常用的小型磁粉检测设备是便携式和移动式设备，如射阳天目检测机公司生产的CYE-3型交叉磁轭旋转磁场检测机、CY系列和CDX系列以及射阳兴捷特检测机厂生产的CLD系列都是小型磁粉检测机。对于中小型工件，一般采用固定式交流检测机和三相全波整流检测机，如CEW（TC）系列磁粉检测机属于固定卧式一体型设备，有CEW-2000型、CEW-2000A型、CEW-4000型、CEW-6000型和CEW-10000型等；射阳天目检测机公司生产的CZQ-6000型直流检测机等。

学习任务2 磁粉检测机的组成及其作用

以固定式磁粉检测机为例，磁粉检测机一般包括以下几个主要部分：磁化电源、工件夹持装置、指示装置、磁粉或磁悬液喷洒装置、螺管线圈、照明装置和退磁装置等。不是每台检测机都包括以上各部分，而是根据工件尺寸和用途，采用不同的组合方式。

1. 磁化电源

磁化电源是磁粉检测机的主要部分，也是它的核心部分。其作用是提供磁化电流，使工件得到磁化。它的主要结构是通过调压器将不同的电压输送给主变压器，主变压器是一个能提供低电压大电流输出的降压变压器。输出的交流电或整流电可直接通过工件，通过穿入工件内孔的中心导体或者通入线圈，对工件进行磁化。

调压器通常采用两种结构，即自耦变压器和晶闸管调压器。

2. 工件夹持装置

固定式磁粉检测机都有夹持工件的磁化夹头或触头。为了适应不同规格的工件，夹头的间距是可调的，调节可用电动、手动或气动等多种形式。电动调节是利用行程电机和传动机构使夹头在导轨上来回移动，由弹簧配合夹紧工件，限位开关会使可动磁化夹头停止移动。手动调节是利用齿轮与导轨上的齿条啮合传动，使磁化夹头沿导轨移动，或用手推动磁化夹头在导轨上移动，夹紧工件后自锁。气动夹持是用压缩空气通入气缸中，推动活塞带动夹紧工件。

移动式和便携式磁粉检测机常用触头接触工件，接触好后通电磁化。有些检测机的磁化夹头可沿轴旋转360°，磁化夹头夹紧工件后一起旋转，保证工件周向各部位有相同的检验灵敏度。

在磁化夹头上应包上铅垫或铜编织网，以利接触，防止打火和烧伤工件。

3. 指示装置

磁粉检测机的指示装置主要包括电流表和电压表。

4. 磁粉和磁悬液喷洒装置

固定式磁粉检测机的磁悬液喷洒装置由磁悬液槽、电动泵、软管和喷嘴组成。磁悬液槽用于储存磁悬液，并通过电动泵叶片将槽内磁悬液搅拌均匀，依靠泵的压力（一般为20～30kPa）使磁悬液通过软管从喷嘴喷洒到工件上，自动化设备一般用几个喷嘴同时喷洒。

在磁悬液槽的上方装有格栅，用以摆放工件、排流和回收磁悬液。为防止铁屑杂物进入磁悬液槽内，在回流口上装有过滤网。移动式和便携式磁粉检测机可用带喷嘴的塑料瓶喷洒磁悬液，使用时用手将磁悬液摇动均匀后，喷洒到工件上。最理想的是用喷罐喷雾式喷洒磁悬液。

可利用电动式送风器或空气压缩机将干磁粉施加到工件表面。也可将干磁粉装在一端钻许多小孔的橡胶球内，用手动压缩橡胶球将磁粉喷洒在工件表面。

5. 螺管线圈

应配备能进行纵向磁化的螺管线圈。

6. 照明装置

检测必须依赖检测人员检出和解释磁痕显示，所以目视检验时的照明极为重要。照明不良，不仅会影响检测灵敏度，还会使检测人员眼睛疲劳。

使用非荧光磁粉检测时，检测场所应有足够的自然光和白光，要避免强光和阴影，应尽可能采用充足的自然光照明，用日光灯作补充照明。被检工件表面的照度不应小于1000lx，复杂工件有些难以接近的检验部位，可采用手持聚光灯照明，现场检测由于条件限制，工件表面的照度最低不应小于500lx，并保证清晰分辨出磁痕显示。

使用荧光磁粉检测时，应采用紫外线照射。它是一种波长比可见紫光更短的不可见光。

光通量：指能引起眼睛视觉强度的辐射通量。

照度：是单位面积上接收的光通量，其单位是勒[克斯](lx)。

学习任务3 磁粉检测的器材

一、磁粉

磁粉是显示缺陷的重要手段，磁粉质量的优劣和选择是否恰当，将直接影响磁粉检测的结果。因此，对磁粉应进行全面了解和正确使用。

(一) 磁粉的种类

磁粉种类很多，按磁粉是否有荧光性，分为荧光磁粉和非荧光磁粉；按磁粉使用方法，有干粉和湿粉之分。

1. 非荧光磁粉

非荧光磁粉是在白光下能观察到磁痕的磁粉。通常是铁的氧化物，研磨后成为细小的颗粒经筛选而成，粒度150～200目(0.1～0.07mm)。它可分为黑磁粉、红磁粉和白磁粉等。

黑磁粉是一种黑色的Fe_3O_4粉末。黑磁粉在浅色工件表面上形成的磁痕清晰，在磁粉检测中的应用最广。

红磁粉是一种铁红色的Fe_2O_3晶体粉末，具有较高的磁导率。红磁粉在对黑色金属及工件表面颜色呈褐色的状况下进行检测时，具有较高的反差，但不如白磁粉。

白磁粉是由黑磁粉Fe_3O_4与铝或氧化镁合成而制成的一种表面呈银白色或白色的粉末。白磁粉适用于黑色表面工件的磁粉检测，具有反差大、显示效果好的特点。

2. 荧光磁粉

荧光磁粉是以磁性氧化铁粉、工业纯铁粉或羰基铁粉等为核心，外面包覆一层荧光染料所制成，可明显提高磁痕的可见度和对比度。这种磁粉在暗室中用紫外线照射能产生较亮的荧光，所以适合于各种工件的表面检测，尤其适合深色表面的工件，具有较高的灵敏度。

(二) 磁粉的特性

磁粉的特性包括磁性、尺寸、形状、密度、流动性及可见度和对比度。

1. 磁性

磁粉应有较高的磁导率，以利被缺陷产生的微弱漏磁场磁化和吸附，聚集起来便于识别。磁粉还应具有低的剩磁性质，以利磁粉的分散和移动。

2. 尺寸

对于干粉法，当磁粉在工件表面移动时，太粗大的磁粉不易被弱的漏磁场所吸引，但磁粉过细则不论有无漏磁场都会被吸附在整个工件表面，粗糙的表面更是如此。干粉法所用干磁粉粒度为5～150μm范围的均匀混合物为宜。

对于湿粉法，由于磁粉悬浮在液体中，可采用比干粉法更细的磁粉，一般约在1～10μm，这样当悬浮液施加在工件表面时，液体的缓慢流动使磁粉有足够的时间被漏磁场吸附形成磁痕，过细的磁粉则往往会在液体里结成团而不呈悬浮状。

对于荧光磁粉，因荧光染料与磁粉相粘接，粒度一般在5～25μm之间，平均8～10μm。

3. 形状

一般来说，较之球形粉，细长形磁粉易于沿磁力线形成磁粉串，这对宽度比磁粉粒度大的缺陷和完全处于工件表面下的缺陷是有利的。但如果磁粉完全由细长形粉组成，则会因易于严重结块、流动性不好、难以均匀散布而影响灵敏度，理想的磁粉应由足够的球形粉与高比例的细长粉组成。

4. 密度

干粉法检测时，磁粉密度可大至$8g/cm^3$。而湿粉法要求磁粉密度为$4.5g/cm^3$。

5. 可见度和对比度

要求选择与被检工件表面有良好对比的颜色。湿粉法通常用黑色、红褐色及荧光磁粉，干粉法也可用上述磁粉，必要时可在被检工件表面上涂以底色。

对表面粗糙的焊接件进行磁粉检测时，由于工件表面凹凸不平，或者由于磁痕颜色与工件表面颜色对比度很低而容易造成漏检。为了提高缺陷磁痕与工件表面颜色的对比度，检测前，可在工件表面上先涂上一层白色薄膜（称反差增强剂），厚度约为25～45μm，干燥后再磁化工件，喷洒黑磁粉，其磁痕就清晰可见。

二、磁悬液

将磁粉混合在液体介质中形成磁粉的悬浮液称为磁悬液。用来悬浮磁粉的液体称为载液。在磁悬液中，磁粉和载液是按一定比例混合而成的。根据采用的磁粉和载液的不同，可将磁悬液分为油基磁悬液、水基磁悬液和荧光磁悬液。表5-4列出了钢制压力容器焊缝磁粉检测用的磁悬液种类、特点及技术要求。

磁悬液可由供应商配制，也可自行配制。常用磁悬液的配方如下。

1. 油基磁悬液配方

煤油（或变压器油）　　1000mL

磁粉（Fe_3O_4）　　20～30g

或按以下配方

煤油　　400mL

变压器油　　600mL

磁粉　　10g

表 5-4 磁悬液种类、特点及技术要求

<table>
<tr><th colspan="2">种类</th><th>特点</th><th>对载液的要求</th><th>湿磁粉浓度
(100mL 沉淀体积)</th><th>质量控制试验</th></tr>
<tr><td colspan="2">油基磁悬液</td><td>悬浮性好，对工件无锈蚀作用</td><td>(1)在 38℃时，最大黏度超过 $5\times10^{-6}m^2/s$
(2)最低闪点为 60℃
(3)不起化学反应
(4)无臭味</td><td></td><td>用性能测试板定期检验其性能和灵敏度</td></tr>
<tr><td colspan="2">水基磁悬液</td><td>具有良好的润湿性，流动性好，使用安全，成本低，但悬浮性较差</td><td>(1)良好的湿润性
(2)良好的可分散性
(3)无泡沫
(4)无腐蚀
(5)在 38℃时最大黏度超过 $5\times10^{-6}m^2/s$
(6)不起化学反应
(7)呈碱性，但 pH 值不超过 10.5
(8)无臭味</td><td>1.2～2.4mL(若沉淀物显示出松散的聚集状态，应重新取样或报废)</td><td>(1)同油基磁悬液
(2)对新使用的磁悬液(或定期对使用过的磁悬液)进行湿润性能试验</td></tr>
<tr><td rowspan="2">荧光磁悬液</td><td>荧光油磁悬液</td><td rowspan="2">荧光磁粉能在紫外线光下呈黄绿色，色泽鲜明，易观察</td><td>要求油的固有荧光低，其余同油基磁悬液对载液的要求</td><td rowspan="2">0.1～0.5mL(若沉淀物显示出松散的聚集状态，应重新取样或报废)</td><td>(1)定期对旧磁悬液与新准备的磁悬液进行荧光亮度对比试验
(2)用性能测试板定期进行性能和灵敏度试验</td></tr>
<tr><td>荧光水磁悬液</td><td>要求无荧光，其余同水基磁悬液对载液的要求</td><td>(1)对新使用的磁悬液(或定期对使用过的磁悬液)进行湿润性能试验
(2)荧光亮度对比试验和性能、灵敏度试验，同荧光油磁悬液</td></tr>
</table>

2. 水基磁悬液配方

甘油三硬脂酸肥皂　　15～20g

磁粉　　50～60g

水　　100mL

配制时先将甘油三硬脂酸肥皂放在少量温水中稀释，然后加入磁粉，在研钵中研细，最后加水到 100mL。

3. 荧光磁悬液配方

荧光磁粉　　2～3g

煤油（或变压器油）　　1000mL

荧光磁粉成分：磁粉 56%、铁粉 40%、荧光剂 4%、胶性漆每千克混合物中 0.4kg。

油基磁悬液在配制时，只要把磁粉均匀地调配在煤油或变压器油中，并在使用时用油泵搅拌几分钟即可。

三、标准试片

1. 用途

标准试片（简称试片）是磁粉检测必备的器材之一，具有以下用途。

（1）用于检验磁粉检测设备、磁粉和磁悬液的综合性能（系统灵敏度）。

（2）用于检测被检工件表面的磁场方向，有效磁化范围和大致的有效磁场强度。

(3) 用于考察所用的检测工艺规程和操作方法是否妥当。

(4) 当无法计算复杂工件的磁化规范时，将小而柔软的试片贴在复杂工件的不同部位，可大致确定较理想的磁化规范。

2. 类型

在我国使用的有 A 型、C 型、D 型和 M1 型四种试片。试片由 DT4 电磁软铁板制造。型号名称中的分数，分子表示试片人工缺陷槽的深度，分母表示试片的厚度，单位为 μm。试片类型、名称和图形见表 5-5。

表 5-5 试片类型、名称和图形

类型	型号名称	缺陷槽深/μm	材料状态	图形和尺寸
A 型	A1-7/50	7±1.5	冷轧退火	
	A1-15/50	15±2		
	A1-15/100	15±2		
	A1-30/100	30±4		
C 型	C-8/50	8±1.5		
	C-15/50	15±2		
D 型	D-7/50	7±1.5		
	D-15/50	15±2		
M1 型	ϕ12 7/50	7±1		
	ϕ9 15/50	15±2		
	ϕ6 30/50	30±3		

四、标准试块

标准试块（简称试块）是磁粉检测必备的器材之一。标准试块包括直流试块（又称 B 型试块）、交流试块（又称 E 型试块）、磁场指示器（又称八角形试块）和自然缺陷标准样件。

试块主要用于检验磁粉检测设备、磁粉和磁悬液的综合性能（系统灵敏度），也用于考察磁粉检测试验条件和操作方法是否恰当，但不能确定被检工件的磁化规范，也不能用于考察被检工件表面的磁场方向和有效磁化范围。

1. 直流标准试块

直流标准试块的形状和尺寸如图 5-20 所示。材料为经退火处理的 9CrWMn 锻钢件，其硬度为 90～95HRB。

2. 交流标准试块

交流标准试块的形状和尺寸如图 5-21 所示。材料为经退火处理的 10 锻钢件。

3. 磁场指示器

磁场指示器是用电炉铜焊将八块低碳钢与铜片焊在一起构成的，有一个非磁性手柄，如图 5-22 所示，它的用途与标准试块基本相同，但比标准试块经久耐用，操作简便。磁场指示器多用于干粉法检验。

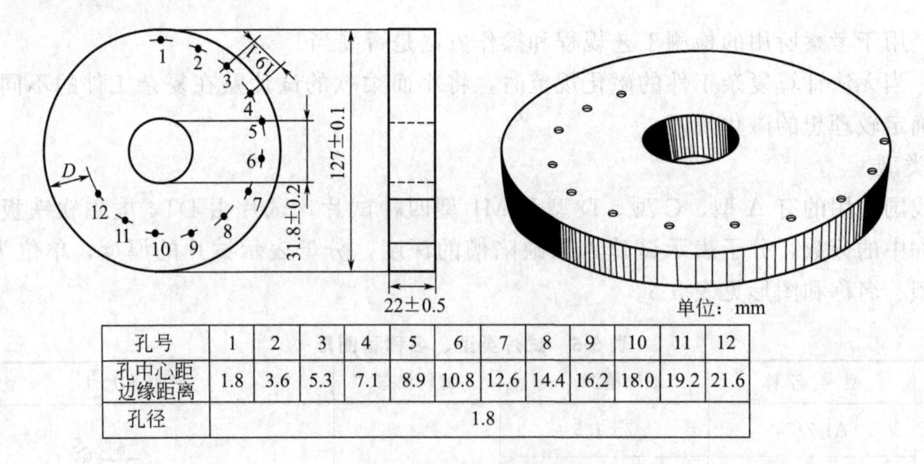

孔号	1	2	3	4	5	6	7	8	9	10	11	12
孔中心距边缘距离	1.8	3.6	5.3	7.1	8.9	10.8	12.6	14.4	16.2	18.0	19.2	21.6
孔径	1.8											

图 5-20　直流标准试块

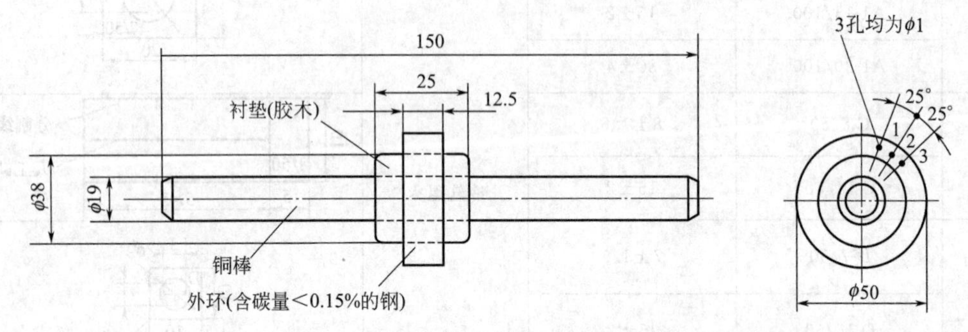

图 5-21　交流标准试块

1—孔中心离表面 1.5mm；2—孔中心离表面 2mm；3—孔中心离表面 2.5mm

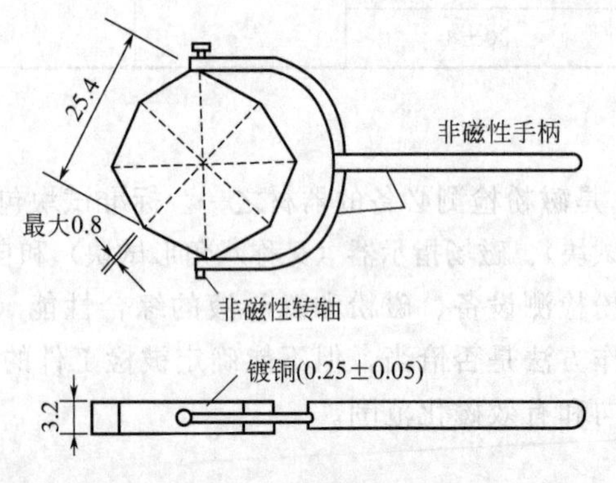

图 5-22　磁场指示器

使用磁场指示器时，将铜面朝上，八块低碳钢面朝下，紧贴被检工件表面，用连续法给磁场指示器上施加磁粉，观察磁痕显示。欲检测微小缺陷，应选用铜片较厚的磁场指示器（高灵敏度）；反之应选用铜片较薄的磁场指示器（低灵敏度）。

4. 自然缺陷标准样件

为了弄清磁粉检测系统是否正在按照所期望的方式、所需要的灵敏度工作，最直接的途径是考核该系统检测出一个或多个已知缺陷的能力，最理想的方法是选用带有自然缺陷的工件作为标准样件。

五、测量仪器

磁粉检测中涉及磁场强度、剩磁大小、白光照度、黑光辐照度和通电时间等的测量，因而还应有一些测量仪器，如毫特斯拉计（高斯计）、袖珍式磁强计、照度计、黑光辐射计、通电时间测量器和快速断电试验器等。

第四模块 磁粉检测过程

学习任务1 磁粉检测工艺过程

磁粉检测工艺，是指从磁粉检测的预处理、磁化工件、施加磁粉、磁痕分析（包括磁痕评定和工件验收）、退磁到检验完毕进行后处理的全过程，主要工艺过程包括预处理、磁化工件、施加磁粉、磁痕分析、退磁和后处理六个步骤。

只有正确执行磁粉检测工艺要求，才能保证磁粉检测的灵敏度。磁粉检测的灵敏度，是指检测最小缺陷的能力，可检出的缺陷越小，检测灵敏度就越高，所以磁粉检测灵敏度是指绝对灵敏度。影响磁粉检测灵敏度的主要因素有：磁场大小和方向的选择；磁化方法的选择；磁粉的性能；磁悬液的浓度；设备的性能；工件形状和表面粗糙度；缺陷的性质、形状和埋藏深度；正确的工艺操作；检测人员的素质；照明条件。

一、预处理及工序安排

1. 预处理

因为磁粉检测是用于检测工件表面缺陷的，工件的表面状态对于磁粉检测的操作和灵敏度都有很大的影响，所以磁粉检测前，工件的预处理应做以下工作。

（1）清理　清除工件表面的油污、铁锈、毛刺、氧化皮、金属屑和砂粒等；使用水基磁悬液，工件表面要认真除油；使用油基磁悬液时，工件表面不应有水分；干粉法检验时，工件表面应干净和干燥。

（2）打磨　有非导电覆盖层的工件必须通电磁化时，应将与电极接触部位的非导电覆盖层打磨掉。

（3）分解　装配件一般应分解后检测。因为：

① 装配件一般形状和结构复杂，磁化和退磁都困难；

② 分解后检测容易操作；

③ 装配件动作面（如滚珠轴承）流进磁悬液难以清洗，会造成磨损；

④ 分解后能观察到所有检测面；

⑤ 交界处易产生漏磁场，形成非相关显示。

（4）封堵　若工件有盲孔和内腔，磁悬液流进后难以清洗，检测前应将孔洞用非研磨性材料封堵上。

（5）涂敷　如果磁痕和工件表面颜色对比度小，可在检测前先给工件表面涂敷一层反差增强剂。

2. 工序安排

（1）磁粉检测的工序应安排在容易产生缺陷的各道工序（如焊接、热处理、机加工、磨削、矫正和加载试验）之后进行。

（2）对于有产生延迟裂纹倾向的材料，磁粉检测应安排在焊接后24h进行。

（3）磁粉检测工序应安排在涂漆、发蓝、磷化和电镀等表面处理之前进行。

二、工件磁化

按模块二所述内容选择适当的磁化方法及磁化规范，利用磁粉检测设备使工件带有磁性，产生漏磁场进行磁粉检测。

三、施加磁粉

（一）连续法和剩磁法

1. 连续法

在外加磁场磁化的同时，将磁粉或磁悬液施加到工件上进行磁粉检测的方法。

（1）操作程序

① 在外加磁场作用下进行检验（用于光亮工件）

预处理 → 磁化 → 退磁 → 后处理
（磁化同时：浇磁悬液 → 检验 → 退磁）

② 在外加磁场中断后进行检验（用于表面粗糙的工件）

预处理 → 磁化 → 检验 → 退磁 → 后处理
（预处理后：浇磁悬液 → 检验）

（2）操作要点

① 湿连续法：先用磁悬液润湿工件表面，在通电磁化的同时浇磁悬液，停止浇磁悬液后再通电数次，待磁痕形成并滞留下来时停止通电，进行检验。

② 干连续法：对工件通电磁化后撒磁粉，并在通电的同时吹去多余的磁粉，待磁痕形成和检验完毕再停止通电。

（3）优点

① 适用于任何铁磁性材料。

② 最高的检测灵敏度。

③ 可用于多向磁化。

④ 交流磁化不受断电相位的影响。

⑤ 能发现近表面缺陷。

⑥ 可用于湿粉法和干粉法检验。

（4）局限性

① 效率低。

② 易产生非相关显示。

③ 目视可达性差。

2. 剩磁法

剩磁法是停止磁化后，再将磁悬液施加到工件上进行磁粉检测的方法。

（1）操作程序

预处理→磁化→施加磁悬液→检验→退磁→后处理

（2）操作要点

① 通电时间：1/4～1s。

② 浇磁悬液 2～3 遍，保证各个部位充分润湿。

③ 浸入搅拌均匀的磁悬液中 10～20s，取出检验。

④ 磁化后的工件在检验完毕前，不要与任何铁磁性材料接触，以免产生干扰。

(3) 优点

① 效率高。

② 足够的检测灵敏度。

③ 缺陷显示重复性好，可靠性高。

④ 目视可达性好，可用湿连续法检测管子内表面。

⑤ 易实现自动化检测。

⑥ 能评价连续法检测出的磁痕显示属于表面还是近表面缺陷显示。

(4) 局限性

① 只适用于剩磁和矫顽力达到要求的材料。

② 不能用于多向磁化。

③ 交流磁化受断电相位的影响。

④ 检测缺陷深度浅，发现近表面缺陷灵敏度低。

⑤ 不适用于干粉法检验。

(二) 干粉法和湿粉法

1. 湿粉法

湿粉法是用液体（水或油）作为载液把磁粉配制成磁悬液，在检验时用泵将磁悬液搅拌，并喷洒在工件表面来检验漏磁的一种方法。

(1) 操作要点

① 连续法宜用浇法，液流要微弱，以免冲刷掉缺陷的磁痕显示。

② 剩磁法浇法、浸法皆宜。浇法灵敏度低于浸法；浸法的浸放时间要控制，时间长了会产生过度背景。

③ 可根据各种工件的要求，选择不同的磁悬液浓度。

④ 仰视检验和水中检验宜用磁膏。

(2) 优点

① 检验工件表面微小缺陷灵敏度高。

② 与固定式设备配合使用，操作方便，效率高，磁悬液可回收。

(3) 局限性　检验大裂纹和近表面缺陷灵敏度不如干粉法。

2. 干粉法

以空气为载体用干磁粉进行磁粉检测的方法。

(1) 操作要点

① 工件表面要干净和干燥，磁粉也要干燥。

② 工件磁化后施加磁粉，并在观察和分析磁痕后再撤去磁场。

③ 以缓慢的气流或云雾状形式将干磁粉施加于被磁化工件表面上，并形成薄而均匀的磁粉覆盖层，应避免局部堆积过多。

④ 在磁化时用干燥的压缩空气吹去多余的磁粉，风压、风量和风口距离都要掌握适当，并应有顺序地从一个方向吹向另一个方向，注意不要吹掉磁痕显示。

(2) 优点

① 检验大裂纹灵敏度高。

② 干粉法＋单相半波整流电，检验近表面缺陷灵敏度高。

③ 适用于现场检验。

（3）局限性

① 检验微小缺陷灵敏度不如湿粉法。

② 磁粉不易回收。

③ 不适用于剩磁法检验。

四、检验

对磁痕进行观察和分析，非荧光磁粉在明亮的光线下观察，荧光磁粉在紫外线灯照射下观察。

1. 缺陷的磁痕

（1）裂纹　磁痕轮廓较分明，对于脆性开裂多表现为粗而平直，对于塑性开裂多呈现为一条曲折的线条，或者在主裂纹上产生一定的分叉，它可连续分布，也可断续分布，中间宽而两端较尖细。

（2）发纹　磁痕呈直线或曲线状短线条。

（3）条状夹杂物　分布没有一定的规律，其磁痕不分明，具有一定的宽度，磁粉堆积较低而平坦。

（4）气孔和点状夹杂物　分布没有一定的规律，可以单独存在，也可密集成链状或群状存在，磁痕的形状和缺陷的形状有关，具有磁粉聚积较低而平坦的特征。

2. 非缺陷的磁痕

工件由于局部磁化、截面尺寸突变、磁化电流过大以及工件表面机械划伤等会造成磁粉的局部聚积而造成误判，可结合检测时的情况予以区别。

五、退磁

工件经磁粉检测后所留下的剩磁，会影响安装在其周围的仪表、罗盘等计量装置的精度，或者吸引铁屑增加磨损。有时工件中的强剩磁场会干扰焊接过程，引起电弧的偏吹，或者影响以后进行的磁粉检测。常用的退磁方法有交流退磁法和直流退磁法。

1. 交流退磁法

（1）通过法　对于中小型工件的批量退磁，最有效的方法是把工件放在装有轨道和拖板的退磁机上退磁，如图 5-23 所示。退磁时，将工件放在拖板上置于线圈前 30cm 处，线圈通电时，将工件沿着轨道缓慢地从线圈中通过，并远离线圈，在距线圈至少 1m 以外处（或有效磁化区以外）断电。

对于不能放在退磁机上退磁的重型或大型工件，也可以将线圈套在工件上，通电时缓慢地将线圈通过并远离工件，在距工件 1m 以外处断电。

（2）衰减法　由于交流电的方向不断改变，故可用自动衰减退磁器或调压器逐渐降低电流直至为零进行退磁。如将工件放在线圈内，或将工件夹在检测机的两磁化夹头之间，以及用支杆触头接触工件后将电流递减到零进行退磁。交流电退磁电流波形如图 5-24(a) 所示。

对于大型锅炉压力容器的焊缝，也可用交流电磁轭退磁。将电磁轭两极跨接在焊缝两侧，接通电源，让电磁轭沿焊缝缓慢移动，当远离焊缝 0.5m 以外再断电，进行退磁。对于大面积扁平工件的退磁，可采用扁平线圈退磁器，如图 5-25 所示。退磁器内装有 U 形交流

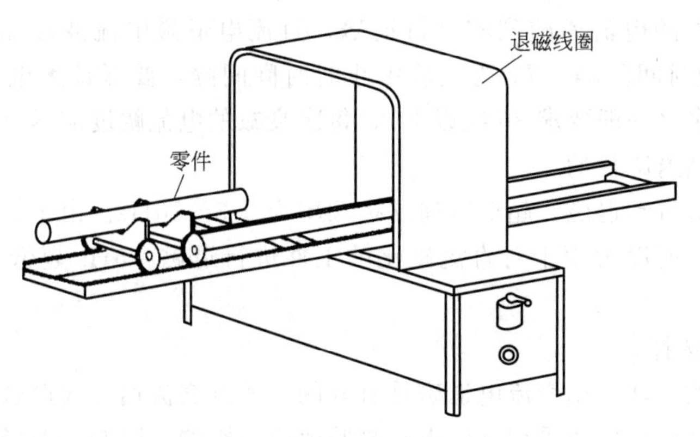

图 5-23 通过法退磁

电磁铁，铁芯两极上串绕退磁线圈，外壳由非磁性材料制成。用软电缆盘成螺旋线，通以低电压大电流，便构成退磁器。使用时，给扁平线圈通电后像电熨斗一样，在工件表面来回熨，熨完后使扁平线圈远离工件 0.5m 以外后再断电，进行退磁。

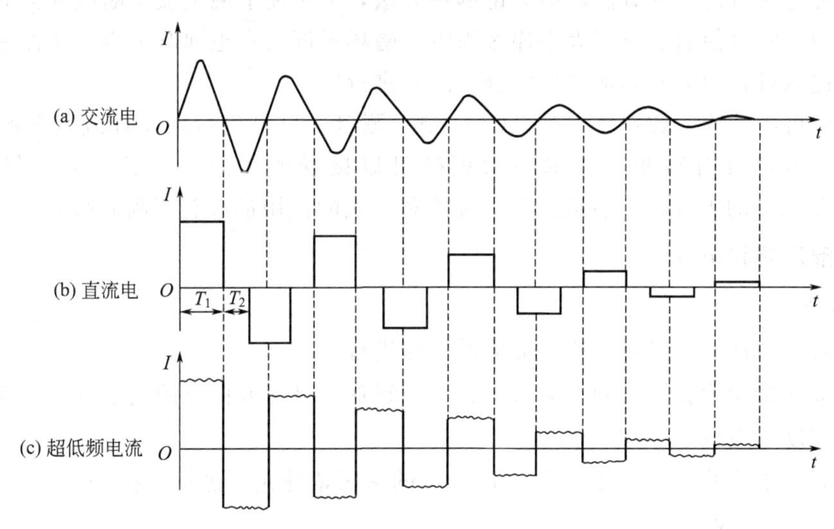

图 5-24 退磁电流波形

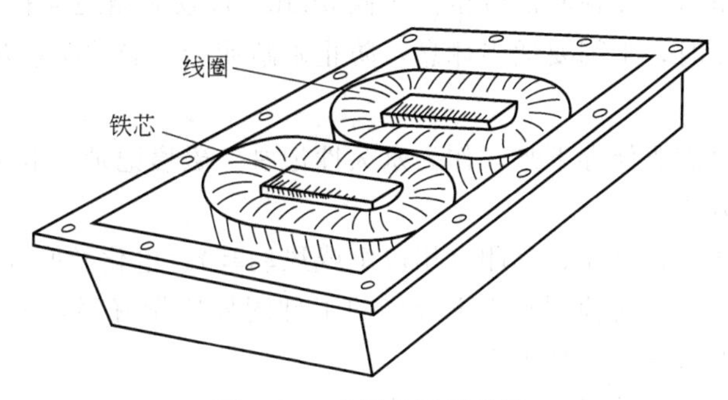

图 5-25 扁平线圈退磁器

2. 直流退磁法

用直流电磁化的工件，为了使工件内部能获得良好的退磁，常采用直流换向衰减法和超低频电流自动退磁。

(1) 直流换向衰减退磁 通过机械的方法不断改变直流电（包括三相全波整流电）的方

向，同时使通过工件的电流递减到零进行退磁，直流电退磁电流波形如图 5-24(b) 所示，图中 T_1 为电流导通时间间隔，T_2 为电流中止时时间间隔，要保证无电流时换向。电流衰减的次数应尽可能多（一般要求 30 次以上），每次衰减的电流幅度应尽可能小，如果衰减的幅度太大，则达不到退磁目的。

(2) 超低频电流自动退磁　超低频通常指频率为 0.5～10Hz。由于超低频电流可以透入工件内较深的部位，所以可用于对直流磁化的工件进行退磁。5Hz 超低频退磁电流波形如图 5-24(c) 所示。

3. 退磁方法的选择

用交流电磁化的工件，用交流电退磁是有效的。尤其交流通过式退磁，方法简单，速度快，退磁效果好，因而被广泛采用。但由于趋肤效应的影响，限制了磁场的透入深度，交流电退磁对直流电磁化的深层剩磁是无效的。

直流换向衰减退磁和超低频电流自动退磁，几乎对任何磁化方法磁化的工件都能退磁到不影响使用的水平，但这种退磁方法成本高，效率低。

尽管工件退磁有许多种方法，但无论哪种方法，都是使退磁电流不断改变方向，磁场也不断改变方向，同时使退磁电流大小递减为零，磁场强度大小也递减为零，从而使剩磁接近于零。所以退磁可归纳为一句话“换向衰减同时进行”。

退磁程度可用袖珍式磁强计（如 XCJ-B 型）测量，也可用特斯拉计或剩磁测量仪测量剩磁。不少规范都没有写明工件退磁后剩磁可以接受的界限，一般认为，剩磁不大于 0.3mT(240A/m) 的工件，对后道加工、焊接和仪表的使用都没有不利的影响。

六、磁痕观察和记录

1. 磁痕观察

磁痕的观察和评定一般应在磁痕形成后立即进行。

使用非荧光磁粉检验，必须在能够充分识别磁痕的日光或白光照明下进行，在被检工件表面的白光照度不应低于 1000lx。

使用荧光磁粉检验，应在环境光小于 20lx 的暗区紫外光下进行。在 380mm 处，紫外辐照度应不低于 $1000\mu W/cm^2$。

检验人员进入暗室后，在检验前应至少等候 5min，以使眼睛适应在暗光下工作。

检验人员连续工作时，工间要适当休息，防止眼睛疲劳，影响磁痕观察。

2. 磁痕记录

工件上的磁痕有时需要保存下来，作为永久性记录。磁痕记录一般采用照相、贴印、橡胶铸型复印、摹绘等方法。

合格工件标记方法：打钢印、刻印（用电笔或风动笔）、电化学腐蚀标记和挂标签等。

不合格工件的处置：磁粉检测验收不合格的工件同样应做好明显的标记，如涂红漆等，并应进行隔离，以防混入合格工件中去。

磁粉检测报告表格推荐的格式如图 5-26 所示。

七、后处理

工件磁粉检测完的后处理应包括以下内容。

(1) 清洗工件表面包括孔中、裂缝和通路中的磁粉。

(2) 使用水磁悬液检验，为防止工件生锈，可用脱水防锈油处理。

<table>
<tr><td>检验单位</td><td colspan="2" rowspan="2">磁粉检测报告</td><td>委托单位</td></tr>
<tr><td></td><td></td></tr>
<tr><td>工件名称</td><td></td><td>工件编号</td><td></td></tr>
<tr><td>材料</td><td></td><td>热处理状态</td><td></td></tr>
<tr><td>磁化设备</td><td></td><td>磁化方法</td><td></td></tr>
<tr><td>检验方法</td><td></td><td>磁粉名称</td><td></td></tr>
<tr><td>试片名称、型号</td><td></td><td>验收标准</td><td></td></tr>
<tr><td>检验结果</td><td colspan="3"></td></tr>
<tr><td colspan="4">工件和缺陷示意图：</td></tr>
<tr><td>检验日期</td><td>检测者</td><td>审核</td><td>室主任</td></tr>
<tr><td></td><td></td><td></td><td></td></tr>
</table>

图 5-26 磁粉检测报告格式

(3) 如果使用过封堵，应去除。

(4) 如果涂敷了反差增强剂，应清洗掉。

(5) 不合格工件应隔离。

学习任务 2 磁粉检测验收标准

在对缺陷的磁痕进行检测和分析后，当不能判定是否为真正的缺陷时，应该复验。待确定为缺陷的磁痕后，应进行质量评定，决定产品是否合格。JB/T 4730.4—2005《承压设备无损检测第 4 部分：磁粉检测》标准规定如下。

(1) 不允许存在的缺陷

① 不允许存在任何裂纹和白点。

② 紧固件和轴类零件不允许任何横向缺陷显示。

(2) 焊接接头的磁粉检测质量分级 见表 5-6。

表 5-6 焊接接头的磁粉检测质量分级

等级	线性缺陷痕迹	圆形缺陷痕迹(评定框尺寸为 35mm×100mm)
Ⅰ	不允许	$d \leqslant 1.5$mm，且在评定框内不大于 1 个
Ⅱ	不允许	$d \leqslant 3.0$mm，且在评定框内不大于 2 个
Ⅲ	$l \leqslant 3$mm	$d \leqslant 4.5$mm，且在评定框内不大于 4 个
Ⅳ	大于Ⅲ级	

注：l 表示线性缺陷磁痕长度；d 表示圆形缺陷磁痕长径。

第五模块 磁粉检测实训项目

实训项目1 磁粉检测的综合性能测试

磁粉检测的综合灵敏度是指在选定的条件下进行探伤检查时，通过自然缺陷和人工缺陷的磁痕显示情况来评价和确定磁粉检测设备、磁粉及磁悬液及检测方法的综合性能，通过对交流和直流试块孔的深度磁痕显示，了解和比较使用交流电和整流电磁粉检测的探测深度。

1. 实训目的

（1）掌握使用自然缺陷样件、交流试块、直流试块和标准试片测试综合性能的方法。

（2）了解和比较使用交流电和整流电磁粉检测的探测深度。

2. 实训设备和器材

交流磁粉探伤仪（机）一台、直流（或整流）磁粉探伤仪（机）一台、交流试块和直流试块各一个、带有自然缺陷（如发纹、磨裂、淬火裂纹及皮下裂纹等）的试件若干、标准试片（A 型）一套、标准铜棒一根、磁悬液一瓶。

3. 实训步骤

（1）将带有自然缺陷的样件按规定的磁化规范磁化，用湿连续法检验，观察磁痕显示情况。

（2）将交流试块穿在标准铜棒上，夹在两磁化夹头之间，用 700A（有效值）或 1000A（峰值）交流电磁化，并依次将 1、2、3 孔旋至向上正中位置，用湿连续法检验，观察在试块环圆周上有磁痕显示的孔数。

（3）将直流试块穿在标准铜棒上，夹在两磁化夹头之间，分别用表 5-7 中所列的磁化规范，用直流电（或整流电）和交流电分别磁化，并用湿连续法检验，观察在试块圆周上有磁痕显示的孔数。

（4）分别将标准试片用透明胶纸贴在交流试块、直流试块及自然缺陷样件上（贴时不要掩盖试片缺陷），用湿连续法检验，观察磁痕显示。

（5）测试结果记录：

① 记录带有自然缺陷样件的试验结果；

② 记录交流标准试块的试验结果；

③ 将交流电和直流电（或整流电）磁化直流标准试块的试验结果填入表 5-7 中；

④ 根据要求填写实训报告。

表 5-7　标准试块的试验结果

磁悬液种类	磁化电流/A	交流显示孔数	直流显示孔数
非荧光磁粉湿法检测	1400		
	2500		
	3400		
荧光磁粉湿法检测	1400		
	2500		
	3400		

4. 分析与讨论

（1）比较直流磁化和交流磁化的检测深度。

（2）比较荧光磁悬液和非荧光磁悬液的检测灵敏度。

（3）讨论电流种类和大小对自然缺陷检测灵敏度的影响。

实训项目2 焊缝磁粉检测

1. 实训目的

(1) 了解磁轭法磁化磁场和旋转磁场磁化法磁场的分布规律。

(2) 熟悉磁轭间隙和行走速度对检测效果的影响及有效磁化的范围。

(3) 了解检验球罐纵缝和环缝时磁悬液的施加方式。

(4) 了解用交流和直流电磁轭检验厚板焊缝的效果。

2. 实训设备和器材

特斯拉计一台、交流和直流电磁轭探伤仪各一台、旋转磁场探伤仪一台、标准试片(A型或M1型)一套、有焊缝的钢板一块(或在锅炉压力容器的现场检查)、磁悬液一瓶、≥10mm厚的钢板一块。

3. 实训步骤

(1) 用磁轭法磁化焊接试板，当磁极间距为150mm时，用特斯拉计测量焊接试板上各点的磁场分布，并用15/50标准试片贴在试板表面不同位置，用湿连续法检验，找出标准试片上磁痕显示清晰、工件表面磁场强度又能达到2400A/m的范围，从而画出磁轭法的有效磁化范围。

(2) 当电磁轭磁极与工件表面紧密接触与保持不同间隙时，试验对磁化的影响，用贴标准试片试验。

(3) 用交叉磁轭旋转磁场磁化焊接试板或压力容器焊缝时，用特斯拉计测量焊接试板表面各点的磁场分布，并用15/50标准试片贴在试板表面不同位置，用湿连续法检验，找出标准试片上磁痕显示清晰、工件表面磁场强度又能达到2400A/m的有效磁化范围。

(4) 试验交叉磁轭固定在一个位置和行走时的检测效果，可从观察标准试片上的磁痕显示看出。

(5) 用交叉磁轭旋转磁场检验球罐的环缝和纵缝，通过观察标准试片的磁痕显示，考察不同磁悬液施加方式对检测结果的影响。

(6) 将15/50标准试片贴在厚板(大于10mm)表面，分别用交流电磁轭和直流电磁轭进行磁化检验，观察磁痕显示的差异。

也可以用交流和直流电磁轭同时检验厚板焊缝表面的同一自然缺陷(宜选微小裂纹)，观察磁痕显示的差异。

(7) 测试结果记录：

① 记录磁轭法和交叉磁轭磁化焊接试板上各点的磁场强度值和试片磁痕显示，并给出有效磁化范围；

② 记录磁轭间隙和行走速度对检测效果的影响；

③ 记录检验球罐环缝和纵缝时磁悬液施加方式的影响；

④ 记录用交流和直流电磁轭检验厚板焊缝结果的差异。

4. 分析与讨论

(1) 比较两种方法的优缺点。

(2) 在磁轭法中，靠近磁轭处的磁场有何特点？对磁粉检测有何影响？

【单元综合练习】

一、选择题

1. 磁粉检测方法适合于检查工件________。

A. 内部缺陷　　B. 内部缺陷或表面缺陷

C. 表面缺陷　　D. 表面缺陷或近表面缺陷

2. 对铁磁性材料进行磁化时，由于工件内部的________发生变化而使磁通泄漏到缺陷附近空气中所形成的磁场，称为漏磁场。

A. 应力　B. 磁导率　C. 电阻率　D. 密度

3. 裂纹的开裂面与工件表面________时，则漏磁场最强也最有利于检出。

A. 平行　B. 垂直　C. 45℃　D. 60℃

4. ________是常用来检验与工件（或纵焊缝）轴线平行的缺陷。

A. 周向磁化法　B. 复合磁化法　C. 纵向磁化法　D. 旋转磁场磁化法

5. 触头法周向磁化，其磁场强度与________大小成正比。

A. 触头　B. 芯棒　C. 线圈　D. 磁化电流

6. 对工件磁化选择磁化电流值或磁场强度值所遵循的规则，称为________。

A. 检验规范　B. 磁化规范　C. 检测规范　D. 焊接规范

7. 磁轭法磁化规范的选择主要是对________的选择。

A. 磁轭提升力　B. 磁轭重量　C. 磁轭大小　D. 磁轭形状

8. 磁粉检测采用的磁化电流中最常用的磁化电流有________、单相半波整流电和三相全波整流电三种。

A. 交流电　B. 直流电　C. 高压电流　D. 脉冲电流

9. 磁粉检测设备按设备重量和可移动性分为移动式、固定式和________三种。

A. 分体式　B. 整体式　C. 组合式　D. 便携式

10. ________是磁粉检测机的主要部分，也是它的核心部分。

A. 磁化电源　B. 磁化线圈　C. 指示装置　D. 喷洒装置

11. 不属于根据采用的磁粉和载液的不同而分类的磁悬液是________。

A. 油基磁悬液　B. 水基磁悬液　C. 荧光磁悬液　D. 非荧光磁悬液

12. ________主要用于检验磁粉检测设备、磁粉和磁悬液的综合性能（系统灵敏度），也用于考察磁粉检测试验条件和操作方法是否恰当。

A. 试片　B. 试块　C. 磁悬液　D. 磁粉

13. 在外加磁场磁化的同时，将磁粉或磁悬液施加到工件上进行磁粉检测的方法，称为________。

A. 连续法　B. 剩磁法　C. 干粉法　D. 湿粉法

14. 使用荧光磁粉检验，应在________下进行。

A. 日光　B. 白光　C. 紫外光　D. 红外光

二、判断题（正确的打“√”，错误的打“×”）

（　）1. 磁粉检测适合检查铁磁性材料的缺陷。

（　）2. 当缺陷形状为圆形（如气孔）时，容易形成较大的漏磁场。

（　）3. 磁粉检测中的磁痕大小是实际缺陷的几倍或几十倍。

（　）4. 按工件磁化方向的不同，可分为周向磁化法、纵向磁化法、复合磁化法和旋转磁场磁化法。

（　）5. 直接通电磁化法适合于检测长条形工件如棒材等。

（　）6. 线圈法磁化时，其磁化规范用线圈匝数和通电时间的乘积来表示。

（　）7. 直流电磁化法发现表面缺陷的灵敏度比交流电磁化法要高，而且退磁也比较容易。

（　）8. 黑磁粉是一种 Fe_2O_3 晶体粉末，具有较高的磁导率。

（　）9. 按磁粉使用方法，磁粉检测可分为干粉法和湿粉法。

（　）10. 磁场指示器多用于干粉法检验。

（　）11. 磁粉检测的主要工艺过程包括预处理、磁化工件、施加磁粉、磁痕分析、退磁和后处理六个步骤。

（　　）12. 常用的退磁方法有交流退磁法、直流退磁法和脉冲电流退磁法。

（　　）13. 交流线圈退磁法有通过法和衰减法。

三、简答题

1. 漏磁场是怎样形成的？
2. 磁粉检测有哪些优缺点？
3. 影响漏磁场的因素有哪些？如何影响？
4. 直接通电磁化法和触头法产生打火烧伤的原因和预防措施有哪些？
5. 采用交流线圈法磁化工件时应注意哪些事项？
6. 什么是纵向磁化？包括哪几种磁化方法？
7. 选择磁化规范时应考虑的因素有哪些？
8. 磁粉检测机是如何分类的？都具有哪些特点？
9. 非荧光磁粉和荧光磁粉分别具有哪些性能和特点？
10. 简述磁粉特性。
11. 影响磁粉检测灵敏度的因素有哪些？
12. 进行磁粉检测时，工件的预处理应做哪些工作？
13. 什么是湿粉法和干粉法？简述其各自的优点和局限性。
14. 为什么要退磁？交流退磁法和直流退磁法各有哪些特点？

第六单元　渗透检测

学习目标

通过本单元的学习，第一，了解渗透检测原理、分类及应用；第二，掌握渗透检测的工艺过程，并能够按照相关渗透检测标准判别缺陷和质量评定；第三，了解渗透检测剂的性能和要求。

第一模块　渗透检测原理

学习任务1　渗透检测基本原理

渗透检测的基本原理是以物理学中液体对固体的润湿能力和毛细现象为基础的。

渗透作用的深度和速度与渗透液的表面张力、黏附力、内聚力、渗透时间、材料的表面状况、缺陷的大小及类型等因素有关。

1. 表面张力

作用在液体表面而使液体表面收缩并趋于最小表面积的力，称为液体的表面张力，是由于分子间的内聚力产生的。液体表面张力现象是普遍存在的，如水滴尽量保持球状，碗中装满水时，当水面高于碗边时，水并不溢出，放在水里的毛笔毛是蓬松的，但毛笔一出水面笔毛就很自然地拢在一起。这些现象，都是表面张力作用的结果。

任一单位长度边界的表面张力，称为表面张力系数，通常以 mN/m 为单位。

2. 液体的润湿作用

润湿是固体表面上的气体被液体取代的过程。固体被液体润湿的程度可以用液体对固体表面的接触角来表示。接触角 θ 是液面在接触点的切线与包括液体的固体表面之间的夹角。当用接触角判定润湿性能时，θ 角小于 90°时，液体能润湿固体表面，称为润湿现象，如图 6-1(a) 所示，θ 角大于 90°时，液体不能润湿固体表面，称为不润湿现象，如图 6-1(b) 所示。由此可知，对于给定的液体，接触角 θ 越大，液体对固体工件的润湿能力越小。

3. 液体的毛细现象

将一根很细的玻璃管插入装有水的容器中，由于水能润湿管壁，管内水面呈凹形并高出容器的水面，如图 6-2(a) 所示。若把玻璃管插在装有水银的容器中，由于水银不能润湿管壁，管内的水银呈凸形并低于容器的水银面，如图 6-2(b) 所示。

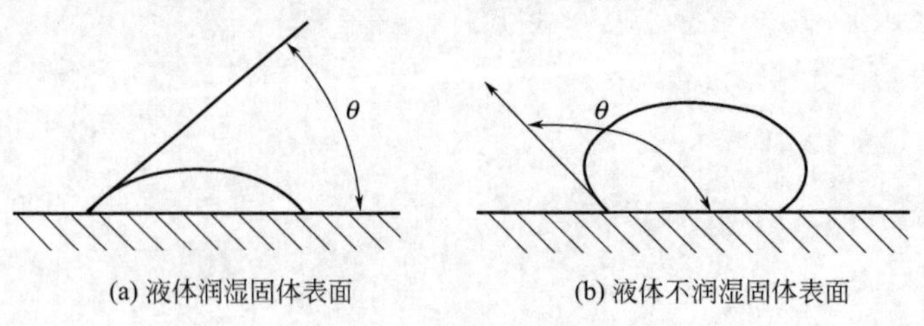

(a) 液体润湿固体表面　　(b) 液体不润湿固体表面

图 6-1　液体的接触角

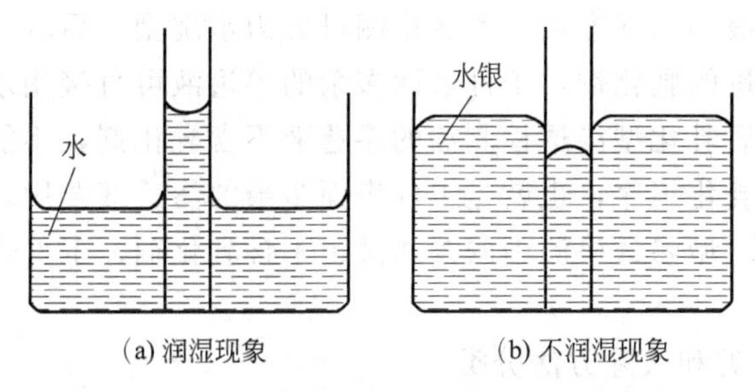

(a) 润湿现象　(b) 不润湿现象

图 6-2　毛细现象

润湿的液体在毛细管中呈凹面并上升，不润湿的液体在毛细管中呈凸面并下降的现象，称为毛细现象。

4. 乳化作用

在渗透检测中，油性渗透液和水的不溶性，给清洗工作造成很多困难。清洗不干净，不仅降低检测灵敏度，甚至会使检测无法进行，所以需对渗透液进行乳化处理。通常把起乳化作用的液体称为乳化剂，当它与不溶于水的渗透液结合后，使渗透液成为可溶性的，而易于被水洗掉。乳化剂的这一作用，称为乳化作用。

乳化剂是由具有亲水基和亲油基的两亲分子构成的，它能吸附在水和油的界面上，起一种搭桥的作用，这样乳化剂分子不仅防止了水和油的互相排斥，而且把两者紧紧地连接在自己的两端，使油和水不相分离。这样就把渗透液变成可溶性的了，经这样处理后的渗透液在检测清洗时，很容易被水洗掉，保证了检测工作的顺利进行。

5. 渗透检测的基本原理

可将零件表面的开口缺陷看作是毛细管或毛细缝隙。将溶有荧光染料或着色染料的渗透液施加于试件表面，由于毛细现象的作用，渗透液渗入到各类开口于表面的细小缺陷中，清除附着于试件表面上多余的渗透液，经干燥后再施加显像剂，缺陷中的渗透液在毛细现象的作用下重新被吸附到零件表面上，形成放大了的缺陷显示，在黑光下（荧光检测法）或白光下（着色检测法）观察，缺陷处可分别相应地发出黄绿色的荧光或呈现红色显示，从而作出缺陷的评定。

渗透检测的原理简明易懂，设备简单，方法灵活，缺陷显示直观，检测灵敏度高，检测费用低，并可以同时显示各个不同方向的各类缺陷。但是，渗透检测受被检物体表面粗糙度的影响较大，只能检测表面开口缺陷的分布，难以确定缺陷的实际深度，而且检测结果受操作者技术水平的影响较大。

学习任务 2　渗透检测方法的分类

渗透检测方法的分类较多，目前较为广泛使用的分类方法主要是根据渗透液的种类、工件表面多余渗透液的去除方法和显像的方法进行划分的。常见的分类方法有如下几种。

1. 根据渗透液所含的染料成分分类

根据渗透液所含的染料成分，渗透检测方法可分为着色法、荧光法和荧光着色法三大类。渗透液中含有红色染料，在白光或日光下观察缺陷的显示为着色法；渗透液中含有荧光染料，在紫外线的照射下观察缺陷处黄绿色荧光显示为荧光法；荧光着色法兼备荧光和着色两种方法的特点，即缺陷的显示图像在白光下显色，而在紫外线的照射下又能激发出荧光。

2. 根据表面多余渗透液的去除方法分类

根据表面多余渗透液的去除方法，渗透检测可分为水洗型、后乳化型和溶剂清洗型三大类。渗透液中含有一定量的乳化剂，工件表面多余的渗透液可直接用水清洗掉，这种方法称为水洗型渗透检测法。后乳化型渗透检测法的渗透液不含乳化剂，不能直接用水从工件表面清洗掉，必须增加一道乳化工序，也就是工件表面多余的渗透液要用乳化剂“乳化”之后方能用水清洗掉。溶剂去除型渗透检测中的渗透液也不含乳化剂，工件表面多余的渗透液用有机溶剂擦洗。

3. 根据渗透液的种类和去除方法分类

根据渗透液的种类和表面多余渗透液的去除方法进行分类，渗透检测方法的分类见表 6-1。

表 6-1 根据渗透液种类和去除方法的分类

方法名称	方法代号	GJB 2867A 代号
水洗型荧光渗透检测	FA	Ⅰ类 A
亲油性后乳化型荧光渗透检测	FB	Ⅰ类 B
溶剂去除型荧光渗透检测	FC	Ⅰ类 C
亲水性后乳化型荧光渗透检测	FD	Ⅰ类 D
水洗型着色渗透检测	VA	Ⅱ类 A
后乳化型着色渗透检测	VB	Ⅱ类 B
溶剂去除型着色渗透检测	VC	Ⅱ类 C

4. 根据显像方法分类

根据渗透检测中显像方法的分类见表 6-2。

表 6-2 根据显像方法的分类

分类	所使用的显像剂	代号	GJB 2867A 代号
干式显像法	干粉显像剂	D	a
水基湿显像法	水溶性湿显像剂	A	b
	水悬浮性湿显像剂	W	c
非水基湿显像法	非水基显像剂	S	d
特殊显像法	特殊显像剂	E	f
自显像法	不用显像剂	N	—

表 6-2 所列的方法中，最常用的是非水基湿显像法和干式显像法两大类。非水基湿显像剂又称溶剂悬浮型显像剂，也称速干式显像剂。干式显像法主要与荧光法配合使用；水基湿显像法与着色法配合使用。

学习任务 3 渗透检测的应用

在工业生产中，渗透检测的应用广泛，用于各种金属、非金属、磁性、非磁性材料及零部件的表面缺陷的检查，除表面多孔性材料以外，几乎一切材料的表面缺陷都可以应用此方法。所以，可以说，渗透检测检测的部件不但种类繁多，而且材质也各不相同；从渗透检测的工艺方法考虑，可以把各种部件分为铸件、锻件、焊接件、机加工件等，从而选择适当的检测方法。

一、铸件的渗透检测

铸件中常发现的主要缺陷是气孔、夹杂物、缩孔、疏松、冷隔、裂纹和白点等。只有这些缺陷露出表面时，渗透检测才可以检出。铸件表面粗糙，形状复杂，给渗透检测的清理和去除工序带来困难，为克服这些困难，并保证足够的灵敏度，常采用水洗型荧光渗透检测工艺。但对重要铸件，如涡轮叶片，采用精密铸造法制造，其表面光洁，故也采用后乳化型渗透检测工艺。

二、锻件的渗透检测

锻件中常见的缺陷主要有缩孔、疏松、夹杂、分层、折叠、裂纹等，而且这些缺陷具有方向性，其方向一般与压力方向垂直而与金属流线平行。

与铸件相比，锻件表面较为光洁，故去除表面多余渗透液较易操作，且由于对锻件的承载能力的要求更高，其存在的缺陷更加紧密细小，故渗透检测时，要求使用较高灵敏度的后乳化型荧光渗透液，特别是重要部件，如发动机的部件，要求使用超高灵敏度的后乳化型荧光渗透液，而且，渗透时间也应适当延长。

三、焊缝的渗透检测

焊缝中常见的缺陷有气孔、夹渣、未焊透、未熔合、裂纹等，只有这些缺陷露出表面时渗透检测才能检测到。对焊缝的检测，常用溶剂去除型着色检测法。

渗透检测法检测焊缝时应注意以下一些问题。

(1) 焊缝经渗透检测后，应进行后清洗。多层多道焊缝，每层焊缝经渗透检测后的清洗更为重要。必须清洗干净，否则，残留在焊缝上的渗透液和显像剂会影响随后进行的焊接，使其产生缺陷。

(2) 对钛合金或奥氏体不锈钢焊缝进行渗透检测时，检测后的后清洗是非常重要的，特别是使用压力喷罐的罐装渗透检测材料时，显得更为重要。因为大多数喷罐内采用氟利昂作为气雾剂，如喷罐内含有一定的水分，氟利昂就会溶解到渗透检测材料中形成卤酸，腐蚀钛合金或奥氏体钢焊缝；另外，氟利昂能与油脂以任意比例互相溶解，而渗透检测材料中大量使用油脂（如煤油、松节油等）及乳化剂等物质，被检工件表面也常有油脂，这样，氟利昂中的卤元素也能溶入渗透检测材料中间接进入受检工件表面，或直接进入受检工件表面，产生腐蚀作用。很显然，即使渗透检测材料中严格控制卤元素的含量，但如不注意上述问题，这种控制就失去实际意义。

四、其他工件的渗透检测

1. 非金属工件的渗透检测

非金属工件的渗透检测包括塑料、陶瓷、玻璃及建筑材料中的装饰宝石等的检测，主要是检测裂纹。

非金属工件的渗透检测，由于所要求的检测灵敏度较低，故采用水洗型着色渗透检测即可。并可采用较短的渗透时间。如用荧光液检测玻璃制品，可采用自显像。使用着色液检测塑料工件时，如采用溶剂悬浮显像剂显像，则悬浮溶剂最好采用醇类溶剂，不采用含氯化物的有机溶剂。

非金属工件，特别是塑料或装饰宝石等，渗透检测前，应通过试验确定渗透材料是否会浸蚀被检工件。

2. 在役工件的渗透检测

在设备的维修和保养中，常对在役工件进行渗透检测，因为预期检出的缺陷均非常细微，如疲劳裂纹、应力腐蚀裂纹或晶间腐蚀裂纹等，故在渗透检测时，要求使用荧光渗透液而不使用着色渗透液，而且要求渗透时间长。在某些情况下，为检测紧闭的裂纹，可采用加载法。

第二模块　渗透检测剂

学习任务1　渗透检测剂的组成及性能

渗透检测材料主要包括渗透液、去除剂和显像剂三大类。

一、渗透液

渗透液是一种含有着色染料或荧光染料且具有很强的渗透能力的溶液。它能渗入表面开口的缺陷并被显像剂吸附出来，从而显示缺陷的痕迹。

1. 渗透液的组成

渗透液的组成成分是：染料（或荧光物质）和溶解染料（或荧光物质）的溶剂，以及渗透剂。此外还有用于改善渗透液性能的附加成分，如为降低渗透液表面张力、增大润湿作用的表面活性剂，促进染料（或荧光物质）溶解的助溶剂，改进渗透液黏度和增色的增光剂，使渗透液便于水洗的乳化剂，以及减小渗透液挥发的抑制剂等。

常用的着色染料有苏丹红Ⅳ、128 烛红、刚果红等。

常用的荧光物质有发绿光的 CaS、发黄绿色光的 ZnS 以及能发蓝光的液体煤油、矿物油等。

常用的染料溶剂和渗透剂有煤油、苯、水杨酸甲酯、松节油等，其中苯和水杨酸甲酯对苏丹红Ⅳ溶解度较高。

常用的荧光物质的溶剂和渗透剂有苯、二甲苯、（邻）苯二甲酸二丁酯、石油醚等。

常用作改善渗透液性能的物质有：航空润滑油——助溶剂、增光剂，它们也有增加黏度的作用；硝基苯——改善渗透性，并有助溶作用，主要是硝基功能团（$-NO_3$）的作用结果；松节油、丁酸丁酯等——有助溶作用；变压器油——有增光作用；洗衣粉、氨基酸、多元醇等——常用作表面活性剂，以降低表面张力，增加润湿作用。

常用的渗透液配方见表 6-3。

1# 配方是以苯为主体的渗透液，苯既是溶剂又是渗透剂，苯对苏丹红Ⅳ溶解度较高，渗透性好，故检测灵敏度高。由于苯含量大，该配方挥发性大，毒性大。

2# 配方用煤油代替部分苯，毒性大大降低，渗透性增加。但由于苏丹红Ⅳ在煤油中溶解度低，该配方颜色浅，灵敏度不及 1# 配方。

3# 配方中添加了硝基苯，目的在于提高苏丹红Ⅳ的溶解度，改善渗透性能，提高了检测灵敏度。但硝基苯也属有毒物质。

4# 配方用甲基异丁基酮作为溶剂，灵敏度高于 1# 配方，基本无毒，凝固点低，适于低温使用。但刺激性味道大。

5# 配方以水杨酸甲酯和松节油作为溶剂，煤油为渗透剂，对苏丹红Ⅳ溶解性较好，灵敏度较高。松节油还起着调节黏度的作用。该配方基本无毒，刺激性味道较大。

表 6-3 常用的渗透液配方

配方编号	配制顺序	成分	成分比例	常用清洗剂或乳化剂编号	常配用显像剂
1#	1	苏丹红Ⅳ	1g/100mL	丙酮	1#
	2	航空油 HP-8	5%		
	3	苯	95%		
2#	1	苏丹红Ⅳ	1g/100mL	丙酮	1#
	2	苯	20%		
	3	煤油	80%		
3#	1	苏丹红Ⅳ	1g/100mL	丙酮 煤油 30%+ 变压器油 70% 1#	1# 3#
	2	硝基苯	10%		
	3	苯	20%		
	4	煤油	70%		
4#	1	苏丹红Ⅳ	1g/100mL	丙酮	1#
	2	航空油 HP-8	5%		
	3	甲基异丁基酮	95%		
5#	1	水杨酸甲酯	30%	丙酮 煤油 30%+ 变压器油 70% 1#	1# 4# 5#
	2	煤油	60%		
	3	松节油	10%		
	4	苏丹红Ⅳ	1g/100mL		
6#	1	128 烛红	0.7g/100mL	变压器油 HH-8 30% +煤油 70% 1# 2#	1# 3#
	2	水杨酸甲酯	25%		
	3	苯甲酸甲酯	10%		
	4	松节油	15%		
	5	煤油	50%		
7#	1	乙酸乙酯	5%	3#	6#
	2	航空煤油	60%		
	3	松节油	5%		
	4	变压器油	20%		
	5	丁酸丁酯	10%		
	6	苏丹红Ⅳ	0.8g/100mL		
8#	1	水	100%	水	2# 7#
	2	表面活性剂	2.4g/100mL		
	3	氢氧化钾	0.4～0.8g/100mL		
	4	刚果红	2.4g/100mL		
9#	1	二甲基萘	15%	水	7#
	2	α-甲基萘	20%		
	3	200#溶剂汽油	52%		
	4	萘	1g/100mL		
	5	吐温-60	5%		
	6	三乙醇胺油酸皂	8%		
	7	油基红	1.2g/100mL		

6#配方性能与5#配方类似。

7#配方主要渗透剂是煤油，变压器油是增光剂，丁酸丁酯是助溶剂。煤油、乙酸乙酯、松节油组成基本溶剂，配方灵敏度较高，基本无毒性。

8#配方是水基渗透液，刚果红可以溶于热水，表面活性剂是为了降低表面张力，增强润湿能力。由于该液呈酸性，所以在配方中加入氢氧化钾，起中和作用。

9#配方是自乳化型渗透液，二甲基萘与α-甲基萘是主要溶剂，汽油是渗透剂。乳化剂吐温-60亲水性强，能产生凝胶现象。三乙醇胺油酸皂是阴离子乳化剂，萘是助溶剂。该配方灵敏度一般，基本无毒。但化学稳定性差，长久搁置会沉淀。

2. 渗透液的性能

理想的渗透液应具备下列性能。

(1) 渗透能力强，能容易地渗入工件表面细微的缺陷中去。

(2) 具有较好的截留性能，即能较好地停留在缺陷中，即使是在浅而宽的开口缺陷中的渗透液也不易被清洗出来。

(3) 容易从被覆盖过的工件表面清除掉。

(4) 不易挥发，不会很快地干在工件表面上。

(5) 有良好的润湿显像剂的能力，容易从缺陷中吸附到显像剂表面层而显示出来。

(6) 扩展成薄膜时，对荧光渗透液仍有足够的荧光亮度，对着色渗透液，应仍有鲜艳的颜色。

(7) 稳定性能好，在热和光等作用下，仍保持稳定的物理和化学性能，不易受酸和碱的影响，不易分解，不混浊和不沉淀。

(8) 闪点高，不易着火。

(9) 无毒，对人体无害，不污染环境。

(10) 有较好的化学惰性，对工件或盛装的容器无腐蚀作用。

(11) 价格便宜。

任何一种渗透液不可能全面达到理想的程度，只有尽可能接近理想水平。实际上，每种渗透液的配制都采取折中的办法，或者采取“取舍”的办法，即突出某一项或某几项性能指标。例如，水洗型渗透液突出“易于从工件表面去除多余渗透液”的性能，而后乳化型渗透液则突出了“能保留在浅而宽的缺陷中”的性能。

二、去除剂

1. 渗透检测中的去除剂

渗透检测中，用来除去被检工件表面多余渗透液的溶剂称为去除剂。

水洗型渗透液，直接用水去除，水就是一种去除剂。

后乳化型渗透液是在乳化以后再用水去除，它的去除剂就是乳化剂和水。

溶剂去除型渗透液采用有机溶剂去除，这些有机溶剂也是去除剂。常采用的去除剂有煤油、酒精、丙酮、三氯乙烯等。

所选择的去除剂应对渗透液中的染料（红色染料或荧光染料）有较大的溶解度。对渗透溶剂有良好的互溶性，且不与渗透液起化学反应。

2. 乳化剂

(1) 乳化剂的组成　乳化剂是去除剂中的重要材料，渗透检测中的乳化剂用于乳化不溶于水的渗透液，使其便于用水清洗。自乳化型渗透液自身含有乳化剂，可直接用水清洗，后乳化型渗透液自身不含乳化剂，需要经过专门的乳化工序以后，才能用水清洗。

乳化剂是由表面活性剂和添加溶剂组成的，主体是表面活性剂，而添加溶剂的作用是调节黏度，调整与渗透液的配比，降低材料费用等。

常用的乳化剂配方见表 6-4。

(2) 乳化剂的性能

① 乳化效果好，便于清洗。

② 抗污染能力强，特别是受少量水或渗透液的污染时，不降低其乳化性能。

③ 黏度和浓度适中，乳化时间合理，不致造成乳化操作困难。

表 6-4 常用乳化剂配方

配方编号	成分	成分比例	备注
1#	乳化剂 OP-10 工业乙醇 工业丙醇	50% 40% 10%	
2#	乳化剂(平平加) 油酸 丙酮	60% 5% 35%	必须配用 50～60℃的热水冲洗
3#	乳化剂(平平加) 工业乙醇	120g/100mL 100%	水溶加热,互溶成膏状物即可

④ 稳定性好，在储存或保管中，不受热和温度的影响。

⑤ 具备良好的化学惰性，对被检工件或盛装的容器不产生腐蚀，不变色。

⑥ 对人体无害、无毒及无不良气味。

⑦ 因乳化剂一般在开口槽中使用，故要求乳化剂的闪点高，挥发性低。

⑧ 颜色与渗透液有明显区别。

⑨ 凝胶作用强。

⑩ 废液及污水的处理简便。

三、显像剂

显像剂的作用是把渗入到工件缺陷内部的渗透液利用其毛细作用，将残留在缺陷内部的渗透液吸附到表面成为肉眼可以分辨的缺陷图像（可借助于放大镜）。

1. 显像剂的组成

（1）溶剂　用于悬浮白色粉末的易挥发液体，一般采用低沸点的有机溶剂，如丙酮、苯、二甲苯等，对于水洗性显像剂，其溶剂就是水。

（2）吸附剂　形成毛细现象，增加吸附能力，一般采用可形成最大对比度的白色粉末。常用的吸附剂有 MgO、ZnO、TiO_2（钛白）粉末、高岭土等。

（3）限制剂　主要是为了增加黏度，限制白色粉末对渗透液的扩大作用，使显示图像轮廓清楚。常用的限制剂有火棉胶、醋酸纤维素、过氯乙烯树脂、糊精等。

（4）附加成分　为改进显像剂性能，可加降低浓度的稀释剂和为获得薄而均匀的吸附层而加的表面活性剂等。

在一般配方中，ZnO、MgO 是吸附剂，苯、二甲苯是溶剂，火棉胶是限制剂，同时也起稀释剂和溶剂的作用，丙酮常用作稀释剂。

常用的显像剂配方见表 6-5。

1# 配方中氧化锌是吸附剂，苯是溶剂，火棉胶是限制剂（同时起溶剂、稀释剂的作用）、丙酮是稀释剂。

5# 配方是一种速干式显像剂，配方中的过氯乙烯树脂是限制剂。

7# 配方是水基显像剂，水是溶剂，糊精是限制剂。

2. 显像剂的性能

（1）显像粉末的颗粒细微均匀，对工件表面有较强的吸附力，能均匀地附着于工件表面形成较薄的覆盖层，有效地盖住金属本色；能将缺陷处微量的渗透液吸附到表面并扩展到足以被肉眼所观察到，且能保持显示清晰。

（2）吸湿能力强，吸湿速度快，能容易被缺陷处的渗透液所润湿。

表 6-5 常用的显像剂配方

配方编号	成　分	成分比例	备　注
1#	氧化锌 苯 火棉胶 丙酮	5g/100mL 20% 70% 10%	适用于浸、刷、喷。为喷涂方便可再加40%～50%丙酮稀释
2#	丙酮 醋酸纤维素 氧化锌	100% 1g/100mL 5g/100mL	醋酸纤维素在丙酮内全部溶解后才加入氧化锌
3#	油溶锌白 苯 火棉胶(5%) 工业丙酮	5g/100mL 20% 20% 60%	
4#	火棉胶(5%) 丙酮 乙醇 二氧化钛	45% 40% 15% 5g/100mL	
5#	过氯乙烯树脂 工业丙酮 二甲苯 油溶锌白	30g/100mL 60% 40% 5g/100mL	树脂倒入丙酮后充分搅拌，使其溶解后加入二甲苯，继续搅拌10～15min再加锌白
6#	氧化锌 120#汽油 乙醇 火棉胶(5%) 异丙醇	5g/100mL 15% 50% 15% 20%	该配方挥发性差、不易干燥，气温低时不宜采用
7#	水 表面活性剂 糊精 白色粉末	100% 0.01～0.1g/100mL 0.5～0.7g/100mL 6g/100mL	

（3）用于荧光法的显像剂应不发荧光，也不应含有任何减弱荧光亮度的成分。

（4）用于着色法的显像剂应对光有较大的反射率，能与缺陷显示形成较大的色差，以保证最佳的对比度，对着色染料无消色的作用。

（5）具有较好的化学惰性，对盛放的容器和被检工件不产生腐蚀。

（6）无毒、无异味、对人体无害。

（7）使用方便、价格便宜。

（8）检验完毕后，易于从被检工件表面上清除。

学习任务2 渗透检测对环境的污染与控制

渗透检测对环境造成的污染，主要是由于渗透检测材料和废液引起的。

在着色检测时，使用的便携式喷罐的渗透液、去除剂及显像剂材料，它们具有较低的闪点，使用时会呈细雾喷出，形成雾状飞扬物，很容易燃烧，并且增加了空气的污染。

在渗透检测过程中造成污染的废液主要有各种脂类、油类、有机溶剂、非离子表面活性剂、乙二醇、着色染料或荧光染料等。在水洗型或后乳化型渗透检测工艺中，去除表面多余渗透液的操作程序所使用过的清洗水就或多或少带有污染物，其含量一般都超过允许的排放标准，从而污染环境。

为了使渗透检测不污染环境，应进行控制。

1. 从工艺上降低污染

(1) 采用液洒渗透检测材料，喷出的液滴粒子较粗，不会形成雾状飞扬物，从而减轻对环境的污染。

(2) 改进工艺，使施加渗透液的量达到最小，如采用静电喷涂的形式施加渗透液。

(3) 在渗透或乳化等工序中，尽量延长滴落的时间，减少拖带。

(4) 采用后乳化型或水洗型检测工艺时，去除表面多余渗透液可分为两步实施：第一次清洗水可以回收，直至被污染至无法使用时为止；第二次清洗过的水，可补充到第一次清洗水中去。

(5) 着色渗透剂和荧光渗透剂都要利用渗透处理程序降低废液中的渗透剂残留量。

2. 用活性炭过滤渗透液废水

后乳化型或水洗型渗透检测工业中产生的废水，是渗透液被直接乳化而产生的用水稀释的乳化液，其中所含的渗透液物质一般少于1%（质量），且由于表面活性剂大多是亲水的，故相对比较稳定。在这些废水处理过程中，应先使用一些电解质和絮凝剂，将废水中的乳化剂分解，从而将渗透液的非水物质从水中分离出来；被分离出来的絮凝污物，经过滤后可焚化；剩下的水经过砂子（或硅藻土）和活性炭过滤装置（或其他过滤装置），即可达到净化废水的目的。

相关链接

静电喷涂法的原理是被检零件接正极并接地，喷枪头装有负高压电极，喷出的渗透液或显像剂经负高压电极而被感应带上负电，在高压静电场作用下，被吸引到离喷头最近的接地良好的零件表面上，如图所示。

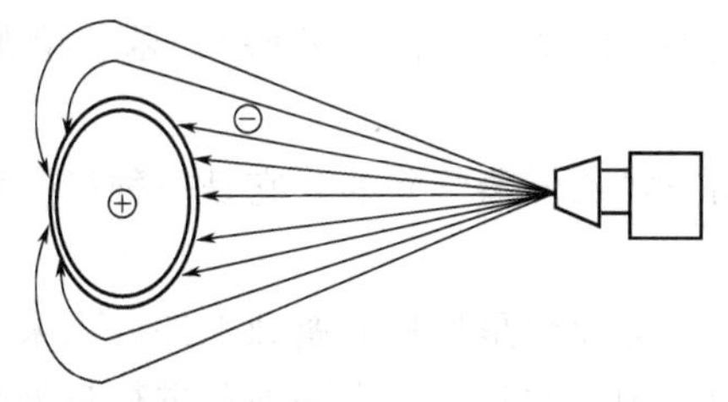

使用静电喷涂法时，渗透液将不会大量地散发到空气中造成浪费，也不会危害操作者的身体健康，达到节省工作场地、节省渗透液、减少空气污染等目的。

第三模块 渗透检测的工艺过程

学习任务1 前处理的方法及要求

渗透检测开始前先除去试件表面异物，这种操作称为前处理，或称预处理。前处理常用的方法有如下几种。

一、机械清理

1. 机械清理方法

当工件表面有严重的锈蚀、飞溅、毛刺、涂料等一类的覆盖物时，应首先考虑采用机械清理的方法，常用的方法包括抛光、喷砂、喷丸、钢丝刷、砂轮磨及超声清洗等。

2. 机械清理要求

采用机械清理时，对方法的选用应格外慎重，因为这类机械清理方法易对工件表面造成损坏；同时，还有可能使工件表面层变形或被产生的金属粉末、砂末等堵塞，从而造成漏检。经机械处理的工件，一般在渗透检测前应进行酸洗或碱洗。焊接件和铸件吹砂后，可不经酸洗或碱洗而直接进行渗透检测。

二、化学清洗

1. 化学清洗方法

化学清洗主要包括酸洗和碱洗。酸洗是用硫酸、硝酸或盐酸来清除工件表面的铁锈（氧化物）；碱洗是用氢氧化钠、氢氧化钾清除工件表面的油污、抛光剂、积炭等，碱洗多用于铝合金。

2. 化学清洗要求

酸洗（或碱洗）要根据被检金属材料、污染物的种类和工作环境来选择。同时，在使用时，对清洗液的浓度、清洗的时间都应严格控制，以防止工件表面的过腐蚀。在清洗完毕后，应立刻在合适的温度下烘烤一定的时间，以去除氢气。另外，无论酸洗或碱洗，都应对工件进行彻底的水淋洗，以清除残留的酸或碱。清洗后还要烘干，以除去工件表面和可能渗入缺陷中的水分。

三、溶剂清洗

1. 溶剂清洗方法

溶剂清洗包括溶剂液体清洗和溶剂蒸气除油等方法。它们主要用于清除各类油脂及某些油漆。

溶剂液体清洗通常采用汽油、醇类（甲醇、乙醇）、苯、甲苯、三氯乙烷、三氯乙烯等溶剂清洗或擦洗。

溶剂蒸气除油通常是采用三氯乙烯蒸气除油，它是一种最有效又最方便的除油方法。

2. 溶剂清洗要求

使用中要经常测量酸度值，避免因呈酸性而腐蚀工件。当采用三氯乙烯对钛合金工件进行除油时，必须添加特殊的抑制剂，并且必须在除油前进行热处理，以消除应力。此外，橡胶、塑料或涂漆的工件不能采用三氯乙烯进行除油，因为这些工件会受到三氯乙烯的破坏。铝、镁合金工件在除油后，容易在空气中锈蚀，应尽快浸入渗透液中。

学习任务2 渗透方法及渗透时间要求

渗透是把渗透液覆盖在被检工件的检测表面上，让渗透液能充分地渗入到表面开口的缺陷中去。

1. 渗透方法

施加渗透液的常用方法有浸涂法、喷涂法、刷涂法和浇涂法等。可根据工件的大小、形状、数量和检查的部位来选择。

(1) 浸涂法　把整个工件全部浸入渗透液中进行渗透，这种方法渗透充分，渗透速度快、效率高，它适于大批量工件的全面检查。

(2) 喷涂法　可采用喷罐喷涂、静电喷涂、低压循环泵喷涂等方法，将渗透液喷涂在被检部位的表面上。喷涂法操作简单、喷洒均匀、机动灵活，它适于大工件的局部检测或全面检测。

(3) 刷涂法　采用软毛刷或棉纱布、抹布等将渗透液刷涂在工件表面上。刷涂法机动灵活，适应于各种工件，但效率低，常用于大型工件的局部检测和焊缝检测，也适用于中小型工件小批量检测。

(4) 浇涂法　也称为流涂，是将渗透液直接浇在工件的表面上，适于大工件的局部检测。

2. 渗透时间要求

渗透时间是指渗透液施加到零件上与零件接触的全部时间（或到开始去除渗透剂之间的时间）。

渗透时间的长短应根据工件和渗透液的温度、渗透液的种类、工件种类、工件的表面状态、预期检出的缺陷大小和缺陷的种类等来确定。渗透时间不能过短或过长。时间过短，渗透液渗入不充分，缺陷不易检出；时间过长，渗透液易干涸，清洗困难，检测灵敏度和工作效率低。推荐的渗透时间见表 6-6。

表 6-6　渗透液推荐的渗透时间

材质	状态	缺陷类型	渗透时间/min	
			水洗型	后乳化及溶剂去除型
铝	铸件	气孔	5～15	5
		冷隔	5～15	5
	轧材、锻件	皱褶	30	10
	焊接件	裂纹/未熔合	30	10/5
		气孔	30	5
镁	铸件	气孔	15	5
		冷隔	15	5
	轧材、锻件	皱褶	30	10
	焊接件	裂纹/未熔合	30	10
		气孔	30	10
钢铁	铸件	气孔	30	10
		冷隔	30	10
	轧材、锻件	皱褶	60	10
	焊接件	裂纹/未熔合	30/60	20
		气孔	60	20
硬质合金		熔化不足	30	5
		裂纹	10	20

某些型号的渗透液如溶剂去除型渗透液的挥发性强，因此要注意，在渗透时间范围内不要使工件表面挥发干。如果渗透液因挥发而凝固，可将工件重新涂以渗透液并对工件充分润湿即可。

学习任务 3　乳化处理方法

对于后乳化型渗透液，在渗透处理后水清洗之前，应使用合适的乳化剂使试件表面残余渗透液达到符合清洗的要求，这种乳化剂的操作称乳化处理。

在乳化前，先用水预清洗。预清洗后再进行乳化，施加乳化剂时要力求均匀，只能用浸涂、浇涂和喷涂，不能用刷涂，因为刷涂不均匀，乳化时间也不易控制，还可能将乳化剂带进缺陷而引起过乳化。

乳化剂在工件表面上停留的时间，即乳化时间。乳化时间的长短对乳化处理效果有很大的影响，必须严格控制，尤其在检查浅的细微缺陷时，乳化时间过短，将使受检面上的渗透液清洗不干净，影响缺陷的显示和判断；乳化时间过长，将把缺陷内的渗透液也部分乳化，发生过乳化现象，将使细小缺陷内返回到显像剂的渗透液减少，缺陷显示减弱。

学习任务 4 清洗处理方法

经渗透处理、乳化处理后，去除工件表面剩余的渗透液处理称为清洗处理。清洗处理是洗去工件表面的剩余渗透液，并不是洗去缺陷内部的渗透液，即进行必要的最低限度的清洗。

1. 水清洗

水洗型或后乳化型渗透液都可用水清洗，使用流水或喷嘴在适当的水压下均匀清洗工件表面。对于水洗型渗透液的水压一般为 0.147～0.196MPa，对后乳化型渗透液水压为 0.196～0.294MPa。

如果使用温水，可缩短清洗时间，进行高效清洗。因此，如果工件表面状态恶劣不易清洗时可以用温水清洗。温水易清洗掉大缺陷或浅层缺陷中的渗透液，使用时必须注意。此外，切忌使用 40℃以上的热水清洗。

清洗时应抓紧时间，要求在短时间内尽快将整个试件表面清洗，中途不得停顿。将试件浸入水中进行清洗很容易洗掉缺陷中的渗透液，必须避免。

2. 溶剂清洗

对溶剂型渗透液，要使用溶剂进行清洗。因为溶剂的渗透能力强，使用不当，则溶剂会渗入到缺陷内部，有可能洗掉缺陷内部的渗透液，造成过清洗。

清洗的方法是：通常先用干布抹去吸附在试件表面上的大部分剩余渗透液，随后用含有溶剂的布全部抹去剩余渗透液。对于粗糙表面可在抹布上蘸些渗透液，反复擦 2～3 次即可，在无布情况下也可用软纸。

如果表面形状和状态不宜擦抹，也可用喷洗的办法。但是喷射压力应低，然后立即用布抹净，在工件表面上不允许积液或流淌。

清洗完毕后，可用干的或仅含有清洗液的干净布擦抹干净。对于着色渗透液，此种操作有利于确定其清洗程度。溶剂清洗易造成过清洗，故绝不能使用浸渍法清洗。

溶剂清洗所用的溶剂是挥发性很强的有机溶剂，清洗后表面会立即干燥，不再需要干燥处理。

学习任务 5 干燥处理方法

干燥处理的目的是除去工件表面的水分，使渗透液能充分渗入到缺陷中去或被显像剂所吸附。

常用的干燥方法有用干净布擦干、压缩空气吹干、热风吹干、热空气循环烘干等。实际应用中常将多种方法结合起来使用。例如，对于单件或小批量工件，经水洗后，可先用干净的布擦去表面明显的水分，再用经过滤的干燥压缩空气吹去工件表面的水分（尤其是要吹去盲孔、凹槽、内腔部位及可能积水部位的水分），然后再放进热空气循环干燥装置中进行干燥。这样做，不但效果好，而且效率高。

为加快烘干的速度，也可采用“热浸”技术，就是将工件洗净以后，短时间地在80～90℃的热水中浸一下。这种方法可提高工件的初始温度，加快烘干速度，但因具有一定的清洗作用，故仅适用于预清洗。在去除工件表面多余的渗透液后，一般不推荐使用。

干燥时应注意温度不宜过高，时间也不宜过长，否则会将缺陷中的渗透液烘干，造成施加显像剂后，缺陷中的渗透液不能吸附到工件表面上来，从而不能形成缺陷显示。

允许的最高干燥温度与工件的材料和所用的渗透液有关。正确的干燥温度应通过试验确定。金属材料的干燥温度一般不超过80℃，塑料材料通常在40℃以下。

干燥时间与工件材料、尺寸、表面粗糙度、工件表面水分的多少、工件的初始温度和烘干装置的温度等有关，还与每批被干燥的工件数量有关。原则上，干燥的时间越短越好，一般不宜超过10min。

学习任务6 显像处理方法

显像处理是指在工件表面施加显像剂，利用毛细作用原理将缺陷中的渗透液吸附至工件表面上，从而形成清晰可见的缺陷显示图像的过程。

常用的显像方法有干式显像、速干式显像、湿式显像和自显像等几种。

1. 干式显像

干式显像也称干粉显像，主要用于荧光法。它是在清洗并干燥后的工件表面上施加干粉显像剂的过程，施加的时机应在干燥后立即进行，因为热工件能得到较好的显像效果。施加干粉显像剂的方法有许多种，如采用喷枪或静电喷粉显像，也可采用将工件埋入干粉中显像，但最好的方法是采用喷粉柜进行喷粉显像。这种方法是将工件放置于粉末柜中，用经过滤的干燥压缩空气或风扇，将显像粉吹扬起来，将工件包围住，在工件上均匀地覆盖一薄层显像粉。一次喷粉可显像一批工件。经干粉显像的工件，检查后，显像粉的去除很容易。

2. 非水基湿显像

非水基湿显像一般采用压力喷罐喷涂。喷涂前，必须摇动喷罐中的珠子，使显像剂搅拌均匀，喷涂时要预先调节，调节到边喷涂边形成显像薄膜的程度。喷嘴距被检表面的距离约为300～400mm，喷洒方向与被检面的夹角为30°～40°。非水基湿显像有时也采用刷涂或浸涂。刷涂时，所使用的刷笔要干净，一个部位不允许往复刷涂多次；浸涂时要迅速，以免缺陷内的渗透液被浸洗掉。

3. 水基湿显像

水基湿显像可采用浸涂、流涂或喷涂等方法。在实际应用中，大多数采用浸涂。在施加显像剂之前，应将显像剂搅拌均匀，涂覆后要进行滴落，然后再在热空气循环烘干装置中干燥。干燥的过程就是显像的过程。对悬浮型水基湿显像剂，为防止显像剂粉末沉淀，在浸涂过程中，还应不定时地搅拌。

4. 自显像

对一些灵敏度要求不高的检验，如铝、镁合金砂型铸件、陶瓷件等，常采用自显像法的检验工艺，即在干燥后，不进行显像，停留 10～120min，待缺陷中的渗透液重新蔓延至工件表面后再进行检查。为保证足够的灵敏度，通常采用较高等级的渗透液，并在较强的黑光灯下检验。自显像法省掉显像操作，简化了工艺，节约了检验费用。同时因观察到的缺陷显示与真实缺陷的尺寸相仿，无放大的现象，所以测定的缺陷尺寸精度较高。

在显像处理过程中要注意显像时间、温度和覆盖层的控制，以及显像剂的选用。

学习任务 7　缺陷观察方法

在经过了规定的显像时间后，应立即观察工件上有无缺陷痕迹显示。

严格按照规定的时间进行观察这很重要。在显像时间参差不齐的情况下观察缺陷显示痕迹时，随时间的推移缺陷显示痕迹就变大，致使缺陷显示痕迹的大小与缺陷的实际大小不一致，这就不可能对缺陷作出真实评价。如果显像时间短，缺陷虽然大，但缺陷痕迹却很小。相反，显像时间长，缺陷虽然小，但缺陷显示痕迹却很大。

另外，要了解缺陷的实际形态，必须在显像过程中进行多次观察。这是因为缺陷显示痕迹随时间的推移而扩大。例如相邻位置上有多个缺陷，过了段时间后观察，在许多情况下所看到的将是一个缺陷，不能掌握其确切形态。

着色检测应在白光下进行，显示为红色图像，在被检工件表面上的白光照度应符合有关规定要求。

荧光检测应在暗室内的紫外灯下进行观察，显示为明亮的黄绿色图像。为确保足够的对比度，要求暗室应足够暗。被检工件表面的黑光辐照度应不低于 $1000\mu W/cm^2$。如采用自显像工艺，则应不低于 $3000\mu W/cm^2$。检验台上应避免放置荧光物质，因在黑光灯下，荧光物质发光会增加白光的强度，影响检测灵敏度。

学习任务 8　后处理方法

经上述工艺之后的试件，应根据需要除去表面显像剂，进行适当的表面处理。一般来说，渗透检测过程完成之后，应立即清洗试件，清洗愈早，清洗愈容易。

1. 干粉显像剂和水悬浮显像剂的去除

通常若显像剂材料在试件表面上保留的时间不长，用水喷洗即可去除。当保留的时间较长时，可用含洗涤剂的热水冲洗。表面粗糙或难以清洗的地方可用刷子刷洗。对水溶性显像剂，因为所有的显像剂都是溶于水的，所以清洗并不困难，用普通的水可以很快地从试件表面把显像剂冲去。然后将试件干燥或吹干。

2. 非水湿显像剂的去除

非水湿显像剂一般是将碳酸钙类型的悬浮粒子加在酒精等易挥发的溶剂中配制而成的。这类显像剂可用清洁的干布或硬毛刷有效地从表面去除，以满足要求。如要求更彻底地去除，可先用湿毛巾擦，然后再干擦。对于螺纹、裂纹和凹槽等处，无法用擦洗法除去，用加有清洗剂的压力水喷洗能有效地除去这些地方的显像剂。超声清洗也是很有效的。在有些情况下，用乳化剂乳化和清洗试件，也是很实用的清洗方法。

渗透检测过程全部完成以后，试件表面常常比送检时的干净。在一般温度和湿度条件下，几乎马上会在碳钢试件表面上出现锈迹，在镁合金试件表面上产生腐蚀。这就要求立即采取防护措施。最廉价和最实用的方法是在渗透检测的最后水洗过程中，加些硝酸钠或铬酸钠化合物。在去除显像剂涂层的后清洗水中也加入这些附加物。另外，在清洗过程完成后，用防锈油或轻油进行防锈或防腐处理。镁合金常用铬酸钠处理。

第四模块 缺陷的判别分级与记录

学习任务1 缺陷的判别方法

1. 真实显示（相关显示）

由缺陷或不连续引起的显示称为真实显示，也称为相关显示。真实显示是缺陷或不连续存在的标志。渗透检测中，常见的缺陷有裂纹、气孔、夹杂、疏松、折叠、冷隔和分层等。

2. 非相关显示（无关显示）

非相关显示不是由缺陷或不连续引起的，而是主要由下述情况造成的。

（1）由工件的加工工艺造成的，如装配压印、铆接印和电焊时未焊上部位产生的显示。

（2）由于工件结构外形引起，如键槽、花键和装配结合缝等引起的显示，这些显示也常称为无关显示。

（3）由于划伤、刻痕、凹坑、毛刺、焊斑或松散的氧化层引起的。

以上这些缺陷目视检测一般可以发现，对其解释并不困难。通常也不将这类显示作为渗透检测拒收的依据。常见的非相关显示见表6-7。

表6-7 常见的非相关显示

种　类	位　置	特　征
焊接飞溅	电弧焊的基本金属	表面上的球形物
电阻焊未焊接的边缘部分	电阻焊缝边缘	沿整个焊缝长度渗透液严重渗出
装配压痕	压配合处	压配合轮廓
铆接印	铆接处	锤击印
毛刺	机械加工零件	目视可见
刻痕、凹坑、划伤	各种零件	目视可见

3. 虚假显示（伪缺陷显示）

虚假显示不是由缺陷或不连续引起的，也不是由工件结构或外形引起的，而是由不适当的渗透检测方法或处理产生的显示，这类显示可能会被错误地解释为缺陷或不连续，因此常将这类显示称为伪缺陷显示。

产生虚假显示的主要原因有如下几方面。

（1）操作者手上以及检验工作台上的渗透液污染。

（2）显像剂受到渗透液的污染。

（3）擦布或棉花纤维上的渗透液污染。

（4）工件筐、吊具上残存的渗透液与已清洗干净的工件相接触而造成污染。

（5）工件上缺陷处渗出的渗透液使相邻的工件受到污染。

（6）清洗时，渗透液飞溅到干净的工件上。

从显示特征上进行分析，虚假显示是比较容易判别的。若用沾有酒精的棉球擦拭，虚假显示很容易擦去，且不会重新出现。

渗透检测时，要尽量避免产生虚假显示。为此要采用必要的措施，如操作者的手应保持干净，工件筐、吊具和工作台要始终保持干净，使用无绒、干净的布擦洗工件，并安装黑光灯进行检查等。

典型的渗透剂显示的特征见表 6-8。

表 6-8　典型的渗透剂显示的特征

缺陷显示类型	缺陷名称	显示特征
连续线状显示	铸造冷裂纹	多呈较规则的微弯曲的直线状，起始部位较宽，随延伸方向逐渐变窄，有时贯穿整个铸件，边界通常较整齐
	铸造热裂纹	多呈连续、半连续的曲折线状，起始部位较宽，尾端纤细；有时呈断续条状或树枝状，粗细较均匀或是参差不齐；荧光亮度或色泽取决于裂纹中渗透液容量
	锻造裂纹	一般呈现没有规律的线状，抹去显示，肉眼可见
	熔焊裂纹	呈纵向、横向线状或树枝状，多出现在焊缝及其热影响区
	淬火裂纹	呈线状、树枝状或网状，起始部位较宽，随延伸方向逐渐变窄，显示形状清晰
	磨削裂纹	呈网状或辐射状和相互平行的短曲线条，其方向与磨削方向垂直
	冷作裂纹	呈直线状或微弯曲的线状；多发生在变形量大或张力大的部位，一般单个出现
	疲劳裂纹	呈直线状或曲线状，随延伸方向逐渐变细。显示形状较清晰，多发生在应力集中区
	线状疏松	呈各种形状的短线条，散乱分布，多成群出现在铸件的孔壁或板壁上
	冷隔	呈较粗大的线状，两端圆秃，较光滑，时而出现紧密、断续或连续的线状。擦掉显示，目视可见，常出现在铸件厚薄转角处
	未焊透	呈线状，多出现在焊道的中间，显示一般较清晰
断续线状显示	折叠	呈与表面成一定夹角的线状，一般肉眼可见，显示的亮度和色泽随其深浅和夹角大小而异，多发生在锻件的转接部位。显示有时呈断续线状
	非金属夹杂	沿金属纤维方向，呈连续或断续的线条，有时成群分布，显示形状较清晰，分布无规律，位置不固定
圆形显示	气孔	显示呈球形或圆形，擦掉显示目视可见
	圆形疏松	多数呈长度等于或小于 3 倍宽度的线条，散乱分布
	缩孔	呈不规则的窝坑，常出现在铸件表面上
	火口裂纹	由于截留大量的渗透液，也经常呈圆形显示
	大面积缺陷	由于实际缺陷轮廓不规则，截留渗透液量大，也有时呈圆形显示
小点状显示	针孔	呈小点状显示
	收缩空穴	形状呈显著的羊齿植物状或枝蔓状轮廓
弥散状显示	显微疏松	可弥散成一较大区域的微弱显示，应给予注意
	表面疏松	对相关部位重新检验，以排除虚假显示，不可简单仓促地作出评价

在实际操作情况下，必须训练检验人员能正确地判断相关显示、非相关显示或虚假显示。

学习任务2 缺陷的分级

对确认为缺陷的显示，应进行定位、定量及定性的评定，然后再根据引用的标准或技术文件，评定其质量级别，判断其合格与否。

评定缺陷时，要严格按照标准或有关技术文件的要求进行。定量评定时，要特别注意缺陷的显示尺寸和实际尺寸的区别，因为前者往往比后者大得多。

GJB 2367A 按缺陷显示的形状的不同，将缺陷显示分为线状显示（裂纹、冷隔、锻造折叠及在一条直线或曲线上存在距离较近的缺陷组成的显示等）、圆形显示（除线状显示之外长宽比小于或等于 3 的其他显示）和分散形显示（在一定的面积范围内，同时存在的几个缺陷显示）。

线状显示和圆形显示的等级以及在 2500mm^2 的矩形面积（最长边长为 150mm）内长度超过 1mm 的分散形显示的等级评定见表 6-9。

表 6-9 缺陷显示的等级评定

等 级	线状和圆形显示的等级	分散形显示的等级
	显示长度/mm	显示总长度(2500mm^2 矩形面积内)/mm
1	1～2	2～4
2	2～4	4～8
3	4～8	8～16
4	8～16	16～32
5	16～32	32～64
6	32～64	64～128
7	≥64	≥128

下面举例说明具体等级评定。

【例 6-1】 检测某一叶片，发现 2 个缺陷显示，其间距为 1.9mm，显示长度均为 3mm，宽度均为 0.8mm，若按 GJB 2367A 标准评定，可评几级？

解 缺陷显示的长度为 3＋3＋1.9＝7.9mm，因 3/0.8＞3，故按线状显示处理，查表 6-9 中“线状和圆形显示的等级”可知，3 级允许的显示长度为 4～8mm，故评为 3 级。

标准不同，评定结果也有差异，现再以 CB/T 3958《船舶钢焊缝磁粉检测、渗透检测工艺和质量分级》标准为例，说明这一情况。

该标准有关质量等级评定的规定如下。

CB/T 3958 标准按缺陷显示不同分为线状缺陷和圆形缺陷。

根据缺陷方向不同，把缺陷分为横向缺陷与纵向缺陷，横向缺陷是指缺陷长轴方向与工件轴线夹角不小于 30°的缺陷，其余为纵向缺陷。

同一直线上有两个或两个以上缺陷，其间距不大于 2mm 时，按一个缺陷处理，其长度为显示长度之和加间距。

标准规定：任何裂纹、未熔合、横向缺陷显示、长度不小于 1.5mm 线状缺陷显示以及长度不小于4mm的圆形缺陷显示都是不允许存在的。

缺陷显示累积长度的等级评定按表6-10进行。

下面举例说明具体等级评定。

【例6-2】 焊缝上35mm×100mm范围内，存在3个缺陷，显示长度均为2mm，间距均为2.5mm，试根据上述标准评定该焊缝质量级别。

解 缺陷在35mm×100mm范围内的累积长度为$L=2+2+2=6$mm，按表6-10规定，Ⅳ级允许的缺陷显示累积长度为$4\text{mm}<L\leqslant 8\text{mm}$，故评为Ⅳ级。

表6-10 缺陷显示累积长度的等级评定

评定区尺寸/mm	等级	缺陷显示长度/mm
5×100	Ⅰ	<0.5
	Ⅱ	$\leqslant 2$
	Ⅲ	$\leqslant 4$
	Ⅳ	$\leqslant 8$
	Ⅴ	大于Ⅳ级

学习任务3 检测结果的记录

1. 缺陷的记录

对缺陷进行评定以后，需将缺陷记录下来，常用的缺陷记录方式大致有如下三种。

(1) 画出工件的草图，在草图上标出缺陷的相应位置、形状和大小，并注明缺陷的性质。

(2) 采用粘贴-复制技术，透明胶带转印是复制技术中最简单的一种。复制时，应先清洁显示部位四周，并进行干燥，然后用透明胶带纸轻轻地覆盖在显示上，然后在显示的两边轻轻地挤压胶带纸，挤压时，应注意不要用力太大，以免显示变形。粘好后，从检验表面上小心地提起胶带，再将其粘贴在薄纸上或记录本中。

另一种方法是采用可剥性塑料薄膜显像剂，显像后，剥落下来，贴到玻璃板上，保存起来。剥下的显像剂薄膜包含有缺陷显示，在白光下（或紫外线灯下）可看到缺陷显示。

(3) 用照相机直接把缺陷拍照下来。着色显示在白光下拍照，最好采用彩色胶片，使记录的缺陷显示更真实。荧光渗透检测的显示应在黑光下拍照，这就需要熟练的照相技术，拍照时，镜头上要加黄色滤光片，并需采用较长的曝光时间。一般的做法是：先在白光下用极短的时间曝光以产生工件的外形，再在不变的条件下，继续在黑光下进行曝光，这样可得到工件背景上的缺陷的荧光显示照片。

2. 检测报告

检测报告应综合反映实际的检测方法、工艺及操作情况，并经有任职资格的检测人员审核后签发存档，作为一项产品的交工资料。

一份完整的检测报告应包括下列内容。

(1) 申请（或委托）单位。

(2) 工件名称、编号、形状及尺寸、表面及热处理状态、检测部位、检测比例。

(3) 检测方法，包括渗透类型及显像方式。

(4) 操作条件，包括渗透湿度和渗透时间、乳化时间、水压及水温、干燥温度及时间、显像时间。

（5）操作方法。

（6）检测结论。

（7）示意图。

（8）检测人员姓名、资格等级和检测日期。

图 6-3 所示为一种渗透检测试验报告的格式，可供参考。

委托单位：
工件名称及编号：
检验目的：
被检区域：
检测环境气温(15℃以下或 50℃以上必须记录)：
渗透剂温度(15℃以下或 50℃以上必须记录)：
试件形状和尺寸、材质和表面状态： 检测方法的种数 渗透剂、乳化剂、清洗剂、显像剂的名称 操作方法： a. 检测前处理方法： b. 渗透剂施加方法： c. 乳化剂施加方法： d. 清洗方法或去除方法： e. 干燥方法： f. 显像剂施加方法： 操作条件： a. 渗透时间： b. 乳化时间： c. 干燥温度： d. 显像时间及观察时间：
检测结果：缺陷显示痕迹位置，并附草图或照相及判定的等级分类
检测人员姓名、技术资格、检测日期

图 6-3 渗透检测试验报告

渗透检测时的保健措施：

（1）预防皮肤接触。

① 渗透检验操作人员在检验材料的缺陷时，往往会接触到渗透液，时间久了会引起皮肤发炎和疼痛，这是由于皮肤上的油脂被渗透液材料溶解和去除的原因。为减少皮肤的接触应戴上浸橡胶手套，并保持手套内部和外部的清洁；如果渗透液沾到皮肤上要立即将其洗掉，并用肥皂仔细清洗。不要把渗透液沾或溅到衣服上，否则要及时洗掉。

② 工作完毕要用黑光灯检验衣服、皮肤和手套内的荧光渗透剂的荧光痕迹。

（2）保持操作现场内通风良好，空气新鲜。

（3）注意辐射安全。

① 检验人员避免直接在强紫外线灯辐照下工作。

② 防止紫外线辐射对眼睛的危害（如戴劳动保护眼镜——黄色玻璃眼镜）。

第五模块　渗透检测实训项目

实训项目1　溶剂去除型着色液性能的比较

溶剂去除型着色渗透检测法具有设备简单、操作方便等特点，适合于外场和大工件的局部检验，可在没有水、电的情况下进行检查。工件上残留的酸和碱对着色渗透液的破坏不明显，能检出工件上非常细小的缺陷。通过对比可确定使用中的着色液能否继续使用，从而确保检测灵敏度。

1. 实训目的

（1）熟悉标准的与检测中使用的溶剂去除型着色液性能的比较方法。

（2）掌握不同渗透液性能的比较方法。

2. 实训设备和器材

白光电源、铝合金淬火试块（A型试块）、标准的与使用中的溶剂去除型着色液、与溶剂去除型着色液同族组的标准清洗液及标准显像液。

3. 实训步骤

（1）用清洗剂清洗试块，并进行干燥。

（2）将标准的溶剂去除型着色液均匀涂在A型试块的半面上，再将使用中的溶剂去除型着色液均匀涂在A型试块的另半面上。

（3）使用标准处理方法，按图6-4处理程序进行。

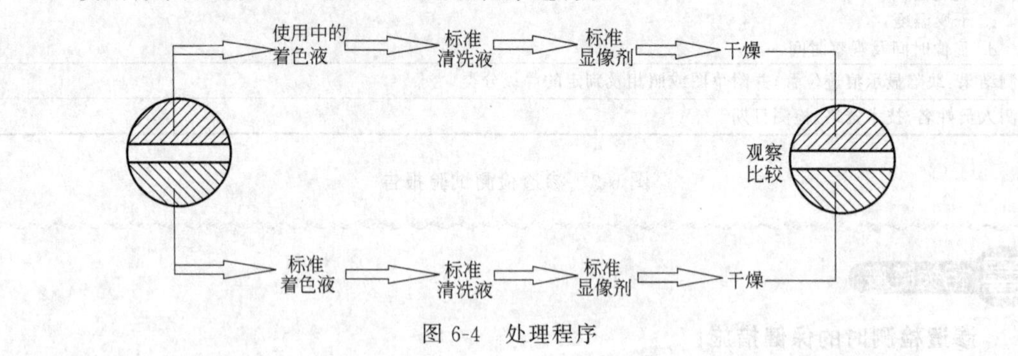

图6-4　处理程序

（4）观察比较标准着色液与使用中着色液缺陷显示状态，从而确定使用中的着色液可否继续使用。

4. 分析与讨论

（1）着色液性能比较测试过程有何特点？

（2）不同渗透性能测试结果如何？

实训项目2　焊缝的着色渗透检测

1. 实训目的

（1）掌握焊缝的着色渗透检测方法。

（2）学会使用溶剂去除型着色液对焊缝进行实际检测。

2. 实训设备和器材

溶剂去除型着色液及同族组的清洗液及显像剂、焊接试板（150mm×200mm）、白光光源、钢丝刷、砂纸、锉刀、扁铲、无绒布、不锈钢镀铬辐射状裂纹试块（B型试块）。

3. 实训步骤

（1）预清理：先用钢丝刷、砂纸、锉刀、扁铲等工具清理焊接试板的焊缝及热影响区，去除焊缝及热影响区表面的飞溅、焊渣、铁锈等污物；再用清洗剂清洗焊接试板和不锈钢镀铬辐射状裂纹试块（B型试块）的受检表面，去除油污和污垢。

（2）渗透：将渗透液喷涂于焊接试板和不锈钢镀铬辐射状裂纹试块上，渗透时间为10min，环境温度为15～50℃；在整个渗透时间内，渗透液必须润湿受检表面，保持不干状态。

（3）去除：渗透达到规定的渗透时间后，先用干布擦去表面多余渗透液，然后用沾有去除剂的无绒布擦拭，擦拭时，应按一个方向擦拭，不能往复擦拭。

（4）显像：将显像剂喷涂于受检表面，喷涂时，喷嘴距被检工件表面一般以300～400mm为宜，喷洒方向与受检表面夹角为30°～40°，以形成薄而均匀的显像剂层，显像剂层厚度以0.05～0.07mm为宜。

（5）观察检验：显像时间结束后，应在白光下进行检验，首先检验B型试块上的裂纹显示，以确认灵敏度是否符合要求，如果符合要求，再检验焊接试板表面，必要时，可用5～10倍放大镜观察。

（6）记录：主要内容包括受检试件及编号、受检部位、探伤剂牌号、操作主要工艺参数、缺陷信息、检验日期等。

（7）评定质量：将测试记录全部填入试验报告并根据有关标准对焊缝作出质量评定的结论。

4. 分析与讨论

（1）溶剂去除型着色渗透检测法相对于其他类型渗透方法的缺点是什么？

（2）溶剂去除型着色渗透法检测时，去除表面多余渗透液为什么要采取擦拭？

【单元综合练习】

一、选择题

1. 渗透检测适用于检验的缺陷是________。

A. 表面开口缺陷　　B. 近表面缺陷　　C. 内部缺陷　　D. 以上都对

2. 渗透检测可以发现下述哪种缺陷？________

A. 锻件中的残余缩孔　　B. 钢板中的分层　　C. 齿轮的磨削裂纹　　D. 锻钢件中的夹杂物

3. 下面哪一条不是渗透检测的优点？________

A. 可以发现各种缺陷　　B. 原理简单，容易理解

C. 应用比较简单　　D. 被检零件的尺寸和形状几乎没有限制

4. 下面哪一条不是渗透检测的特点？________

A. 能精确地测量裂纹或不连续的深度

B. 能在现场检验大型零件

C. 能发现浅的表面缺陷

D. 使用不同类型的渗透材料可获得较低或较高的灵敏度

5. 渗透检测不能发现________。

A. 表面密集孔洞　　B. 表面裂纹　　C. 内部孔洞　　D. 表面锻造折叠

6. ________类型的材料可用渗透法进行检验。

A. 任何非多孔材料，金属或非金属　B. 任何多孔性材料，金属或非金属
C. 以上均不能　D. 以上均可以

7. 渗透检测的缺点是________。
A. 不能检测内部缺陷
B. 检测时受温度限制，温度太高或太低均会影响检测结果
C. 与其他无损检测方法相比，需要更仔细的表面清理
D. 以上都是

8. 渗透检测能指示工件表面缺陷的________。
A. 深度　B. 性质　C. 宽度　D. 长度、位置及形状

9. 是否试件上所有表面开口的缺陷均能用渗透检测法检测出来？________
A. 能　B. 有时不能
C. 均不能　D. 不仅表面，而且包括内部缺陷均能检出

10. 下面哪种缺陷不适用于着色检测？________
A. 表面裂纹　B. 弧坑裂纹
C. 磨削裂纹　D. 锻件中的偏析和非金属夹杂物

11. 渗透检测是根据________为原理的。
A. 毛细现象　B. 趋肤效应　C. 压电效应　D. 以上均不是

12. 渗透作用的深度和速度与________、黏附力、内聚力和渗透时间等因素有关。
A. 渗透液的表面张力　B. 渗透液颜色　C. 工件材质　D. 工件颜色

13. 作用在液体表面而使液体表面收缩并趋于最小表面积的力，称为液体的________。
A. 表面张力　B. 黏附力　C. 内聚力　D. 内应力

14. 接触角θ________时，液体能润湿固体表面，称为润湿现象。
A. 大于90°　B. 小于90°　C. 大于45°　D. 小于45°

15. 着色检测法在________下观察缺陷。
A. 白光　B. 黑光　C. 红光　D. 以上都可以

16. 渗透检测材料主要包括________。
A. 渗透液　B. 去除剂　C. 显像剂　D. 以上都是

17. 后乳化型渗透液是在乳化以后再用水去除，它的去除剂就是________。
A. 乳化剂　B. 水　C. 乳化剂和水　D. 有机物

18. 渗透检测开始前先除去试件表面异物，这种操作称为________。
A. 预处理　B. 机械清洗　C. 化学清洗　D. 溶剂清洗

19. 施加渗透液的常用方法有________等。
A. 浸涂法　B. 喷涂法　C. 刷涂法　D以上都对

20. ________的目的是除去工件表面的水分，使渗透液能充分渗入到缺陷中去或被显像剂所吸附。
A. 清洗处理　B. 乳化处理　C. 干燥处理　D. 以上都不对

二、判断题（正确的打“√”，错误的打“×”）

（　）1. 渗透检测包括着色渗透检测和荧光渗透检测。

（　）2. 适用于所有渗透检测方法的一条基本原则是在黑光灯照射下显示才发光。

（　）3. 渗透检测适用于探查各种表面缺陷。

（　）4. 显像剂的作用是将缺陷内的渗透液吸附到试样表面，并提供与渗透液形成强烈对比的衬托背景。

（　）5. 润湿的液体在毛细管中呈凸面并上升，不润湿的液体在毛细管中呈凹面并下降的现象，称为毛细现象。

（　）6. 根据渗透液所含的染料成分，渗透检测方法可分为水洗型、后乳化型和溶剂清洗型三大类。

（　　）7. 渗透液是一种含有着色染料或荧光染料且具有很强的渗透能力的溶液。

（　　）8. 渗透检测中，用来除去被检工件表面多余渗透液的溶剂称为去除剂。

（　　）9. 显像剂的作用是把渗入到工件缺陷内部的渗透液利用其毛细作用，使残留在缺陷内部的渗透液吸附到表面成为肉眼可以分辨的缺陷图像。

（　　）10. 渗透检测不会对环境造成污染。

（　　）11. 溶剂清洗只有溶剂液体清洗一种方法。

（　　）12. 铝、镁合金工件在除油后，应尽快浸入渗透液中。

（　　）13. 渗透时间是指渗透液施加到零件上与零件接触的全部时间。

（　　）14. 乳化时间的长短对乳化处理效果没有影响。

（　　）15. 水洗型渗透液能用水清洗，而后乳化型渗透液不能用水清洗。

（　　）16. 原则上，干燥的时间越短越好，一般不宜超过5min。

三、简答题

1. 渗透检测的基本原理是什么？
2. 渗透检测的优点和局限性是什么？
3. 什么是渗透检测？
4. 渗透剂有何性能要求？分为几类？
5. 渗透检测的适用范围是什么？
6. 常用的渗透检测方法如何分类？
7. 渗透检测的主要步骤是什么？
8. 前处理有哪些方法？各方法有哪些要求？
9. 虚假显示产生的原因是什么？如何避免？
10. 常用的缺陷记录方式有哪些？

第七单元　破坏性检验

学习目标

通过本单元的学习，第一，了解破坏性检验项目与特点，熟悉常规力学性能试验方法——拉伸、冲击和弯曲试验；第二，了解化学成分分析的应用场合和检验标准，熟悉金相检验的目的和应用。

第一模块　破坏性检验项目与特点

学习任务1　破坏性检验项目

破坏性检验虽然不直接反映某具体产品上的焊接质量，但对产品设计、焊接材料的选用、焊接工艺的确定是否正确将起到验证性的作用。破坏性检验不仅应用于产品的生产环节，在生产准备阶段的焊接工艺评定及焊工操作技能考核方面也有应用。

破坏性检验是从焊件或试件上切取试样，或以产品（或模拟体）的整体破坏做试验，以检验其各种力学性能、化学成分和金相组织等的试验方法。破坏性检验一般都不直接从交付使用的产品上制取测试用的试样，而是通过制备产品试板或模拟焊接生产条件制作其他试板，然后根据要求，从试板上切取和加工各种试样来测定所要求的检验项目。

常用破坏性检验项目有化学分析试验、力学性能试验、工艺性能试验、金相试验、腐蚀试验等。

（1）化学分析试验　各种钢材的化学成分分析、熔敷金属扩散氢的测定等。

（2）力学性能试验　主要有拉伸试验、冲击试验（主要有低温、常温两种）、硬度试验等。就检验对象而言，拉伸试验有焊接接头和熔敷金属两种；冲击试验有接头焊缝、熔合线和热影响区三种。

（3）工艺性能试验　材料工艺性能试验项目很多，在焊接生产中常用的有冷弯试验、压扁试验、扩口试验等。

（4）金相试验　包括宏观检验和微观检验。

（5）腐蚀试验　最典型的应用实例是奥氏体不锈钢焊接接头晶间腐蚀试验。

学习任务2　破坏性检验的特点

1. 破坏性检验的优点

（1）往往能直接又可靠地测量出产品的使用情况。

（2）测定结果是定量的，这对设计与标准化工作来说通常是很有价值的。

（3）通常不必凭着熟练的技术即可对试验结果作出说明。

（4）试验结果与使用情况之间的关系往往是直接一致的，从而使观测人员之间对于试验结果的争论范围很小。

2. 破坏性检验的局限性

（1）只能用于某一抽样，而且需要证明该抽样代表着一整批产品的情况。

（2）试验过的零件不能再交付使用。

（3）往往不能对同一件产品进行重复性试验，而且不同形式的试验也许要用不同的试样。

（4）由于报废的损失很大，故广泛试验通常是不大合理的。

（5）对材料成本或生产成本很高或对利用率有限的零件，可能不允许试验。

（6）不能直接测量运转使用期内的累计效应，只能根据用过不同时间的零件试验结果来加以推断。

（7）对使用中的零件很难应用，往往都要中断其有效寿命。

（8）试验用的试样，往往需要大量的机械加工或其他的制备工作。

（9）投资及人力消耗往往很高。

破坏性检验与无损检测方法相比，主要具有以下特点。

（1）检验过程周转环节多　例如焊接工艺评定、焊工技能考试产品焊接试板，都要先下任务，对试板进行焊接并做外观和射线试验；然后从试板上切取样坯，由样坯加工成各种试样，将各种试样分别进行试验，并填写试样报告单；最后将检验结果经相关责任人员审批后，再反馈给下达检验任务的单位。从这个过程可以看出，周转环节是很多的。

（2）有业务联系的职能部门多　以上述各种试板的检验为例，首先试板检验任务可能来自不同部门，如焊接工艺评定试板来自焊接责任工程师或焊接工艺科室；焊工考试试板受焊工考试委员会委托；产品焊接试板则来自生产车间产品检验科室。其次来自不同部门的试板在截取样坯后都要送到金工车间加工成符合要求的各种试样，然后才能送到理化检验室试验。再者还有来自材料供应部门下达的原材料和焊接材料的检验任务。总之破坏性检验可能涉及焊接生产质量保证体系中的许多职能部门，服务面广，业务关系要承上启下，发生联系的单位多。

（3）破坏性检验涉及的技术标准多　各个不同的检验项目都有各自不同的标准，其中取样方面的标准有：

GB/T 222—1984《钢的化学成分分析用试样取样方法及成品化学成分允许偏差》；

GB/T 2975—1998《钢及钢产品　力学性能试验取样位置及试样制备》；

GB/T 2649—1989《焊接接头机械性能试验取样方法》。

除以上取样方法标准外，GB 150 附录 G《产品焊接试板焊接接头的力学性能试验》、JB 4420—1989《锅炉焊接工艺评定》、JB 4708—1989《钢制压力容器焊接工艺评定》以及劳动部门 1988 年颁发的《锅炉压力容器焊工考试规则》等标准还规定了在试板上截取试样的部位和数量。还有 GB/T 2653—89《焊接接头弯曲及压扁试验方法》。

此外，还有大量的试验方法标准，其中有关力学性能方面的试验方法有：

GB/T 228—1987《金属拉伸试验方法》；

GB/T 229—1994《金属夏比缺口冲击试验方法》；

GB/T 232—1999《金属材料　弯曲试验方法》；

GB/T 4159—1989《金属低温夏比冲击试验方法》。

对于焊接接头和焊缝另有一套试验方法标准，其中主要有：

GB/T 2650—1989《焊接接头冲击试验方法》；

GB/T 2651—1989《焊接接头拉伸试验方法》；

GB/T 2652—1989《焊缝及熔敷金属拉伸试验方法》；

GB/T 2653—1989《焊接接头弯曲及压扁试验方法》；

GB/T 2654—1989《焊接接头及堆焊金属硬度试验方法》；

GB/T 2655—1989《焊接接头应变时效敏感性试验方法》；

GB/T 2656—1981《焊接接头及焊缝金属的疲劳试验方法》。

相关链接

《中华人民共和国标准化法》将标准划分为国家标准、行业标准、地方标准和企业标准四个层次。国家标准是在全国范围内统一的技术要求，由国务院标准化行政主管部门编制计划和组织草拟，并统一审批、编号、发布。国家标准的代号为“GB”，其含义是“国标”两个字汉语拼音的第一个字母“G”和“B”的组合。

强制性标准是由法律规定必须遵照执行的标准。强制性标准以外的标准是推荐性标准，又称非强制性标准。推荐性国家标准的代号为“GB/T”，强制性国家标准的代号为“GB”。行业标准中的推荐性标准也是在行业标准代号后加个“T”字，如“JB/T”即机械行业推荐性标准，不加“T”即为强制性行业标准。

学习任务 3 破坏性检验管理工作的要求

由于破坏性试验的周转环节多，涉及许多不同部门，且在具体检验工作中要遵循很多技术标准，从而给破坏性检验的管理工作增加了难度。为了有条不紊地开展检验工作，在此特别强调以下几点要求。

（1）必须建立能有效执行的岗位责任制度。

（2）严格按规定的流程运转。

（3）试验委托单填写项目要清晰、完整，签交转移手续要齐全。

（4）加强对试样切取部分及尺寸精度要求与形位公差的检查与检验。

（5）实物与委托单上必须有标记，在加工流转过程中坚持标记移植制度，试件转移交接过程应有检验人员在场确认。

第二模块　焊接接头力学性能试验

学习任务 1 力学性能试验的注意事项

为了使测试数据能更真实地反映材料或焊接接头的力学性能，试验结果能有良好的代表性，在进行力学性能试验时，应特别注意以下几个问题。

（1）试板和试样的取样部位必须符合规定，为各种不同目的所截取的试样都有一定的取样部位的规定。例如，钢板复验用的试板，对纵轧钢板，必须在距边缘为宽度 1/4 处取样坯，如图 7-1 所示。又如，焊接接头的冲击试样，其缺口轴线应垂直于焊缝表面。总之，各种试板、试样的取样部位和方向在相关标准中均有明确规定，取样工作应严格按规定执行，否则就失去了试验的代表性。

（2）试验的实物及委托单上必须有标记，委托单要随实物一起流转。标记方法由企业自

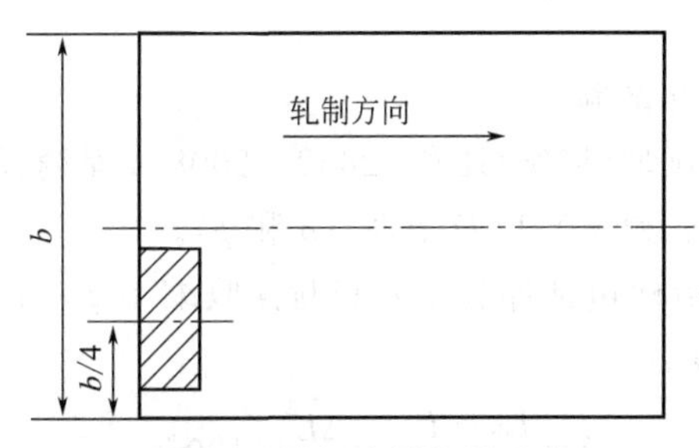

图 7-1 钢板取样部位示意

行规定，但标记的部位不应在试验面上，要易于辨认识别，如缺少标记及实物与委托单上的标记混淆，则所测试的结果同样也失去了代表性。

(3) 必须保证试样加工符合规定的精度和形位公差。各种试样都有具体规定，如 V 形缺口比 U 形缺口的冲击试样对表面粗糙度的要求高一些。

(4) 试验所使用的仪器设备必须状态良好，计量刻度数据显示准确可靠，误差符合规定，因为试验数据需通过试验设备上的读数来反映，它决定着数据的可靠性与准确性，故设备的使用状况也是很重要的。

学习任务 2 拉伸试验

拉伸试验用于评定焊缝或焊接接头的强度和塑性。抗拉强度和屈服强度的差值($\sigma_b-\sigma_s$)能定性说明焊缝或焊接接头的塑性储备量。伸长率 (δ) 和断面收缩率 (ψ) 的比较可以看出塑性变形的不均匀程度，能定性说明焊缝金属的偏析和组织不均匀性，以及焊接接头各区域的性能差别。

1. 焊接接头的拉伸试验

焊接接头的拉伸试验应按 GB/T 2651—2008《焊接接头拉伸试验方法》进行，以测定接头的抗拉强度和抗剪负荷。

由于试验的对象不同，拉伸试验试样的形式各异。钢板和板件的对接缝接头试样为板状；大直径管材和其对接接头的试样则从管子上切取一部分作试样，故横截面呈圆弧状；小直径管子则可直接用整根管子作试样。因此，拉伸试样有板状、整管和圆形试样三种，如

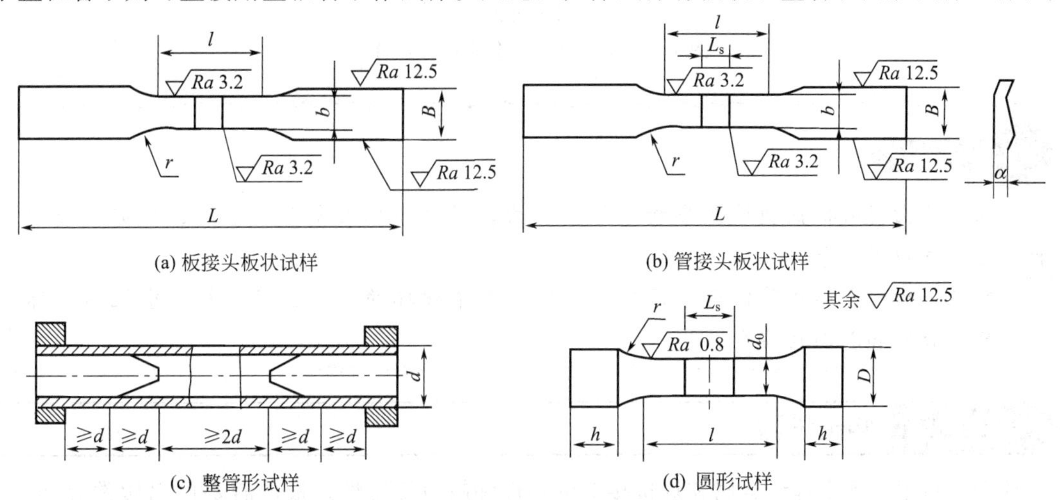

图 7-2 拉伸试样

图 7-2 所示。

2. 焊缝及熔敷金属的拉伸试验

焊缝及熔敷金属的拉伸试验应按 GB/T 2652—2008《焊缝及熔敷金属拉伸试验方法》进行，以测定其拉伸性能（σ_b 和 σ_s）以及塑性（δ 和 ψ）。

焊缝及熔敷金属的塑性指标包括伸长率 δ 和断面收缩率 ψ，它们的数值大小分别可以按式(7-1) 和式(7-2) 进行计算。

$$\delta=\frac{L_k-L_0}{L_0}=\frac{\Delta L}{L_0}\times 100\% \tag{7-1}$$

式中 L_k——试样拉断后对接起来所测得的标距长度，mm；

L_0——试样原始标距长度，mm；

ΔL——试样的绝对伸长，mm。

$$\psi=\frac{A_0-A_k}{A_0}=\frac{\Delta A}{A_0}\times 100\% \tag{7-2}$$

式中 A_k——试样拉断后对接起来所测得缩颈处最小面积，mm^2；

A_0——试样原始横截面积，mm^2；

ΔA——试样的绝对缩小面积，mm^2。

焊缝及熔敷金属拉伸试样的受试部分必须是焊缝或熔敷金属，试样的夹持部分允许有未经加工的焊缝表面或母材。试样分有单肩、双肩和带螺纹三种，如图 7-3 所示。

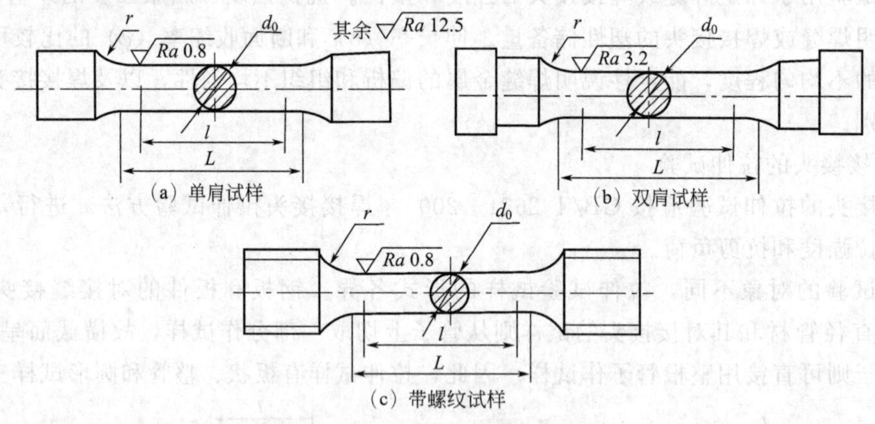

图 7-3 焊缝及熔敷金属拉伸试样

相关链接

强度是指材料抵抗塑性变形和断裂的能力。强度指标主要有屈服点、规定残余伸长应力、抗拉强度等。

塑性是材料在静载荷作用下产生塑性变形而不破坏的能力。评定材料塑性的指标是断后伸长率和断面收缩率。

学习任务 3 冲击试验

冲击试验用于评定焊缝金属和焊接接头的韧性和缺口敏感性。根据需要可以做常温冲击、低温冲击和高温冲击试验，后两种试验需把冲击试样冷却或加热至规定温度下进行。冲击试样的断口情况对接头是否处于脆性状态的判断很重要，常常被用于宏观和微观断口分析。

断口分析在焊接检验中主要是了解断口的组成、断裂的性质（塑性或脆性）、断裂的类型（晶间、穿晶或复合）、组织与缺欠及其对断裂的影响等。断口来源于冲击、拉伸、疲劳等试样的断口和折断试验法的断口；此外是破裂、失效的断口等。断口分析一般包括宏观分析和微观分析两方面。前者指用肉眼或 20 倍以下的放大镜分析断口；后者指用光学显微镜或电子显微镜研究断口。

1. 常温冲击试验

焊接接头的常温冲击试验可按 GB/T 2650—2008《焊接接头冲击试验方法》进行。以测定接头焊缝、熔合线和热影响区的冲击吸收功（A_k）。试验结果用冲击吸收功 A_{kV} 和 A_{kU} 表示，单位为 J，也可以用冲击韧度 a_{kV} 和 a_{kU} 表示，单位为 J/cm^2。

（1）焊接接头冲击试样　有标准 V 形缺口、辅助 U 形缺口和辅助小尺寸试样三种。一般情况下，采用标准 V 形缺口试样，如图 7-4 所示。

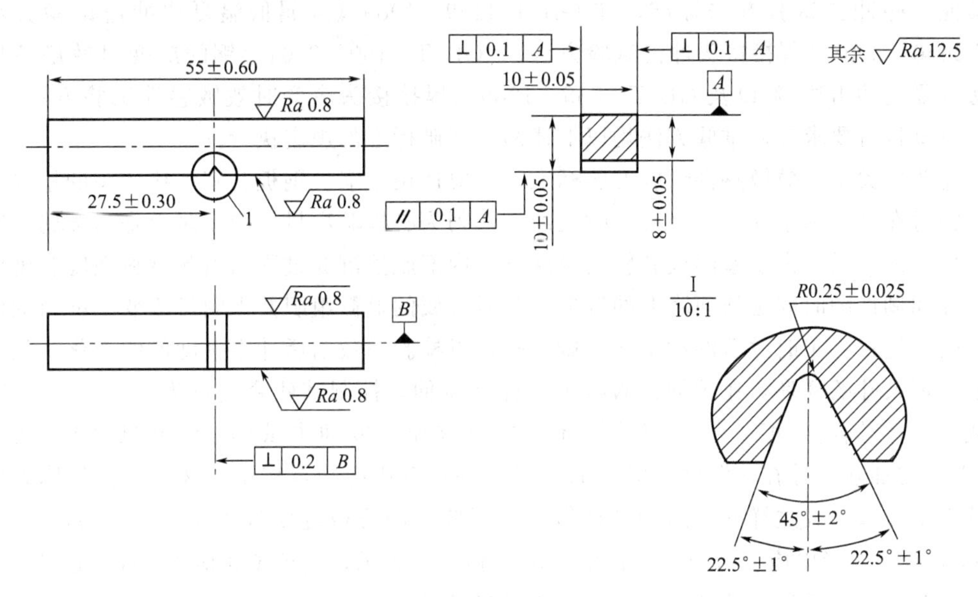

图 7-4　冲击试样的 V 形缺口

试样的 V 形缺口应开在焊接接头最薄弱区，如熔合区、过热区、焊缝根部等。缺口表面粗糙度、加工方法对冲击值均有影响。缺口加工应采用成形刀具，以获得真实的冲击值。V 形缺口冲击试验应在专门的试验机上进行。

（2）焊接接头冲击试样的截取和缺口方位　试样在焊接试板中的方位和缺口位置，如图 7-5 所示，所开缺口的轴线应垂直于焊缝表面。

试样的焊缝、熔合线和热影响区的缺口位置如图 7-6 所示。为了能准确地将缺口开在应开位置，在开缺口前，应用腐蚀剂腐蚀试样，在清楚显示接头各区域后按要求划线。

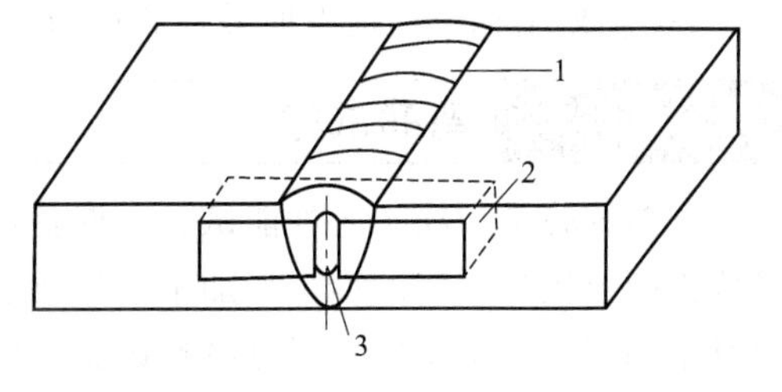

图 7-5　冲击试样在试板中的方位

1—焊缝表面；2—冲击试样；3—试样缺口

2. 焊接接头的低温冲击试验

熔焊和压焊对接接头的低温冲击试验可按 GB/T 4159—1989《金属低温夏比冲击试验方法》进行，以测定接头焊缝、熔合线和热影响区

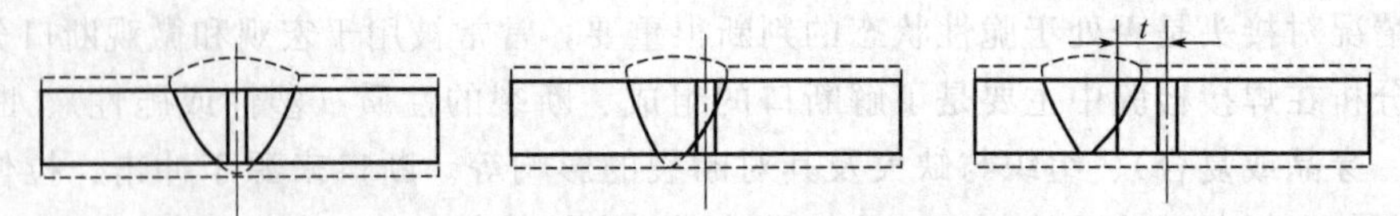

图 7-6　焊接接头冲击试样缺口位置

冲击吸收功（A_k）。试样形状、尺寸与常温冲击试样相同。

试验时，将试样置于低温槽的均温区冷却至试验温度（15～－192℃）后，保温足够长的一段时间，然后用手钳将试样取出进行冲击试验。使用液体冷却介质，保温时间不得少于5min。使用气体冷却介质，保温时间不得少于15min。试样移出冷却介质至打断的时间不应超过5s，如超过5s，则应将试样放回冷却介质从新冷却、保温，再进行试验。

3. 冲击试验的方法标准

冲击试验方法有两项基础标准，即GB/T 229—2007和GB 2106—1980。

其他一些冲击试验方法标准，如GB/T 4159—1989《金属低温夏比冲击试验方法》、GB/T 2650—2008《焊接接头冲击试验方法》、GB/T 4160—2004《钢的应变时效敏感性试验方法（夏比冲击法）》以及GB/T 2655—1989《焊接接头应变时效敏感性试验方法》等，除规定自身特有要求外，试验方法均以上述两项基础标准的规定执行。

上述两项关于时效敏感性试验方法标准，主要适用于锅炉钢板及其焊接接头的检验，因为这类钢材在其技术条件下，将应变时效冲击值列为必检验项目。应变时效是当金属及其合金在冷变形加工后，由于室温或者较高温度下，内部脱溶沉淀过程而引起材料强度和硬度提高，塑性和韧性随时间延长而降低的现象，此时金属的显微组织并无明显改变。材料的应变时效倾向是通过人工时效后的冲击试样做试验，以检验时效前后冲击韧度值的变化。从试板上切取一定尺寸的样坯，在拉伸试验机上将样坯拉伸，控制其残余变形为10%（对一般碳钢）或5%（对合金钢），经应变的样坯再按要求加工成冲击试样，将此试样在（250±10)℃下均匀加热，并在该温度下保温1h，然后在空气中冷却至室温，这一过程就称为冲击试样的人工时效。经这样处理后的试样做冲击试验，即可得应变时效冲击吸收功，以A_{kUS}或A_{kVS}表示，或者以应变时效冲击韧度值a_{kUS}和a_{kVS}表示，其单位相应用J或J/cm²。也可以用应变时效敏感系数C来表达对应变时效的敏感性，其定义为

$$C_U=\frac{\overline{A}_{kU}+\overline{A}_{kUS}}{\overline{A}_{kU}}\times 100\%$$

或

$$C_V=\frac{\overline{A}_{kV}-\overline{A}_{kVS}}{\overline{A}_{kV}}\times 100\%$$

式中　$\overline{A}_{kU}$或$\overline{A}_{kV}$——未经应变时效的U形缺口或V形缺口冲击吸收功的平均值；

$\overline{A}_{kUS}$或$\overline{A}_{kVS}$——应变时效后相应缺口的冲击吸收功的平均值。

学习任务4　弯曲试验

弯曲试验是一项工艺性能试验。许多焊接件在焊前或焊后要经过冷变形加工，材料或焊接接头能否经受一定的冷变形加工，就要通过冷弯试验加以验证。在许多材料与试板的检验项目中都列有冷弯试验。通过冷弯试验，可检验材料或焊接接头受拉面上的塑性变形能力及缺陷的显示能力。弯曲试验应按GB/T 2653—2008《焊接接头弯曲试验方法》的有关规定进行。

熔焊和压焊对接接头的弯曲试验分横弯、纵弯和横向侧弯三种。

（1）横弯试验　焊缝轴线与试样纵轴垂直时的弯曲试验。

（2）纵弯试验　焊缝轴线与试样纵轴平行时的弯曲试验。

（3）横向侧弯试验　试样受拉面为焊缝纵剖面时的弯曲试验。侧弯试验能评定焊缝与母材之间的结合强度、双金属焊接接头过渡层及异种钢接头的脆性、多层焊的层间缺陷等。

接头的横弯和纵弯还分正弯和背弯。正弯是试样受拉面为焊缝正面的弯曲。对于双面不对称焊缝，正弯试样的受拉面为焊缝最大宽度面；双面对称焊缝，则先焊面为正面。背弯是试样受拉面为焊缝背面的弯曲。

试验过程是将按规定制作的试样支持在压力机或万能材料试验机上，如图 7-7 所示。在规定的支点间距上用一定的弯心直径对试样施力，使其弯曲到规定的角度 α，如图 7-8 所示。然后卸除试验力，检查试样承受冷变形能力。在钢板的检验中，弯心直径 d 常见的有 $2a$、$2.5a$、$3a$（a 为试样厚度）。弯曲角度 α 通常规定为 180°，对某些塑性低的高强度钢也有小于 180°的情况，以钢材标准的规定为准。对焊接接头的弯曲试验要求见表 7-1。

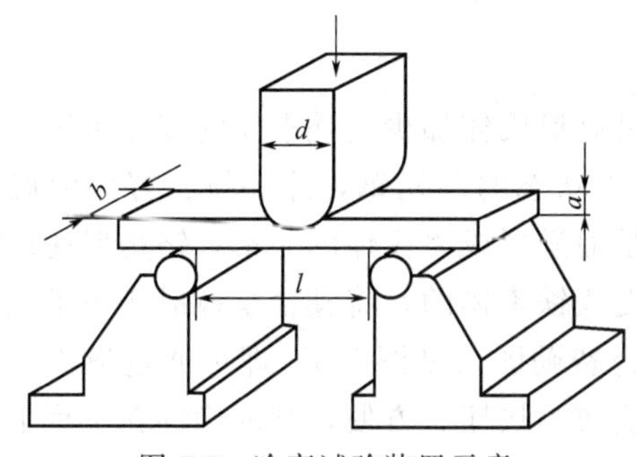

图 7-7　冷弯试验装置示意

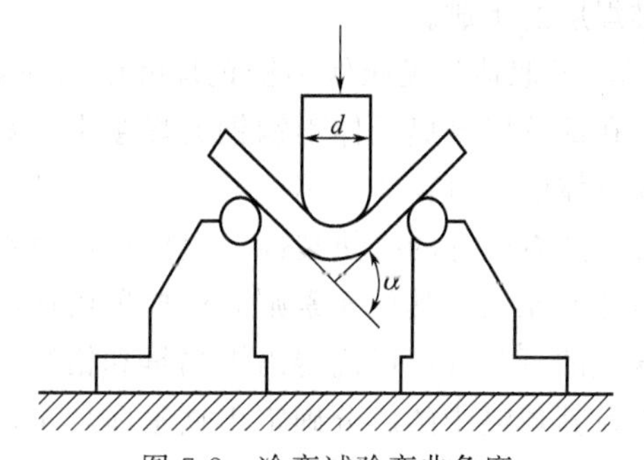

图 7-8　冷弯试验弯曲角度

表 7-1　焊接接头弯曲试验要求

钢种		弯心直径/mm	支座间距/mm	弯曲角度 α
单面焊	碳素钢、奥氏体钢	$3a$	$5.2a$	180°
	其他低合金钢、合金钢			100°
双面焊	碳素钢、奥氏体钢	$3a$	$5.2a$	90°
	其他低合金钢、合金钢			50°
复合板或堆焊层		$4a$	$6.2a$	180°

注：a—试样厚度。

试样冷弯到规定角度后，其受拉面不得有横向长度（沿试样宽度方向）大于 5mm 的裂纹或缺陷、或纵向长度（沿试样长度方向）大于 3mm 的裂纹或缺陷。也可以根据产品技术条件确定合格指标。

第三模块　焊接金属化学分析

学习任务 1　化学分析方法及其应用

一、化学成分分析

化学成分分析主要是对焊缝金属进行，可分为定性分析与定量分析。定性分析是指分析金属材料中含有哪几种不同的化学成分，而定量分析是指检验材料所含的各种元素含量。

化学成分分析的关键是从焊缝金属中钻取试样，除应注意试样不得氧化和沾染油污外，还应注意取样部位在焊缝中所处的位置和层次。不同层次的焊缝金属受母材的稀释作用不同。一般以多层焊或多层堆焊的第三层以上的成分作为熔敷金属的成分。主要应用于以下场合。

1. 原材料及焊接材料的复检

在《压力容器安全技术监察规程》中有这样的规定："用于制造第三类压力容器的材料必须复检。复检内容至少应包括每批材料的力学性能和弯曲性能、每个炉号的化学成分。"这个规定说明在上述情况下，材料的化学成分是必须复检的项目。第一、第二类容器所用材料，《压力容器安全技术监察规程》还规定当制造单位对材料化学成分有怀疑时也应该复检。对焊接材料的成分分析与钢材分析是一样的。

2. 耐蚀堆焊层工艺评定检验

在某些高温、高压、强腐蚀条件下工作的石油化工设备，其器壁的内表面要采用带极堆焊的方法衬上一层耐腐蚀材料。耐腐蚀堆焊工艺评定的检验项目之一就是用化学分析方法确定堆焊层的组成。

3. 近似估计奥氏体不锈钢焊缝中的铁素体含量

在部分牌号奥氏体不锈钢的焊接中，要求焊缝具有奥氏体加少量铁素体的双相组织，其中铁素体的含量在3%～8%较为适宜，具有这种组织状态的不锈钢，除保持良好的耐腐蚀性外，还有较好的抗热裂性。奥氏体不锈钢中，镍是促进形成奥氏体的元素，铬是促使形成铁素体的元素，其他元素则有促成奥氏体的，也有促成铁素体的，将其含量换成相当于镍或铬含量的百分数，可确定出镍当量和铬当量，利用舍费勒图（见图7-9）即可通过奥氏体不锈钢及其焊缝中的成分确定出铁素体含量，这一方法较为快捷、方便，其准确性在工程上是实用的。

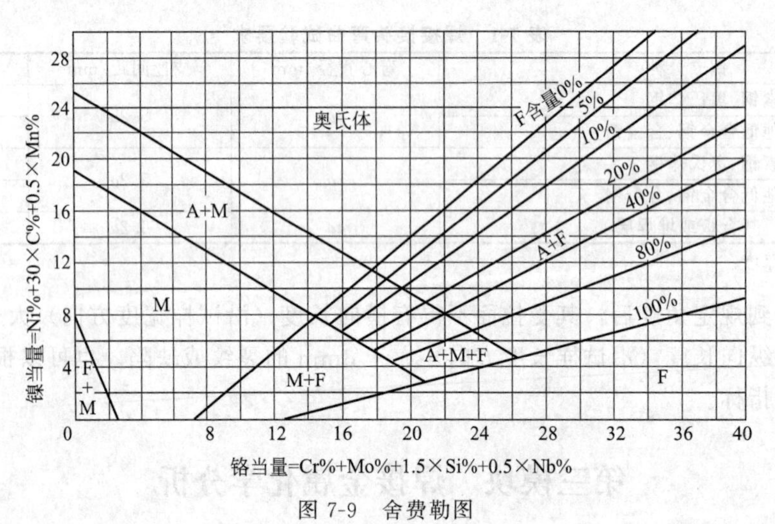

图7-9 舍费勒图

4. 用于缺陷原因分析仲裁

焊接结构如发生一些不允许存在或超过质量要求的缺陷，特别是存在任何形式的裂纹，就要查找产生裂纹和致裂的原因。产生某种缺陷的原因是多种多样的，从外因分析不外乎工艺、操作、设备和环境诸方面的因素；从内因分析则可能是材料本身，包括母材和填充金属存在某种问题。一旦出现质量问题，就要从多方面分析查找，材料方面就可以从成分分析着手，这也是生产实际中可能应用的一个方面。

二、扩散氢的测定

对碳钢及合金钢进行焊接时其焊缝中若含有氢气，会造成氢致裂纹和白点等缺陷，故扩散氢的测定试验极为重要。熔敷金属中扩散氢的测定有45℃甘油法、水银法和色谱法三种。目前多用甘油法，按GB/T 3965—2012《熔敷金属中扩散氢测定方法》规定进行。但甘油法测定精度较差，正逐步被色谱法所代替。水银法因污染问题而极少应用。

三、腐蚀试验

焊缝金属和焊接接头的腐蚀破坏有总体腐蚀、晶间腐蚀、刀状腐蚀、点腐蚀、应力腐蚀、海水腐蚀、气体腐蚀和腐蚀疲劳等。其中以固溶态奥氏体不锈钢经焊接或成形加工后，晶间腐蚀倾向大。晶间腐蚀倾向的评定方法各不相同，如草酸电解法、硫酸-硫酸铜试验法等。另外，不锈钢点蚀电位测量方法按国家标准（GB/T 4334—2008）进行；缝隙腐蚀试验按GB/T 10127—2002《不锈钢三氯化铁缝隙腐蚀试验方法》进行；应力腐蚀试验方法有常规力学法和断裂力学法。

学习任务2 化学成分分析依据的标准

由于生产中大量使用的是各种钢材，这里所引用的标准也是钢铁分析所依据的标准。

(1) GB/T 222—2006《钢的化学成分分析用试样取样方法及成品化学成分允许偏差》 为了使所采试样有代表性，该标准对取样作出了各种具体规定。

(2) GB/T 223.1～223.5《钢铁及合金化学分析方法》 这是一套用于分析钢铁及合金化学成分的方法标准，这项标准包括30多个分标准，每一项分标准规定一种元素的分析方法。由于碳、硅、锰、磷、硫是钢材的必验元素，所以这里只列出了GB/T 223.1～223.5这五个元素分标准的序号，其他元素按相应序号的分标准所规定的方法进行分析。

化学分析所用细屑，其厚度应小于1.5mm，可用钻、刨、铣等机械方法获得。取样区应离起弧、收弧处15mm以上。距母材15mm以上。分析碳、锰、硅、硫、磷，取屑量不少30g；若还要同时分析其他元素时，取屑量应不少50g。

第四模块 焊接接头的金相组织检验

学习任务1 金相检验方法

一、金相检验的目的

焊接金相检验（或分析）是把截取焊接接头上的金属试样经加工、磨光、抛光和选用适当的方法显示其组织后，用肉眼或在显微镜下进行组织观察，并根据焊接冶金、焊接工艺、金属相图与相变原理和有关技术文件，对照相应的标准和图谱，定性或定量地分析接头的组织形貌特征，从而判断焊接接头的质量和性能，查找接头产生缺陷或断裂的原因，以及与焊接方法或焊接工艺之间的关系。金相分析又包括光学金相分析和电子金相分析，光学金相分析又包括宏观分析和显微分析两种。

1. 宏观组织检验

宏观组织检验也称低倍检验，直接用肉眼或通过 20 倍以下的放大镜来检查经浸蚀或不经浸蚀的金属截面，以确定其宏观组织及缺陷类型，能在一个很大的视阈范围内，对材料的不均匀性、宏观组织缺陷的分布和类别等进行检测和评定。

对于焊接接头主要观察焊缝一次结晶的方向、大小，熔池的形状和尺寸，各种焊接缺陷（如夹杂物、裂纹、未焊透、未熔合、气孔、焊道成形不良等），焊层断面形态，焊接熔合线，焊接接头各区域（包括热影响区）的界限尺寸等。

2. 显微组织检验

利用光学显微镜（放大倍数在 50～2000 倍之间）检查焊接接头各区域的微观组织、偏析和分布。通过微观组织分析，研究母材、焊接材料与焊接工艺存在的问题及解决的途径。例如，对焊接热影响区中过热区组织形态和各组织百分数相对量的检查，可以估计出过热区的性能，并可根据过热区组织情况来决定对焊接工艺的调整，或者评价材料的焊接性等。

二、金相试样的制备

1. 试样的截取

一般情况下，焊接接头的金相试样应包括焊缝、热影响区和母材三个部分。试样的形状和大小没有统一的规定，它们的选取仅从便于金相分析和保持试样上储存尽可能多的信息两方面考虑。金相试样不论是在试板上还是直接在焊接结构件上取样，都要保证取样过程不能有任何变形、受热和使接头内部缺陷扩展和失真的情况，这是接头金相试样取样的主要原则，是确保金相分析结果准确、可靠的重要条件。

2. 试样的夹持与镶嵌

（1）试样的夹持　对于很小、很薄或形状特殊的焊接件，取金相试样并不困难，但制作金相试样却不容易。对于太薄、太小难以磨制的试样，可采用机械夹持的办法，如图 7-10 所示。

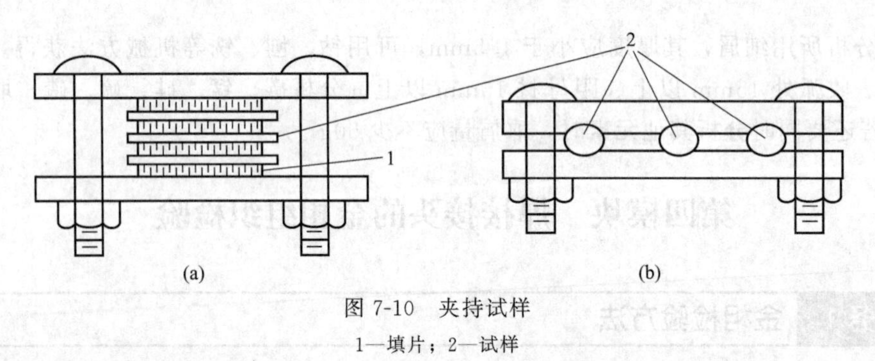

图 7-10　夹持试样

1—填片；2—试样

（2）试样的镶嵌　对于易变形、不利于加工处理或本身不易夹持的试样，可采用镶嵌的办法。镶嵌分为冷镶嵌和热镶嵌两种。

① 冷镶嵌　指在室温下使镶嵌料固化的镶嵌，它一般适合于不宜受压的软材料或组织对温度变化非常敏感以及熔点较低的材料。

② 热镶嵌　是把试样和镶嵌料一块放在钢模内加热加压，冷却后脱模而成。

3. 试样的磨制和抛光

（1）试样的磨制　磨制的目的是得到一个平整的磨面。磨制分为粗磨和细磨两步。粗磨可在砂轮机上进行，也可在预磨机上进行；细磨可在预磨机上进行，也可直接在金相砂纸上磨制。

（2）试样的抛光　抛光的目的是把磨面上经磨制后仍留有的极细磨痕去除。抛光分机械抛光、电解抛光和化学抛光三种。

① 机械抛光　在抛光机上进行。原理是靠抛光粉的磨削、滚压作用把磨面抛光。

② 电解抛光　是靠电化学作用使磨面平整光洁。在一定的电解条件下，磨面微凸部分的溶解要比凹陷处快，这样就逐渐使磨面由粗糙变为平坦光亮。这种抛光形式无因机械力的作用而引起的磨面金属变形或流动，所以比较适合于较软金属的抛光。

③ 化学抛光　其实质与电解抛光类似，利用化学药品对磨面金属不均匀的溶解使磨面平整光亮。化学抛光有时又称为化学光亮处理。

4. 试样的显示

显示焊接接头金相组织的方法有化学试剂显示法和电解浸蚀剂显示法两种。

（1）化学试剂显示法　现有的化学试剂已有数百种之多，可分为酸类、碱类和盐类，其中酸类用得较多，如硝酸和苦味酸常用来浸蚀普通低碳钢和低合金钢。原理是通过化学浸蚀剂的氧化作用，使磨面的不同相受到不同程度的氧化溶解，因而造成磨面凸凹不平，这就导致对入射光形成不同的反差，达到显示显微组织的目的。

（2）电解浸蚀剂显示法　其原理与电解抛光相似，由于金属各相之间，晶粒与晶界之间的析出电位不同，在微弱电流作用下浸蚀的深浅不一样，从而显示出组织形貌。这种方法主要用于不锈钢、耐热钢、镍基合金等化学稳定性较好的一些合金。

学习任务 2　金相检验的应用

1. 角焊缝工艺评定中的宏观金相检验

在对角焊缝进行工艺评定时，其检验项目之一是对焊缝截面进行宏观金相检验。现以板材的角焊缝为例进行说明，首先将试件两端各舍去 25mm，然后沿试件横向等分切取 5 个试样，每块试样取一个面进行金相检查，但任意两检验面不得为同一切口的两个侧面，经检查后，焊缝根部不得有未焊透部分，焊缝和热影响区不得有裂纹和未熔合。

2. 测定焊后状态铬镍奥氏体不锈钢焊缝或堆焊金属的铁素体含量

奥氏体不锈钢的焊接或耐腐蚀层的堆焊，常要求控制铁素体含量，以保证焊缝金属及堆焊层的抗热裂性。可先分析化学成分，然后用舍费勒图（见图 7-9）对其铁素体含量进行估算，这一方法较为简便，但不够精确，较为准确的方法是用金相法加以定量的确定。GB 1954—1980《铬镍奥氏体不锈钢铁素体含量测定方法》中金相法又可分为金相割线法和标准等级图片法。

（1）金相割线法　在显微镜放大倍数不少于 500 倍的情况下，用带有 100 个刻度（格）的测微目镜或 100 个分度的目镜片上的分度直尺（线）来切割得到的相对量（占 100 格中的多少格），即为该视场内铁素体的相对含量。

对于焊缝金属，可从产品中所带的供检验用的试板上，取不少于 6 个的金相试样，试样按常规操作进行研磨、抛光，抛光后的试样磨面可用化学方法或电解浸蚀显示铁素体，然后采用金相割线法，将不少于 10 次的测得数值取平均值，即为所观察试样的铁素体的含量。从多个试样中选择 3 个显示清晰的试样，均按此方法测出每个试样的铁素体含量，最后以 3 个试样含量的平均值作为所测焊缝的铁素体的含量。

（2）标准等级图片法　把在一定放大倍数显微镜下所观察到的焊缝金相组织与铁素

体含量标准等级图片相对照，定出铁素体相对含量。这种方法属于近似或半定量金相方法。

对于测堆焊层铁素体含量，则需按专门规定制作试样，测定方法同焊缝。这一测定方法的详细规定见 GB 1954—1980《铬镍奥氏体不锈钢铁素体含量测定方法》。

【单元综合练习】

一、选择题

1. 不属于力学性能试验的是________。

A. 冲击试验　　B. 硬度试验　　C. 拉伸试验　　D. 金相试验

2. 耐腐蚀试验中最典型的应用实例是奥氏体不锈钢焊接接头________。

A. 晶间腐蚀试验　　B. 均匀腐蚀试验　　C. 选择性腐蚀试验　　D. 全面腐蚀试验

3. 拉伸试验用于评定焊缝或焊接接头的________性能。

A. 强度和塑性　　B. 强度和韧性　　C. 塑性和韧性　　D. 塑性和硬度

4. 不属于拉伸试样形状的是________。

A. 板状　　B. 螺纹形　　C. 整管　　D. 圆形

5. 冲击试验用于评定焊缝金属和焊接接头的________。

A. 强度和塑性　　B. 强度和韧性　　C. 韧性和缺口敏感性　　D. 塑性和韧性

6. 显微组织分析是利用________检查焊接接头各区域的微观组织、偏析和分布。

A. 光学显微镜　　B. 电子显微镜　　C. 放大镜　　D. 肉眼

7. 一般情况下，焊接接头的金相试样应包括________。

A. 焊缝　　B. 热影响区　　C. 母材　　D. 以上都是

8. 属于金相试样的抛光处理方法的是________。

A. 机械抛光　　B. 电解抛光　　C. 化学抛光　　D. 以上都是

二、判断题（正确的打“√”，错误的打“×”）

（　）1. 破坏性检验是从焊件或试件上切取试样，或以产品（或模拟体）的整体破坏做试验。

（　）2. 破坏性检验一般都直接从交付使用的产品上制取测试用的试样。

（　）3. 焊缝及熔敷金属拉伸试样分有单肩、双肩和带螺纹试样三种。

（　）4. 冲击试验可分为常温冲击、低温冲击、高温冲击。

（　）5. 焊接接头冲击试样有标准 V 形缺口、双 V 形缺口、辅助小尺寸试样三种。

（　）6. 熔焊和压焊对接接头的弯曲试验分为横弯、纵弯和横向侧弯三种。

（　）7. 化学成分分析主要是对焊缝金属进行，可分为定量分析与定性分析。

（　）8. 熔敷金属中扩散氢的测定有 45℃甘油法、水银法和色谱法三种。

（　）9. 金相分析包括光学金相分析和电子金相分析，光学金相分析又包括宏观分析和显微分析两种。

（　）10. 显示焊接接头金相组织的方法有化学试剂显示法和电解浸蚀剂显示法两种。

三、简答题

1. 简述破坏性检验的特点。
2. 破坏性检验管理工作的要求有哪些？
3. 简述力学性能试验的注意事项。
4. 简述拉伸试验方法。
5. 焊接接头冲击试样的截取和缺口方位有哪些要求？
6. 简述化学成分分析方法的应用场合。
7. 简述金相试样的制备方法。

8. 金相检验在焊接生产中的典型应用有哪些?

四、实践题

1. 观察生产中破坏性检验项目的应用场合。

2. 在金相实验室观察焊接接头和焊缝的显微组织形貌及特征。

3. 进行拉伸试验，具体要求如下。

(1) 训练目标　熟悉焊缝及熔敷金属拉伸试样的制备过程，了解拉伸试验。

(2) 训练准备

① 人员准备：每组 10 人左右，分成若干小组。

② 材料（资料）准备：制定焊接工艺、搜集相关资料和标准，准备焊接试板、焊条以及相关工具和设备。

(3) 训练地点　焊接实验室、机械加工实训室和力学性能实验室。

(4) 训练办法　根据所制定的焊接工艺，对试板进行施焊后制备拉伸试样，最后送到力学性能实验室进行拉伸试验。

参考文献

[1] 李亚江，刘强，王娟等．焊接质量控制与检测［M］．北京：化学工业出版社，2006.

[2] 天津大学，中国石油化工总公司第四建设公司编．焊接质量管理与检测［M］．北京：机械工业出版社，1993.

[3] 戴建树．焊接生产管理与检测［M］．北京：机械工业出版社，2004.

[4] 陈祝年．焊接工程师手册［M］．北京：机械工业出版社，2004.

[5] 张建勋．现代焊接生产与管理［M］．北京：机械工业出版社，2006.

[6] 赵熹华．焊接检验［M］．北京：机械工业出版社，2005.

[7] 马秉骞．化工设备［M］．北京：化学工业出版社，2001.

[8] 叶琦．焊接技术［M］．北京：化学工业出版社，2005.

[9] 王绍良．化工设备基础［M］．北京：化学工业出版社，2002.

[10] 全国锅炉压力容器无损检测人员资格鉴定考核委员会组织编．射线检测［M］．北京：劳动人事出版社，1989.

[11] 全国锅炉压力容器无损检测人员资格鉴定考核委员会组织编．超声波检测［M］．北京：中国锅炉压力容器安全杂志社，1994.

[12] 闻立言主编．焊接生产检验［M］．北京：机械工业出版社，1991.

[13] 全国锅炉压力容器无损检测人员资格鉴定考核委员会编．磁粉检测（Ⅱ、Ⅲ级教材）［M］．北京：中国锅炉压力容器安全杂志社，1999.

[14] 《国防科技工业无损检验人员资格鉴定与认证培训教材》编审委员会编．无损检验综合知识［M］．北京：机械工业出版社，2006.

[15] 李家伟，陈积懋．无损检测手册［M］．北京：机械工业出版社，2004.